高等职业教育"十三五"规划教材

计算机应用基础

主　编　袁晓曦　董　宁

副主编　鲁　娟　罗　炜　李　礼

主　审　王路群

中国水利水电出版社

www.waterpub.com.cn

内 容 提 要

本书是根据教育部制定的《计算机应用基础》教学大纲的要求,并参照教育部考试中心最新《全国计算机等级考试一级 MS Office 考试大纲(2013 年版)》。根据应用型人才培养的特点,从计算机应用的实际出发,以任务驱动、案例教学为主要学习方式,较全面地介绍了计算机基础知识、操作系统、常用办公软件的应用、因特网的应用及系统日常维护等知识。

本书分为 6 个单元,包括:计算机基础知识、Windows 7 操作系统、计算机网络基础和 Internet 应用、Word 2010 文字处理软件、Excel 2010 表格处理软件、PowerPoint 2010 幻灯片制作软件。每个单元的设计,都经过作者度认真推敲,并兼顾了考级考证的需要,详细分解各类问题,全面提升学生的计算机实际操作能力,以培训学生的信息素养作为最终目标。

本书采用微视频格式制作教学视频,利用复合出版,多种媒体途径发布,建立数字化教学资源,具备动态、共享的课程书资源库,支持移动学习。本书中涉及知识点、培训项目微视频的地方都以最近原则嵌入相关视频的二维码,学生只要通过智能手机接入互联网,就可根据自己的需要,扫描二维码实时观看相关视频,实现移动学习。

图书在版编目(C I P)数据

计算机应用基础 / 袁晓曦,董宁主编. -- 北京 : 中国水利水电出版社,2016.7(2017.9 重印) 高等职业教育"十三五"规划教材 ISBN 978-7-5170-4404-8

Ⅰ. ①计… Ⅱ. ①袁… ②董… Ⅲ. ①电子计算机— 高等职业教育—教材 Ⅳ. ①TP3

中国版本图书馆CIP数据核字(2016)第128774号

策划编辑:杨庆川　　　　责任编辑:李 炎　　　　封面设计:李 佳

书　　名	高等职业教育"十三五"规划教材 **计算机应用基础**
作　　者	主　编　袁晓曦　董　宁 副主编　鲁娟　罗炜　李礼 主　审　王路群
出版发行	中国水利水电出版社 （北京市海淀区玉渊潭南路 1 号 D 座　100038） 网址:www.waterpub.com.cn E-mail: mchannel@263.net（万水） 　　　　sales@waterpub.com.cn 电话:(010) 68367658（发行部）、82562819（万水）
经　　售	北京科水图书销售中心（零售） 电话:(010) 88383994、63202643、68545874 全国各地新华书店和相关出版物销售网点
排　　版	北京万水电子信息有限公司
印　　刷	三河市铭浩彩色印装有限公司
规　　格	184mm×260mm　16 开本　22 印张　532 千字
版　　次	2016 年 7 月第 1 版　2017 年 9 月第 4 次印刷
印　　数	11501—14500 册
定　　价	45.00 元

前　　言

本书是根据教育部制定的《计算机应用基础》教学大纲的要求，并参照教育部考试中心最新《全国计算机等级考试一级 MS Office 考试大纲（2013 年版）》。根据应用型人才培养的特点，从计算机应用的实际出发，以任务驱动、案例教学为主要学习方式，较全面地介绍了计算机基础知识、操作系统、常用办公软件的应用、因特网的应用及系统日常维护等知识。既满足概念解析清晰、系统全面突出技能培训等要求，又具备精讲多练、实用性强的特点。

本书分为 6 个单元，包括：计算机基础知识、Windows 7 操作系统、计算机网络基础和 Internet 应用、Word 2010 文字处理软件、Excel 2010 表格处理软件、PowerPoint 2010 幻灯片制作软件。每个单元的设计，都经过作者认真推敲，并兼顾考级考证的需要，详细分解各类问题，全面提升学生的计算机实际操作能力，以培训学生的信息素养作为最终目标。

本书响应教育部高职院校信息化先行的号召，积极开发补充性、更新性和延伸性教辅资料，对全书资源进行架构设计，采用微视频格式制作教学视频，利用复合出版，多种媒体途径发布，建立数字化教学资源，具备动态、共享的课程书资源库，支持移动学习。

"计算机应用基础"是门实践性很强的课程，本书制作的微视频播放时间都是介于 2～5 分钟，最长的十几分钟。视频的制作借助了课程的内容，辅以操作演示，采用了电脑全屏录制，并配合操作进行讲解。为了方便手机用户的移动学习，获得更好的学习效果，对视频均进行了后期加工，主要包括对焦、标识、高亮等特效手段的处理，信息传递非常清晰，方便学生自主学习。

本书中涉及知识点、培训项目微视频的地方都以最近原则嵌入相关视频的二维码，学生只要通过智能手机接入互联网，就可根据自己的需要，扫描二维码实时观看相关视频，实现移动学习。

本书包括微视频等数字化资源，并采用微信公众平台作为主要推送平台，实现相关操作视频及文字资源的搜索服务功能。

本书由武汉软件工程职业学院计算机专业教学团队开发，由王路群教授担任主审，袁晓曦、董宁担任主编，袁晓曦、董宁对本书的编写思路与项目设计进行了总体策划，鲁娟、罗炜、李礼担任副主编，参与本书编写工作的还有杨玉香、李菲、王路、钟振华、龚晓晴、叶端丽、方程、徐雯君、喻力等，参与本书视频后期制作的人员有张宇、孙琳、李唯、江骏、汪晓青、杨国勋、李文蕙、夏敏、胡志丽。

本书在编写的过程中得到了武汉软件工程职业学院计算机学院的大力支持，罗保山副院长对本书的总体纲要进行了严格把控，谢日星副院长对本书微视频的录制进行了技术上的帮助与支持，在此表示衷心的感谢。

由于时间仓促，加之编者水平有限，书中难免有错误和不足之处，敬请广大读者批评指正。

作者

2016 年 5 月

目　录

单元 1　计算机基础知识

任务 1　计算机概述

电子计算机的诞生，使人类社会跨入了一个崭新的时代。它的出现使我们迅速进入了信息社会，并彻底改变了人们的工作方式和生活方式，对整个历史的发展有着不可估量的影响。本任务要求了解计算机的发展历史，掌握计算机的特点、分类和应用领域。

1. 计算机的发展历程

计算机（computer）原来的意义是"计算器"，也就是说，人类会发明计算机，最初的目的是帮助处理复杂的数字运算。而这种人工计算器的概念提出，最早可以追溯到 17 世纪的法国大思想家帕斯卡。帕斯卡的父亲担任税务局长，当时的币制不是十进制，在计算上非常麻烦。帕斯卡为了协助父亲，利用齿轮原理，发明了第一台可以执行加减运算的计算器。后来，德国数学家莱布尼兹又加以改良，发明了可以做乘除运算的计算器。之后虽然在计算器的功能上多有改良与精进，但是，真正的电动计算器，却在 1944 年才制造出来。

第一部真正可以称得上计算机的机器，则诞生于 1946 年的美国，由毛琪利与爱克特发明，名字叫作 ENIAC。这部计算机使用真空管来处理信号，所以体积庞大（占满一个房间）、耗电量高（使用时全镇的人都知道，因为家家户户的电灯都变暗了），而且存储容量又非常低（只有 100 多个字），但是，它却已经是人类科技的一大进展。而我们通常把这种使用真空管的计算机称为第一代计算机。

1945 年底，世界上第一台现代电子数字计算机 ENIAC 在美国宾夕法尼亚大学莫尔电机学院成功研制，并于 1946 年 2 月 15 日举行了计算机的正式揭幕典礼。ENIAC 犹如一个庞然大物，重 27 吨，占地约 167 平方米，由 17468 个电子管组成，功率 150 千瓦，每秒能执行加法运算 5000 次，乘法运算 500 次。比当时已有的计算装置要快 1000 倍。

ENIAC 的出现奠定了电子计算机的发展基础，宣告了一个新的时代的到来，揭开了电子计算机的发展和应用的序幕。

从第一台电子计算机诞生至今的 70 年中，计算机技术以前所未有的速度迅猛发展。根据使用电子元器件不同，现代电子计算机的发展大致可以分为四代，如表 1-1 所示。

表 1-1 电子计算机发展的四个阶段

阶段	年份	主要元器件	处理速度（次/秒）	应用领域
第一阶段	1946~1957	电子管	5000~10000	科学计算
第二阶段	1958~1964	晶体管	几万~几十万	数据处理、工业控制
第三阶段	1965~1970	集成电路	几十万~几百万	文字处理、图形处理
第四阶段	1971~至今	大规模和超大规模集成电路	几千万~千百亿	社会各领域

2．计算机的特点

（1）运算速度快，计算能力强

运算速度是计算机的一个重要性能指标。通常所说的运算速度是指每秒钟执行定点加法的次数或平均每秒钟执行指令的条数。计算机的运算速度已由早期的每秒几千次（如 ENIAC 每秒钟仅可完成 5000 次定点加法）发展到现在的最高可达每秒几千亿次乃至万亿次。

（2）计算精度高，数据准确度高

计算机的计算精度在理论上是不受限制的。在科学研究和工程设计领域，对计算结果的精度有很高的要求。一般的计算工具只能达到几位有效数字（如过去常用的四位数学用表、八位数学用表等），而计算机对数据的计算结果精度可达到十几位、几十位有效数字，根据需要甚至可达到任意的精度。

（3）具有逻辑判断能力

计算机能够进行逻辑处理，也就是说它能够"思考"。计算机的运算器除了能够完成基本的算术运算外，还具有比较、判断等逻辑运算功能。这种能力是计算机处理逻辑推理问题的前提。

（4）超强的存储能力

计算机的存储器可以存储大量数据，这使计算机具有了"记忆"功能。目前计算机的存储容量越来越大，已高达千兆数量级。计算机具有"记忆"功能，是其与传统计算工具的一个重要区别。

（5）自动化程度高

计算机的操作和其他机器一样也受到人类的控制，但由于计算机具有内部存储能力，所以人们可以将指令预先输入并进行存储。当计算机开始工作后，会从存储单元中依次读取指令以控制操作流程，从而实现操作的自动化。

3．计算机的分类

（1）按用途分类

按用途可将计算机分为通用机和专用机。

通用机配有通用的外围设备，功能较齐全的系统软件、应用软件，具有较强的通用性，能解决多种类型的问题。一般数字式电子计算机即属于此类。

专用机是为解决某一特定问题而设计的，它的硬件和软件就是为解决该问题而配置的，功能较为单一。

（2）按计算机的规模分类

按计算机的规模通常将计算机分为巨型机、大型机、小型机、工作站、微型机。

1）巨型机

巨型机也称为超级计算机，通常是指价格最高、功能最强、运算速度最快的计算机。巨型机主要用来承担重大的科学研究、国防尖端技术和国民经济领域的大型计算课题及数据处理任务，如核武器与反导武器的设计、空间技术研究、中长期天气预报、石油勘探、生命科学探索、汽车设计等领域。巨型机的研制是一个国家科技水平和经济实力的重要标志，目前全世界只有少数几个国家能够生产这种计算机。我国在巨型机的研制方面走在了世界前列，如 2010 年 9 月研制成功的"天河一号"，成为我国首台千万亿次超级计算机，并且在当年的最新全球超级计算机前 500 强排行榜上雄居第一。在 2011 年 6 月公布的最新全球超级计算机前 500 强排行榜中，我国的超级计算机有 62 个，使我国超级计算机系统无论是总数还是累计峰值运算能力都超过了德、日、法等传统的超级计算机大国。

2）大型机

大型机也称为大型电脑，它包括国内常说的大、中型机，这类计算机的特点是具有极强的综合处理能力和非常好的通用性。大型机主要应用在政府部门、大银行、大公司、大企业、高校和研究院等机构。随着微机与网络的迅速发展，大型机有被高档微机群取代的趋势。

3）小型机

小型机的机器规模小、结构简单、设计试制周期短，便于及时采用先进工艺技术，软件开发成本低，易于操作维护。小型机已广泛应用于工业自动控制、大型分析仪器、测量设备、企业管理、大学和科研机构等，也可以作为大型与巨型计算机系统的辅助计算机。

4）工作站

工作站是介于小型机与个人计算机之间的一种机型，它与高档微机之间的界限并不十分明确，高性能工作站正接近小型机、甚至接近低端主机。与一般微机不同的是，工作站使用大屏幕、高分辨率的显示器，且配有大容量的内存与外部存储设备。工作站主要用于计算机辅助设计、图像处理（如电脑动画片的制作等）。如电影《阿凡达》中有 60% 的画面都是用电脑图形学的相关技术来合成的。

5）微型机

微型计算机包括个人计算机、便携计算机和单片计算机。其中个人计算机就是我们常说的PC 机，因其设计先进、软件丰富、功能齐全、操作简单、价格便宜等优势而得到了广泛应用。特别是进入 21 世纪后，PC 机就像普通家用电器一样，已经进入了普通百姓家庭，成为人们日常工作、学习和娱乐的工具。便携计算机主要包括笔记本电脑和掌上电脑，它们广泛应用于野外作业和移动办公等领域。单片机将计算机的主要部件（微处理器、存储器、输入和输出接口等电路）集中在一个只有几平方厘米的硅片上，构成一个能独立工作的计算机，它广泛应用于仪器仪表、家用电器、工业控制和通信等领域，是数量最多、应用最广的一种计算机。微型计算机的发展速度相当迅速，每隔几个月就有新产品发布，每 1 到 2 年产品就更新换代一次，不到两年的时间芯片集成度就提高一倍，性能提高一倍，价格降低一半。

4．计算机的应用

目前计算机的应用可以用"无处不在，无时不有"来概括，它被广泛应用于教育、科研、工业、商业、农业、军事、娱乐等领域。按其应用的学科领域，大概可分为五大类，即：

（1）科学计算（数值计算）

举世公认的第一台电子计算机 ENIAC 就诞生在战火纷飞的第二次世界大战期间，它的"出生地"是美国马里兰州阿贝丁陆军试炮场。鲜为人知的是，阿贝丁试炮场研制电子计算机的最初设想来自于"控制论之父"维纳（L.Wiener）教授的一封信。早在第一次世界大战期间，维纳就曾来过阿贝丁试炮场。当时弹道实验室负责人、著名数学家韦伯伦（O.Veblen）请他为高射炮编制射程表。在这里，他不仅萌生了控制论的思想，而且第一次看到了高速计算机的必要性。

第一台电子计算机 ENIAC 最初是为计算弹道和射击表而设计的，主要功能为数值计算，只是随着计算机的发展，才应用到数据处理、过程控制、辅助功能等领域。

科学计算是计算机最早的应用领域。从尖端科学到基础科学，从大型工程到一般工程，都离不开数值计算。如宇宙探测、气象预报、桥梁设计、飞机制造等都会遇到大量的数值计算问题，这些问题计算量大、计算过程复杂。如数学中的"四色定理"，就是利用 IBM370 系列的高端机计算了 1200 多个小时才获得证明的，如果用人工计算，即使日夜不停地工作，也要十几万年；气象预报有了计算机，预报准确率也大为提高，并且可以进行中长期的天气预报；利用计算机进行化工模拟计算，加快了化工工艺流程从实验室到工业生产的转换过程。

（2）数据处理（信息处理）

数据处理是目前计算机应用最为广泛的领域。数据处理包括数据采集、转换、存储、分类、组织、运算、检索等方面。如在人口统计、档案管理、银行业务、情报检索、企业管理、办公自动化、交通调度、市场预测等都有大量的数据处理工作。我们生活中经常用到的"民航联网订票系统"也属于数据处理范畴。

（3）自动控制（实时控制、过程控制）

计算机是工业生产过程自动化控制的基本技术工具。生产自动化程度越高，对数据处理的速度和准确度的要求也就越高，这一任务靠人工操作已无法完成，只有计算机才能胜任。如在石油化工厂中对温度、压力、物位、流量等的控制。机械领域中的"数控机床"就是自动控制的典型实例。

（4）辅助工程

计算机辅助工程主要包括计算机辅助设计（Computer Aided Design，CAD）、计算机辅助制造（Computer Aided Manufacturing，CAM）和计算机辅助教学（Computer Aided Instruction，CAI）等。计算机辅助设计是利用计算机的高速处理、大容量存储和图形处理功能，辅助设计人员进行产品设计。可以设计出产品的制造图纸，甚至可以进行产品三维动画设计，使设计人员从不同的侧面观察了解设计的效果，对设计进行评估，以求取得最佳效果，大大提高了设计效率和质量。计算机辅助制造是在机器制造业中利用计算机控制各种机床和设备，自动完成离散产品的加工、装配、检测和包装等制造过程的技术。计算机辅助教学是通过学生与计算机系统之间的"对话"，以达到教学的目的，"对话"是在计算机教学程序和学生之间进行的，它使教学内容生动、形象逼真，能够模拟其他手段难以做到的动作和场景。通过交互方式帮助学生自学、自测等，这种学习方式方便灵活，可满足不同层次人员对教学的不同要求。

（5）人工智能

人工智能（Artificial Intelligence，AI）是用计算机模拟人类的智能活动，完成判断、理解、学习、图像识别、问题求解等工作。人工智能模拟是计算机理论科学的一个重要领域，智能模拟是探索和模拟人的感觉和思维过程的科学，它是在控制论、计算机科学、仿生学和心理学等基础上发展起来的新兴边缘学科。其主要研究感觉与思维模型的建立，图像、声音和物体的识别，它是计算机向智能化方向发展的趋势。现在，人工智能的研究已取得不少成果，有的已开始走向实用阶段。例如能模拟高水平医学专家进行疾病诊疗的专家系统，具有一定思维能力的智能机器人等。著名的"人机对弈"就是计算机在人工智能上的应用。

5. 计算机的发展趋势

（1）计算机的发展方向

计算机自产生以来，就不断地向前发展与变化着，并且已经成为目前人类社会发展变化最快的领域。英特尔（Intel）创始人之一戈登·摩尔（Gordon Moore）提出，当价格不变时，集成电路上可容纳的晶体管数目，约每隔 18 个月便会增加一倍，性能也将提升一倍。换言之，你花相同的价格，在 18 个月以后所能买到的电脑性能大约是目前电脑性能的两倍以上。有人也将此规律称为"摩尔定律"，这一定律揭示了信息技术进步的速度。也告诉我们在购买电脑产品时，应以"适用、够用"为原则，不能盲目地追求其先进性。

目前人们普遍认为，处于快速发展中的计算机行业，将以超大规模集成电路为基础，向巨型化、微型化、网络化、智能化与多媒体化的方向发展。

1）巨型化

是指计算机的运算速度更高、存储容量更大、功能更强。巨型化计算机主要应用于天文、气象、地质、航天、核反应等一些尖端科学技术领域，巨型计算机的研制已经成为反映一个国家科研水平的重要标志。目前已经投入使用的巨型计算机其运算速度可达每秒上千万亿次。

2）微型化

是指体积更小、价格更低、功能更强的微型计算机。微型化计算机可以嵌入仪器、仪表、家用电器、导弹弹头等各类设备中，同时也作为工业控制过程的心脏，使仪器设备实现"智能化"。现在，除了放在桌上的台式微型计算机，还有可以随身携带的笔记本式计算机，以及可以拿在手上进行操作的掌上型计算机，如 pad、智能手机包含电脑的所有组成部分，其实就是一台"微型"化的计算机。

3）网络化

是指利用通信技术和计算机技术，把分布在不同地点的计算机互联起来，按照通信双方事先约定的通信方式（即网络协议）相互通信，以达到共享软件、硬件和数据资源的目的。现在，计算机网络在交通、金融、企业管理、教育、邮电、商业等各行各业中得到了广泛的应用。尤其是在目前的信息化社会，没有接入网络的计算机被人们称为"信息孤岛"，其应用也将受到很大的限制。

4）智能化

就是要求计算机能模拟人的感觉和思维能力，可以"看""听""说""想""做"，具有逻辑推理、学习与证明的能力，这也是第五代计算机要实现的目标。智能化的研究领域很多，其中最有代表性的领域是专家系统和机器人。机器人可接受人类指挥，也可执行预先编排的程序，或根据以人工智能技术制定的原则纲领行动。目前研制出的机器人可以代替人类从事一些人们不愿或无法完成的劳动，如让机器人从事工业流水线工作、清理有毒废弃物、太空探索、石油钻探、深海探索、矿石开采、搜救与爆破等，甚至现在还有专门用于战争的机器人。

5）多媒体化

是指利用计算机对文本、图形、图像、声音、动画、视频等多种信息进行综合处理，使这些信息之间建立有机的逻辑关系，使电脑具有交互展示不同媒体形态的能力。多媒体技术的发展改变了计算机的使用领域，使计算机由办公室、实验室中的专用工具变成了信息社会的普通工具，广泛应用于工业生产管理、学校教育、公共信息咨询、商业广告、军事指挥与训练，甚至家庭生活与娱乐等领域。

（2）未来的计算机

未来计算机将具备更多的智能成分，它将具有多种感知能力、一定的思考与判断能力及一定的自然语言能力。除了提供自然的输入手段外，让人能产生身临其境感觉的各种交互设备已经出现，虚拟现实技术就是这一领域发展的集中体现。信息的永久存储也将成为现实，千年存储器正在研制中，这样的存储器可以抗干扰、抗高温、防震、防水、防腐蚀。

硅芯片技术的高速发展同时也意味着硅技术越来越接近其物理极限，为此，世界各国的研究人员正在加紧研究开发新型计算机，计算机从体系结构的变革到器件与技术革命都要产生一次量的乃至质的飞跃。新型的量子计算机、光子计算机、生物计算机、纳米计算机等将会在21世纪走进我们的生活，遍布各个领域。

量子计算机是基于量子效应基础开发的，它利用一种链状分子聚合物的特性来表示开与关的状态，再利用激光脉冲来改变分子的状态，使信息沿着聚合物移动，从而进行运算。

光子计算机即全光数字计算机，以光子代替电子，光互连代替导线互连，光硬件代替计算机中的电子硬件，光运算代替电运算。

与电子计算机相比，光计算机的"无导线计算机"信息传递平行通道密度极大。一枚直径5分硬币大小的棱镜，它通过能力超过全世界现有电话电缆的许多倍。光的并行、高速，天然地决定了光计算机的并行处理能力很强，具有超高速运算速度。超高速电子计算机只能在低温下工作，而光计算机在室温下即可开展工作。光计算机还具有与人脑相似的容错性。系统中某一元件损坏或出错时，并不影响最终的计算结果。

生物计算机的运算过程就是蛋白质分子与周围物理化学介质的相互作用过程。计算机的转换开关由酶来充当，而程序则在酶合成系统本身和蛋白质的结构中极其明显地表示出来。

"纳米"是一个计量单位，一个纳米等于10^{-9}米，大约是氢原子直径的10倍。纳米技术是从20世纪80年代初迅速发展起来的新的前沿科研领域，最终目标是人类按照自己的意志直接操纵单个原子，制造出具有特定功能的产品。现在纳米技术正从MEMS（微电子机械系统）起步，把传感器、电动机和各种处理器都放在一个硅芯片上构成一个系统。应用纳米技术研制的计算机内存芯片，其体积不过数百个原子大小，相当于人的头发丝直径的千分之一。纳米计算机不仅几乎不需要耗费任何能源，而且其性能要比今天的计算机强大许多倍。

目前，纳米计算机的成功研制已有一些鼓舞人心的消息，惠普实验室的科研人员已开始应用纳米技术研制芯片，一旦他们的研究获得成功，将为其他缩微计算机元件的研制和生产铺平道路。

课后练习

1. 第一台计算机是1946年在美国研制的，该机英文缩写名为____。
   A．ENIAC　　　　B．EDVAC　　　　C．EDSAC　　　　D．MARK-II
2. 目前微机中所采用的电子元器件是____。
   A．电子管　　　　　　　　　B．晶体管

C．小规模集成电路　　　　　　　　　D．大规模和超大规模集成电路

3．英文缩写 CAI 的中文意思是＿＿。

    A．计算机辅助设计　　　　　　　　B．计算机辅助制造

    C．计算机辅助教学　　　　　　　　D．计算机辅助管理

4．计算机最早的应用领域是＿＿。

    A．辅助工程　　　　B．过程控制　　　　C．数据处理　　　　D．数值计算

5．办公室自动化（OA）是计算机的一项应用，按计算机应用的分类，它属于＿＿。

    A．科学计算　　　　B．辅助设计　　　　C．实时控制　　　　D．信息处理

6．下列不属于计算机特点的是＿＿。

    A．存储程序控制，工作自动化　　　B．具有逻辑推理和判断能力

    C．处理速度快、存储量大　　　　　D．不可靠、故障率高

7．下列计算机应用项目中，属于科学计算应用领域的是＿＿。

    A．人机对弈　　　　　　　　　　　B．民航联网订票系统

    C．气象预报　　　　　　　　　　　D．数控机床

8．按计算机应用的分类，"铁路联网售票系统"属于＿＿。

    A．科学计算　　　　B．辅助设计　　　　C．实时控制　　　　D．信息处理

任务 2　计算机的系统组成

任务描述

    随着计算机的逐渐普及，使用计算机的人越来越多，但是很多人对计算机如何工作并不了解。通过本任务的学习，可以初步了解计算机的工作原理。

任务实施

    1．计算机系统

    我们通常所说的系统是一个有机的整体，这个整体由若干个相互作用、相互联系的部分组成，只有这些组成部分相互配合、相互协调才能完成一项工作。一个完整的计算机系统是由硬件系统和软件系统两部分组成的，如图 1-1 所示。

    硬件系统是计算机的物质基础，软件系统是计算机发挥功能的保证。计算机要完成一项工作，既需要必备的计算机硬件设备作为基础，也需要完成相应功能的软件环境做支撑，这两项缺一不可。就像人一样，硬件是人的身躯，但有了思想与知识才能工作。

    2．计算机的基本结构及其工作原理

    在回顾 20 世纪科学技术的辉煌发展时，就不能不提及 20 世纪最杰出的数学家之一——冯·诺依曼。众所周知，1946 年发明的电子计算机，大大促进了科学技术的进步和社会生活的进步。鉴于冯·诺依曼在发明电子计算机中所起的关键性作用，他被西方人誉为"计算机之父"。

    现在一般认为 ENIAC 是世界第一台电子计算机，它是由美国科学家研制的，于 1946 年 2

月 14 日在费城开始运行。其实由汤米、费劳尔斯等英国科学家研制的"科洛萨斯"计算机比 ENIAC 问世早两年多，于 1944 年 1 月 10 日在布莱奇利园区开始运行。ENIAC 证明了电子真空技术可以大大提高计算速度，但 ENIAC 机本身存在两大缺点：没有存储器；要用布线接板进行控制，甚至要搭接天线，计算速度的提升也就被这一工作抵消了。ENIAC 研制组的莫克利和埃克特显然是意识到了这一点，他们也想尽快着手研制另一台计算机，以便改进。

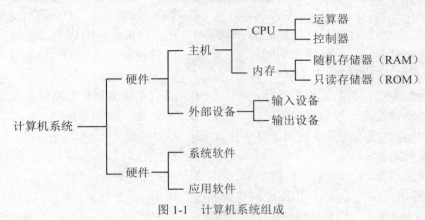

图 1-1　计算机系统组成

　　冯·诺依曼在 1945 年发表了一个全新的论文《存储程序通用电子计算机方案——EDVAC（Electronic Discrete Variable Automatic Computer）》。EDVAC 方案明确奠定了新机器由五个部分组成：运算器、逻辑控制装置、存储器、输入和输出设备，并描述了这五部分的职能和相互关系。

　　EDVAC 机还有两个非常重大的改进，即：采用了二进制，不但数据采用二进制，指令也采用二进制；建立了存储程序，指令和数据可一起放在存储器里，并作同样处理。简化了计算机的结构，大大提高了计算机的速度。1946 年 7、8 月间，冯·诺依曼和戈尔德斯廷、勃克斯在 EDVAC 方案的基础上，为普林斯顿大学高级研究所研制 IAS 计算机时，又提出了一个更加完善的设计报告《电子计算机逻辑设计初探》。以上两份既有理论又有具体设计的文件，首次在全世界掀起了一股"计算机热"，它们的综合设计思想，便是著名的"冯·诺依曼机"，它标志着电子计算机时代的真正开始，指导着以后的计算机设计。

　　可以说计算机硬件的五大部件中每一个部件都有相对独立的功能，分别完成各自不同的工作。如图 1-2 所示，五大部件实际上是在控制器的控制下协调统一地工作。首先，把表示计算步骤的程序和计算中需要的原始数据，在控制器输入命令的控制下，通过输入设备送入计算机的存储器存储。其次，当计算开始时，在取指令作用下把程序指令逐条送入控制器。控制器对指令进行译码，并根据指令的操作要求向存储器和运算器发出存储、取数和运算命令，经过运算器计算并把结果存放在存储器内。在控制器的取数和输出命令作用下，通过输出设备输出计算结果。

　　1）运算器

　　运算器也称算术逻辑单元（ALU，Arithmetic Logic Unit），它是计算机内部完成各种算术运算和逻辑运算的装置，能作加、减、乘、除等数学运算，也能作比较、判断和逻辑运算等。

　　2）控制器

　　控制器指挥和控制计算机各个部件的动作，使整个计算机自动地、有条不紊地工作，它是计算机的指挥中心，即完成协调和指挥整个计算机系统的功能。控制器决定执行程序的顺序，给出执行指令时机器各部件需要的操作控制命令。

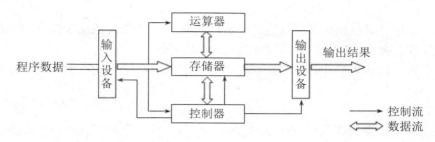

图 1-2　计算机的基本结构及其工作原理

现代电子计算机将运算器与控制器集中在一块芯片上，称为中央处理器，简称为 CPU（Central Processing Unit），它是计算机的核心部件，用来控制、协调计算机各个部件的工作，并完成算术运算和逻辑判断。CPU 对一台计算机的性能有很大的影响，是衡量一台计算机性能的重要指标。

3）存储器

存储器是计算机中有"记忆"功能的部件，用来存放程序与数据。存储器分为内部存储器和外部存储器两种，内部存储器简称为内存或主存，外部存储器简称为外存或辅存。内存储器采用半导体器件来存储信息，计算机在运行时要执行的程序和数据必须存放在内存。

程序和数据在计算机中以二进制的形式存放于存储器中。存储容量的大小以字节为单位来度量。经常使用 KB（千字节）、MB（兆字节）、GB（千兆字节）和 TB 来表示。它们之间的关系是：1KB=1024B，1MB=1024KB，1GB=1024MB，1TB=1024GB。在很多存储设备的表示计算中为了计算简便经常把 1024 默认为是 1000。

位（bit）：是计算机存储数据的最小单位。机器字中一个单独的符号"0"或"1"被称为一个二进制位，它可存放一位二进制数。

字节（byte，简称 B）：字节是计算机存储容量的度量单位，也是数据处理的基本单位，8 个二进制位构成一个字节。一个字节的存储空间称为一个存储单元。

字（word）：计算机处理数据时，一次存取、加工和传递的数据长度称为字。一个字通常由若干个字节组成。

字长（word long）：中央处理器可以同时处理的数据的长度称为字长。字长决定 CPU 的寄存器和总线的数据宽度。现代计算机的字长有 8 位、16 位、32 位、64 位。

4）输入设备

计算机外部的各种信息（如数据、文字、符号、声音、图像等）只有送入到计算机内，才可以被计算机存储与处理，将外部信息变换成计算机能接收并识别的信息形式并送入计算机内部的这种设备叫作输入设备（input device），它是计算机与用户或其他设备通信的桥梁。常用的输入设备有键盘、鼠标、摄像头、扫描仪、手写输入板、语音输入装置以及各种传感器等。

5）输出设备

计算机的输出设备（output device）是把各种计算结果数据或信息以数字、字符、图像、声音等形式表示出来。常见的有显示器、打印机、绘图仪、影像输出系统、语音输出系统、磁记录设备等。

3．指令和指令系统

（1）指令

指令是指能被计算机识别并执行的二进制代码，是 CPU 发布的用来指挥和控制计算机完成某种基本操作的命令，它规定了计算机能完成的某一种操作。一条指令通常由两个部分组成：操作码和操作数，其中操作码指明该指令要完成的操作的性质和功能，如取数、做加法或输出数据等。

（2）指令系统

指令系统是处理器所能执行的指令的集合，它与处理器有着密切的关系，不同的处理器有不同的指令系统。但无论哪种类型的计算机，指令系统按其操作功能不同可以分为数据处理指令、传送指令、程序控制指令、状态管理指令：

- 数据处理指令：算术运算指令、逻辑运算指令、移位指令、比较指令和其他专用指令。
- 数据传送指令：存储器传送指令、内部传送指令、输入输出传送指令和堆栈指令。
- 程序控制指令：条件转移指令、无条件转移指令、转子程序指令、暂停指令、空操作指令等。
- 状态管理指令：允许中断指令、屏蔽中断指令等。

4．冯·诺依曼的"存储程序"设计思想

冯·诺依曼在 1946 年提出了关于计算机组成和工作方式的基本设想，可以简要地概括为以下三点：

- 计算机应包括运算器、存储器、控制器、输入输出设备等基本部件。
- 计算机内部采用二进制来表示指令和数据。每条指令一般具有一个操作码和一个地址码。其中操作码表示运算性质，地址码指出操作数在存储器中的地址。
- 将编写好的程序送入内存储器中，然后启动计算机工作，计算机无需操作人员干预，能自动逐条取出指令和执行指令。

冯·诺依曼设计思想最重要之处在于明确地提出了"存储程序"的概念，他的全部设计思想实际上是对"存储程序"概念的具体化。

了解了"存储程序"，再去理解计算机工作过程就变得十分容易。如果想让计算机工作，就得先把程序编写出来，然后通过输入设备送到存储器中保存起来，即存储程序。接着就是执行程序的问题了。根据冯·诺依曼的设计，计算机应能自动执行程序，而执行程序又归结为逐条执行指令：

1）取出指令：从存储器中取出要执行的指令送到 CPU 内部的指令寄存器暂存。

2）分析指令：把保存在指令寄存器中的指令送到指令译码器，译出该指令对应的操作。

3）执行指令：根据指令译码器向各个部件发出相应控制信号，完成指令规定的操作。

4）一条指令执行完成，程序计数器加 1 或将转移地址码送入程序计数器，然后回到第一步。为执行下一条指令做好准备，即形成下一条指令地址。

 课后练习

1．从 1946 年问世的首台电子数字计算机 ENIAC 直至现代的微型机均属于 Von Neumann

（冯·诺伊曼）体系结构。在冯·诺伊曼型体系结构的计算机中引进两个重要的概念，它们是____。

    A．采用二进制和存储程序的概念   B．引入 CPU 和内存储器的概念

    C．机器语言和十六进制   D．ASCII 编码和指令系统

2．Von Neumann（冯·诺依曼）体系结构的计算机包含的五大部件是____。

    A．输入设备、运算器、控制器、存储器、输出设备

    B．输入/输出设备、运算器、控制器、内/外存储器、电源设备

    C．输入设备、中央处理器、只读存储器、随机存储器、输出设备

    D．键盘、主机、显示器、磁盘机、打印机

3．在计算机内部，数据的传输、运算和存储都采用____。

    A．ASCII 码   B．二进制   C．十六进制   D．十进制

4．冯·诺依曼对现代计算机的主要贡献是____。

    A．设计了差分机   B．设计了分析机

    C．建立了理论模型   D．确立了计算机的基本结构

5．组成一个计算机系统的两大部分是____。

    A．系统软件和应用软件   B．主机和外部设备

    C．硬件系统和软件系统   D．主机和输入/输出设备

6．以下是冯·诺依曼体系结构计算机的基本思想之一的是____。

    A．计算精度高   B．存储程序控制

    C．处理速度快   D．可靠性高

7．计算机之所以能按人们的意图自动进行工作，最直接的原因是因为采用了____。

    A．二进制   B．存储程序控制

    C．程序设计语言   D．高速电子元件

8．计算机内所有的指令构成了____。

    A．计算机的指令系统   B．计算机的控制系统

    C．DOS 操作   D．计算机的操作规范

9．一般微型计算机有几十条到几百条不同的指令，这些指令按其操作功能不同可以分为____。

    A．数据处理指令、传送指令、程序控制指令、状态管理指令

    B．算术运算指令、逻辑运算指令、移位和比较指令

    C．存储器传送指令、内部传送指令、条件转移指令和无条件转移指令

    D．子程序调用指令、状态管理指令、输入输出指令和堆栈指令

10．指令码中的操作码部分具体说明了指令操作的____和____。

    A．目的、意义   B．性质、功能   C．作用、结果   D．过程、规则

11．一条计算机指令包括两个部分，它们是____。

    A．源操作数和目标操作数   B．操作码和操作数

    C．数据和文字   D．ASCII 码和汉字内码

12．下列关于指令系统的描述，正确的是____。

    A．指令由操作码和控制码两部分组成

B．指令的地址码部分可能是操作数，也可能是操作数的内存单元地址

C．指令的地址码部分是不可缺少的

D．指令的操作码部分描述了完成指令所需要的操作数类型

任务3　计算机硬件系统

硬件是计算机的物质基础，没有硬件就不能称其为计算机。尽管各种计算机在性能、用途和规模上有所不同，但其基本结构都遵循冯·诺依曼体系结构，人们称符合这种结构的计算机是冯·诺依曼计算机。我们日常工作、学习使用最多的个人计算机即 PC 机（用户一般更喜欢将其称为电脑），本任务从个人计算机的角度来介绍一下计算机硬件系统的组成。

1．个人计算机硬件系统概述

硬件是计算机系统中能看得见，占有一定体积的物理设备的总称，它是计算机系统快速、可靠、自动工作的物质基础，是计算机系统中的执行部件。硬件通常由一些电子器件和机械设备组成。

从外观看个人计算机硬件系统主要由主机、显示器、键盘和鼠标等组成，多媒体电脑还配有摄像头、话筒、音响等设备，另外办公用电脑还常配有打印机和扫描仪等设备。其中主机箱里装着电脑的大部分重要硬件设备，如主板、CPU、内存、硬盘、光驱、各种板卡、电源及各种连线等。

2．主机

在一台计算机的硬件系统中，最重要的是 CPU 和内存，一般将它们合称为主机。在个人计算机中一般将 CPU 和内存安装在主机板上。

（1）CPU

CPU 是一台计算机的核心部件，主要由运算器和控制器两大部分组成。CPU 从内存中读取指令和执行指令，完成算术运算和逻辑运算，协调和控制计算机各个部分的工作。CPU 是判断计算机性能高低的首要标准，它一般安插在主板的 CPU 插座上。

CPU 最主要的性能指标是它的主频，即 CPU 内核工作的时钟频率，用来度量的单位一般有 MHz、GHz 等。一般说来，一个时钟周期完成的指令数是固定的，所以主频越高，CPU 的速度也就越快了。不过由于各种 CPU 的内部结构也不尽相同，所以并不能完全用主频来概括 CPU 的性能。

CPU 处理数据的能力用字长表示，即 CPU 一次能处理的二进制位数。目前大部分计算机的字长为 32 位，也有 64 位的，字长越长，计算机的运算速度和效率越高。

1）运算器

运算器是完成二进制编码的算术或逻辑运算的部件，由累加器、通用寄存器和算术逻辑

单元（ALU，Arithmetic Logic Unit）组成，其核心是算术逻辑单元。运算器一次运算二进制数的位数，即字长，它是计算机的重要性能指标。

2）控制器

控制器是全机的指挥中心，它控制各部件的动作，使整个机器连续地、有条不紊地运行，控制器工作的实质就是解释程序。

控制器每次从存储器读取一条指令，经过分析译码，产生一串操作命令，发向各个部件，各个部件按指令进行相应的操作。接着从存储器取出下一条指令，再执行这条指令，依次类推。主频是指 CPU 在单位时间内发出的脉冲数，时钟频率越高，计算机的运行速度越快。

（2）内部存储器

内部存储器简称内存。内存是具有"记忆"功能的物理部件，由一组高集成度的半导体集成电路组成，用来存放数据和程序。因为 CPU 工作时需要与外部存储器（如硬盘、软盘、光盘）进行数据交换，但外部存储器的速度却远远低于 CPU 的速度，所以就需要一种工作速度较快的设备在其中完成数据暂时存储的工作，这就是内存的作用。

内存储器通常分为只读存储器（ROM，Read Only Memory）、随机存储器（RAM，Random Access Memory）和高速缓冲存储器。

1）ROM

只读存储器用于存储由计算机厂家为计算机编写好的一些基本的检测、控制、引导程序和系统配置信息等。在计算机开机时 CPU 首先执行 ROM 中的程序来搜索磁盘上的操作系统文件，将这些文件调入 RAM 中，以便进行后面的工作。只读存储器的特点是存储的信息只能读出，断电后信息不会丢失，其中保存的程序和信息通常是厂家制造时用专门的设备写入的。ROM 一般由主板制造厂家提供。

BIOS（Basic Input Output System）就是"基本输入输出系统"。其实，它是一组固化到计算机内主板上一个 ROM 芯片上的程序，保存着计算机最重要的基本输入输出的程序、开机后自检程序和系统自启动程序，它可从 CMOS 中读写系统设置的具体信息。其主要功能是为计算机提供最底层的、最直接的硬件设置和控制。

2）RAM

随机存储器主要用于临时保存 CPU 当前或经常要执行的程序和一些经常要使用的数据。随机存储器的特点是既可以读出，也可以写入，因此随机存储器又称为可读写存储器。随机存储器只能在加电后保存数据和程序，一旦断电则其保存的所有信息将自然消失。RAM 安装在主机箱内主板的内存插槽上，是一块绿色长条形的电路板，一般叫内存条，如图 1-3 所示。

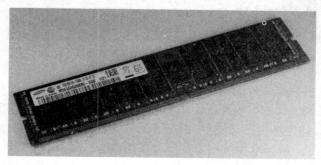

图 1-3　内存条

　　CMOS 是一种 RAM 芯片，常指保存计算机基本启动信息（如日期、时间、启动设置等）的芯片。有时人们会把 CMOS 和 BIOS 混称，其实 CMOS 是主板上的一块可读写的并行或串行 FLASH 芯片，用来保存 BIOS 的硬件配置和用户对某些参数的设定。

　　3）高速缓冲存储器

　　随着 CPU 主频的不断提高，它对内存 RAM 的存取速度更快了，而 RAM 的响应速度达不到 CPU 的速度，这样就可能成为整个系统的"瓶颈"。为了协调 CPU 与 RAM 之间的速度差，在 CPU 与内存之间还增加了一层存取速度很快的存储器，叫高速缓冲存储器（Cache），CPU 执行频率高的一些程序被临时存放在高速缓冲存储器中。高速缓冲存储器也是影响 CPU 性能的一个因素，它可以提高 CPU 的运行效率。但由于高速缓冲存储器结构较复杂、制造成本高，其容量不可能太大。

　　（3）主板

　　主板又叫主机板（main board）、系统板（system board）或母板（mother board），它安装在机箱内，是微机最基本的也是最重要的部件之一。主板从外形上来说其实就是一块电路板，上面集成了各式各样的电子零件并布满了大量的电子线路，如图 1-4 所示。

图 1-4　主板

　　主板是整个计算机内部结构的基础，无论是 CPU、内存、显卡，还是鼠标、键盘、声卡、网卡都是靠主板来协调工作的。因此，主板的好坏，将直接影响计算机性能的发挥。

　　主板上除了 CPU 插座和内存插槽外，最重要的插槽就是用来扩展或增加计算机功能的 PCI 扩展槽。PCI 扩展槽是一种标准扩展槽，其上可以插声卡、网卡、多功能卡等。扩展槽是主板的必备插槽，主板上一般有 3 个，为了便于标识，在绝大部分主板上将其做成了乳白色的。

另外，主板上还有一些输入/输出（I/O）接口，主要连接一些输入与输出设备，如键盘、鼠标等。

3. 外部存储器

外存储器又称辅助存储器，简称外存，用于存放需要永久保存的程序和数据等信息。外存储器与内存不同，它不是由集成电路组成的，而是由磁、光等介质及机械设备组成的。外部存储器既是输入设备，又是输出设备，分别对应信息的写入与读出。存放在外存储器中的程序必须调入内存储器才能执行，因此外存储器主要用于和内存储器交换信息。与内存储器相比，外存储器的主要特点是存储容量大、价格便宜，断电后信息不会丢失，但存取速度慢。

（1）软盘

软盘（floppy disk）是个人计算机（PC）中最早使用的可移动介质。软盘的读写是通过软盘驱动器完成的。软盘驱动器设计能接收可移动式软盘，常用的容量为 1.44MB 的 3.5 英寸软盘。软盘存取速度慢，容量小。

软盘有八寸、五又四分之一寸、三寸半之分。其中又分为硬磁区（hard-sectored）及软磁区（soft-sectored）。软盘驱动器则称 FDD，软盘片是覆盖磁性涂料的塑料片，用来存储数据文件。软盘的容量有 5.25 英寸的 1.2MB，3.5 英寸的 1.44MB。

软盘在使用之前必须要先格式化，完成这一过程后，磁盘被分成若干个磁道，每个磁道又分为若干个扇区，每个扇区存储 512 个字节。磁道是一组记录密度不同的同心圆，一个磁道大约有零点几个毫米的宽度，数据就存储在这些磁道上，如图 1-5 所示。一个 1.44MB 的软盘，有 80 个磁道，每个磁道有 18 个扇区，两面都可以存储数据。我们可以这样计算它的容量：$80 \times 18 \times 2 \times 512 \approx 1440K \approx 1.44MB$（磁盘容量=磁道数×扇区数×面数×扇区字节数）。一片 3.5 英寸的 1.44MB 的高密软盘片的根目录中可存储 224 个文件目录项。

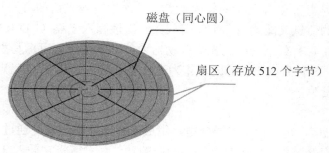

图 1-5　磁盘

（2）硬盘

硬盘存储器简称为硬盘（hard disk），它是计算机中不可缺少的存储设备，一般被安装在主机箱内。硬盘用来存储操作系统、常用应用程序以及用户的各种文档等。近几年来，硬盘的技术进展速度比其他存储设备要快，容量越来越大，速度越来越快，价格却越来越低。硬盘是由若干磁性盘片组成的，每张磁性盘片是一种涂有磁性材料的铝合金圆盘。硬盘的盘片和硬盘的驱动器是密封在一起的。

硬盘的转速一般为每分钟 5400～7200 转，因此运行中的计算机不要随意移动，以避免对硬盘的震动与冲击，另外频繁开关计算机电源对硬盘也有一定的影响。

移动硬盘（mobile hard disk）在数据的读写模式与所使用标准方面与普通硬盘是相同的，

但由于其具有容量大、传输速度高、使用 USB 接口、轻巧便捷、存储数据的安全可靠性高等优点也得到广泛应用。

硬盘通常由重叠的一组盘片构成，每个盘面都被划分为数目相等的磁道，并从外缘的"0"开始编号，具有相同编号的磁道形成一个圆柱，称为磁盘的柱面，如图 1-6 所示。

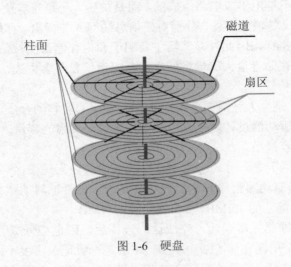

图 1-6　硬盘

（3）光盘

光盘用烧蚀在介质表面上的微小凹凸来表示数据。在光盘驱动器内，用激光头产生的激光扫描光盘盘面，就可以读出"0"和"1"信息。光盘的特点是记录密度高，存储容量大，数据保存时间长。

目前使用较多的光盘主要有三类：只读光盘、一次性写入光盘和可擦写型光盘。只读光盘（CD-ROM）上面的信息只能读出，不能写入。一次性写入光盘（CD-R）只能写一次，写后不能修改，必须使用具有刻录功能的光盘驱动器才能刻录信息。可擦写型光盘（CD-RW）是可反复擦写的光盘，这种光盘驱动器既可作为光盘刻录机，用来写入信息，又可作为普通光盘驱动器，用来读取信息。

（4）闪存

U 盘又称"闪存盘"，是一种由半导体电路组成的存储介质，它是通过 USB 接口与计算机交换数据的可移动存储装置。U 盘具有即插即用的功能，只需将它插入 USB 接口，计算机就可自动检测到此装置。

U 盘具有防潮、耐高低温、抗震、防电磁波、容量大、造型精巧、携带方便等优点，因此受到微机用户的普遍欢迎，已经取代了软盘存储器，成为人们必备的一种存储设备。

4. 输入设备

输入设备是指可以将程序、语音、图像、文字资料、数值数据等送入计算机进行处理的设备。微型计算机上使用的输入设备有键盘、鼠标、光笔、扫描仪等，常用的输入设备是鼠标和键盘。

（1）键盘

键盘（keyboard）是最常用也是最主要的输入设备，可分为打字机键区、功能键区、编辑键区、控制键区和数字小键盘区等五个区，各区的作用有所不同。键盘可以将英文字母、数字、标点符号等输入到计算机中，从而向计算机发出命令、输入数据等。键盘中常用键的名称与功能如表 1-2 所示。

表 1-2　键盘常用键的基本功能

键名	含义	功能
Shift	上档键	按下 Shift 键的同时再按某键，可得到上档字符
Caps Lock	大小写字母转换键	Caps Lock 灯亮表示处于大写状态，否则为小写状态
Space	空格键	按一下此键，输入一个空格字符
Backspace	退格键	按下此键可使光标回退一格，删除一个字符
Enter	回车（换行）键	对命令的响应；光标移到下一行，在编辑中起分段作用
Tab	制表定位键	按一下该键，光标右移 8 个字符位置
Alt	组合键	此键通常和其他键组成特殊功能键
Ctrl	控制键	必须和其他键组合在一起使用
Ctrl+C		表示终止程序或指令的执行
Ctrl+Alt+Del		系统的热启动，使用的方法是，按住 Ctrl 和 Alt 键不放，再按 Del 键
Insert/Ins	插入/改写的转换开关	如果处于"插入"状态，可以在光标左侧插入字符；如果处于"改写"状态，则输入的内容会自动替换原来光标右侧的字符
Delete/Del	删除键	删除光标右侧的字符
Home		将光标移至光标所在行的行首
End		将光标移至光标所在行的行尾
Page Up		向上翻页
Page Down		向下翻页
↑		将光标上移一行
←		将光标左移一个字符
↓		将光标下移一行
→		将光标右移一个字符
Print Screen SysRq		屏幕打印控制键，按下此键，可以将当前整个屏幕的内容复制到剪贴板上
Pause Break		暂停键，用于控制正在执行的程序或命令暂停执行，直到需要继续往下执行时，按一下任意键即可

（2）鼠标

鼠标（mouse）是一种手持式屏幕坐标定位设备，它是为适应菜单操作和图形处理环境而出现的一种输入设备。

鼠标能够移动光标，选择各种操作和命令，并可方便地对图形进行编辑和修改。最常用的鼠标一般有左右两个键，中间一个滚轮。在使用鼠标时，显示器屏幕上有一个同步移动的箭头，那就是鼠标指针，鼠标指针会随着鼠标的移动而移动，在进行不同的操作时，指针会显示不同的状态。表 1-3 列出了 Windows 操作系统默认状态下鼠标进行不同操作时指针的形状。

表 1-3   鼠标指针的形状

鼠标操作	指针形状	鼠标操作	指针形状
正常选择	▷	帮助选择	▷?
后台运行	▷⏳	系统忙	⏳
精确定位	+	选定文本	I
手写	✎	不可用	⊘
垂直调整	↕	水平调整	↔
沿对角线调整	↖ ↗	移动	✛
候选	↑	链接选项	🖑

鼠标主要用于定位或完成某种特定的操作，例如单击、双击等，其完成的功能为：

- 单击：单击左键或右键。一般单击是指单击左键，可用于完成选择某个对象等操作；单击右键一般用于弹出快捷菜单。
- 双击：双击就是连续快速地单击鼠标左键两下，通常用于执行某个对象等操作。
- 拖曳：拖曳是指按住鼠标左键不放，移动鼠标到所需的位置，用于将选中的对象移动到特定的位置等操作。

（3）其他输入设备

除了最常用的键盘、鼠标外，现在输入设备已有很多种类，而且越来越接近人类的感觉器官，如扫描仪、条形码阅读器、光学字符阅读器（optical char reader，OCR）、触摸屏、手写笔、语音输入设备（麦克风）和图像输入设备（数码相机、数码摄像机）等都属于输入设备。

扫描仪（scanner）是一种图形、图像输入设备，它可以直接将图形、图像、照片或文本输入到计算机中。如果是文本文件，扫描后经文字识别软件进行识别，便可保存文字。利用扫描仪输入图片在多媒体计算机中广泛使用，现已进入家庭。扫描仪通常采用 USB 接口，支持热插拔，使用便利。

条形码阅读器是一种能够识别条形码的扫描装置，连接在计算机上使用。当阅读器从左向右扫描条形码时，就把不同宽窄的黑白条纹翻译成相应的编码供计算机使用。

光学字符阅读器（OCR）是一种快速字符阅读装置，它用许许多多的光电管排成一个矩阵，当光源照射被扫描的一页文件时，文件中空白的白色部分会反射光线，使光电管产生一定的电压；而有字的黑色部分则把光线吸收，光电管不产生电压。这些有、无电压的信息组合形成一个图案，并与 OCR 系统中预先存储的模板匹配，若匹配成功就可确认该图案是何字符。有些机器一次可阅读一整页的文件，称为读页机，有的则只能一次读一行。

触摸屏由安装在显示器屏幕前面的检测部件和触摸屏控制器组成。当手指或其他物体触摸安装在显示器前端的触摸屏时，所触摸的位置由触摸屏控制器检测，并通过接口（RS-232串行接口或 USB 接口）送到主机。

语音输入设备和手写笔输入设备使汉字输入变得更为方便、容易，免去了计算机用户学习键盘汉字输入法的烦恼。语音或手写汉字输入设备在经过训练后,输入正确率通常能在90%以上。

光笔(light pen)是专门用来在显示屏幕上作图的输入设备。配合相应的软件和硬件,可以实现在屏幕上作图、改图和进行图形放大等操作。

5. 输出设备

输出设备的主要作用是把计算机处理的数据、计算结果等内部信息转换成人们习惯接受的信息形式输出,常见的输出设备有显示器、打印机、绘图仪等。

（1）显示器

显示器通过屏幕显示计算机的处理结果及用户需要的程序、数据、图形等信息,也可以将输入的信息直接显示出来,是计算机必不可少的输出设备。显示器可分为CRT显示器和LCD显示器两种。在CRT显示器中,纯平显示器为用户首选。LCD显示器即液晶显示器,具有图像显示清晰、体积小、重量轻、便于携带、能耗低和对人体辐射小等优点,目前得到了广泛应用,但价格比CRT显示器略高。

显示器的主要性能指标有:

- 分辨率:分辨率是显示器最重要的一个性能指标。显示器的一整屏为一帧,每帧有若干条线,每线又分为若干个点,每个点称为像素。每帧的线数和每线的点数的乘积就是显示器的分辨率,分辨率越高,图像越细腻逼真。电脑显示器的分辨率一般为1024×768、1280×1024、1600×900等。

- 点距:指屏幕上相邻两个荧光点之间的最小距离。点距越小,显示质量就越高。

（2）打印机

使用打印机可以将计算机的处理结果、用户数据、图形或文字等信息打印到纸上。打印机分击打式打印机(impact printer)和非击打式打印机(nonimpact printer)。最流行的击打式打印机有点阵式打印机,非击打式打印机主要有喷墨打印机和激光打印机两类。

- 点阵式打印机(dot matrix printer)也就是常见的针式打印机,主要由走纸机构、打印头和色带组成。点阵式打印机具有宽行打印、连续打印的优点,但打印速度慢、噪声大、字迹质量不高,目前已经被激光和喷墨打印机取代,但在有些场合(例如票据打印)必须使用击打式打印机。

- 激光打印机(laser printer)是激光技术和电子照相技术相结合的产物,它由激光扫描系统、电子照相系统和控制系统三大部分组成。激光打印机具有高速度、高精度、打印出的图形清晰美观、低噪声等优点,但价格高,对纸张要求也高。

- 喷墨打印机(ink-jet printer)主要靠墨水通过精制的喷头喷射到纸面上形成输出的字符或图形。喷墨打印机的特点是价格便宜、体积小、噪声小,但对墨水的消耗量大,其性能与价格也介于激光打印机与点阵式打印机之间。

（3）其他输出设备

在微型计算机上使用的其他输出设备还有绘图仪、音频输出设备、视频投影仪等。

6. 总线

现代计算机普遍采用总线结构。所谓总线(Bus),就是系统部件之间传送信息的公共通道,各部件由总线连接并通过它传递数据和控制信号。总线经常被比喻为"高速公路",它包含了运算器、控制器、存储器和I/O部件之间进行信息交换和控制传递所需要的全部信号,如

图 1-7 所示。按照传输信号的性质划分，总线一般又分为如下三类：

（1）数据总线

一组用来在存储器、运算器、控制器和 I/O 部件之间传输数据信号的公共通路。一方面是用于 CPU 向主存储器和 I/O 接口传送数据，另一方面是用于主存储器和 I/O 接口向 CPU 传送数据。它是双向的总线。数据总线的宽度，反映了 CPU 一次接收数据的能力。计算机字长就取决于数据总线。

（2）地址总线

地址总线是 CPU 向主存储器和 I/O 接口传送地址信息的公共通路。地址总线传送地址信息，地址是识别信息存放位置的编号，地址信息可能是存储器的地址，也可能是 I/O 接口的地址。它是自 CPU 向外传输的单向总线。由于地址总线传输地址信息，所以地址总线的位数决定了 CPU 可以直接寻址的内存范围。

地址总线用来传送内存或接口电路的地址信息，地址总线的宽度反映了一个计算机系统的最大内存容量，不同的 CPU 芯片，其地址总线的宽度不同。

（3）控制总线

一组用来在存储器、运算器、控制器和 I/O 部件之间传输控制信号的公共通路。控制总线既是 CPU 向主存储器和 I/O 接口发出命令信号的通道，又是外界向 CPU 传送状态信息的通道。

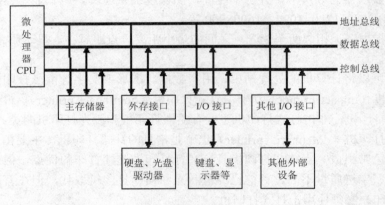

图 1-7　总线

总线在发展过程中已逐步标准化，常见的总线标准有 ISA 总线、PCI 总线、AGP 总线和 EISA 总线等。

为什么外设一定要通过设备接口与 CPU 相连，而不是如同内存那样直接挂在总线上呢？这主要有以下几点原因：

1）由于 CPU 只能处理数字信号，而外设的输入输出信号有数字的，也有模拟的，所以需要由接口设备进行转换。

2）由于 CPU 只能接收、发送并行数据，而外设的数据有些是并行的，有些是串行的，所以存在串、并信息转换的问题，这也需要接口来解决。

3）外设的工作速度远低于 CPU，需要接口在 CPU 和外设之间起到缓冲和联络作用。外设的工作速度大多是机械级的，而不是电子级的。所以，每个外设都要通过接口与主机系统相连。接口技术就是专门研究 CPU 与外部设备之间的数据传递方式的技术。总线体现在硬件上就是计算机主板（main board），它也是配置计算机时的主要硬件之一。主板上配有插 CPU、内存条、显示卡、声卡、网卡、鼠标器和键盘等的各类扩展槽或接口，而光盘驱动器和硬盘驱动器则通过扁缆与主板相连。主板的主要指标是：所用芯片组工作的稳定性和速度、提供插槽的种类和数量等。在计算机维修中，人们把 CPU、主板、内存、显卡加上电源所组成的系统叫最小化系统。在检修中，经常用到最小化系统，一台计算机性能的好坏就是由最小化系统加上硬盘所决定的。最小化系统工作正常后，就可以在显示器上看到一些提示信息，然后就可以对以后的工作进行操作。

7. 机箱和电源

电脑大多数的组件都固定在机箱内部，机箱保护这些组件不受到碰撞，减少灰尘吸附，减小电磁辐射干扰。

机箱内的电源将 220V 的电压转换为 12V、5V、3.3V 等不同规格的电压，给电脑主机、硬盘、光驱等组件进行供电，因此，电源质量直接影响电脑的使用。如果电源质量比较差，输出不稳定，不但会导致死机、自动重新启动等情况，还可能会烧毁组件。

8. 计算机的主要性能指标及配置

衡量计算机系统性能好坏的技术指标主要有以下五方面。

（1）字长

字长是计算机内部一次可以处理的二进制数码的位数。字长越长，一个字所能表示的数据精度就越高；因此在完成同样精度的运算时，则数据处理速度越高。然而，字长越长，计算机的硬件代价相应也增大。为了兼顾精度/速度与硬件成本两方面，有些计算机允许采用变字长运算。

（2）存储器容量

存储器容量是衡量计算机存储二进制信息量大小的一个重要指标。它决定计算机可以处理数据和程序的大小，通常会影响计算机处理的速度、数据量的多少和程序的规模等。

（3）运算速度

计算机的运算速度一般用每秒钟所能执行的指令条数来表示。由于不同类型的指令所需时间长度不同，因而运算速度的计算方法也不同。常用计算方法有：

● 根据不同类型的指令出现的频度，乘上不同的系数，求得统计平均值，得到平均运算速度。这时常用 MIPS（Millions of Instruction Per Second，即百万条指令/秒）作单位。

● 以执行时间最短的指令为标准来估算速度。

● 直接给出 CPU 的主频和每条指令执行所需的时钟周期。主频一般以 MHz 为单位。

（4）外设扩展能力

主要指计算机系统配接各种外部设备的可能性、灵活性和适应性。一台计算机允许配接多少外部设备，对于系统接口和软件研制都有重大影响。

（5）软件配置情况

软件是计算机系统必不可少的重要组成部分，它的配置是否齐全，直接关系到计算机性能的好坏和效率的高低。例如是否有功能很强、能满足应用要求的操作系统和高级语言、汇编语言，是否有丰富的、可供选用的工具软件和应用软件等，都是在购置计算机系统时需要考虑的。

课后练习

1. 486 微机的字长是____。

    A. 8 位   B. 16 位   C. 32 位   D. 64 位

2. 计算机字长取决于下列哪种总线的宽度？____

    A. 数据总线   B. 地址总线   C. 控制总线   D. 通信总线

3. CPU 的主要性能指标是____。

    A. 字长和时钟主频   B. 可靠性

    C. 耗电量和效率   D. 发热量和冷却效率

4. 用来控制、指挥和协调计算机各部件工作的是____。

    A. 存储器   B. 控制器   C. 鼠标器   D. 运算器

5. 下列叙述中，错误的一条是____。

    A. 内存储器一般由 ROM 和 RAM 组成

    B. RAM 中存储的数据一旦断电就全部丢失

    C. 软盘的存取速度比硬盘的存取速度快

    D. 存储在 ROM 中的数据可以永久保存，断电后也不会丢失

6. 下列存储器中，CPU 能直接访问的是____。

    A. 硬盘存储器   B. CD-ROM   C. 内存储器   D. 软盘存储器

7. 下列设备中，读写数据最快的是____。

    A. 软盘   B. CD-ROM   C. 硬盘   D. 磁带

8. 下列叙述中，不正确的一条是____。

    A. 内存储器主要存储当前正在运行的程序和数据

    B. 内存储器的存储量大于外存储器

    C. 外部存储器用来存储必须永久保存的程序和数据

    D. 读写存储器的信息会因断电全部丢失

9. CD-ROM 属于____。

    A. 大容量可读可写外存储器   B. 大容量只读外存储器

    C. 直接受 CPU 控制的存储器   D. 只读内存储器

10. 内存储器存储容量的大小取决于____。

    A. 字长   B. 地址总线的宽度

    C. 数据总线的宽度   D. 字节数

11. IBM PC 的基本输入/输出系统（BIOS）存储在____。

    A. 硬盘   B. 软盘   C. RAM   D. ROM

12. 在现代的 CPU 芯片中又集成了高速缓冲存储器（Cache），其作用是____。

    A. 扩大内存储器的容量

    B. 解决 CPU 与 RAM 之间的速度不匹配问题

    C. 解决 CPU 与打印机的速度不匹配问题

    D. 保存当前的状态信息

13. CPU、存储器、I/O 设备是通过什么连接起来的？____
    A. 接口   B. 总线   C. 系统文件   D. 控制线

14. 一片 3.5 英寸的 1.44MB 的高密软盘片的根目录中可存储____个文件目录项。
    A. 112   B. 64   C. 任意多   D. 224

15. 下列说法中，正确的一条是____。
    A. 软盘的容量远远小于硬盘的容量
    B. 硬盘的存取速度比软盘的存取速度慢
    C. 软盘是由多张软盘片组成的磁盘组
    D. 软盘是唯一的外部存储设备

16. 3.5 英寸 1.44MB 软盘片的每个扇区的容量是____个字节。
    A. 512   B. 256   C. 1024   D. 128

17. 某种双面高密软盘格式化后，若每面有 80 个磁道，每个磁道有 18 个扇区，每个扇区存储 512 个字节，则该软盘片的容量是____。
    A. 720KB   B. 360KB   C. 1.2MB   D. 1.44MB

18. 磁盘的磁面由很多个半径不同的同心圆构成，这些同心圆称为____。
    A. 扇区（sector）   B. 磁道（track）
    C. 磁柱（cylinder）   D. 以上都不对

19. 下列叙述中，错误的是____。
    A. 硬盘在主机箱内，它是主机的组成部分
    B. 硬盘属于外部存储器
    C. 硬盘驱动器既可以做输入设备用又可以做输出设备用
    D. 硬盘与 CPU 之间能直接交换数据

20. 移动硬盘与 U 盘相比，最大的优势是____。
    A. 容量大   B. 速度快   C. 安全性高   D. 兼容性好

21. 对 CD-ROM 可以进行的操作是____。
    A. 读或写   B. 只能读不能写
    C. 只能写不能读   D. 只能存不能取

22. 目前市售的汉王神笔是一种____。
    A. 输出设备   B. 输入设备   C. 汉字选择设备   D. 显示设备

23. 下列设备组中，完全属于输入设备的一组是____。
    A. 喷墨打印机，显示器，键盘   B. 扫描仪，键盘，鼠标器
    C. 键盘，鼠标器，绘图仪   D. 打印机，键盘，显示器

24. 在微机系统中，麦克风属于____。
    A. 输入设备   B. 输出设备   C. 放大设备   D. 播放设备

25. 在计算机中，既可作为输入设备又可作为输出设备的是____。
    A. 显示器   B. 磁盘驱动器   C. 键盘   D. 打印机

26. 下列设备组中，完全属于计算机输出设备的一组是____。
    A. 喷墨打印机，显示器，键盘   B. 键盘，鼠标器，扫描仪
    C. 打印机，绘图仪，显示器   D. 激光打印机，键盘，鼠标器

27．输入/输出设备必须通过 I/O 接口电路才能连接＿＿。

A．地址总线　　　B．数据总线　　　C．控制总线　　　D．系统总线

28．I/O 接口位于什么之间？＿＿

A．主机和 I/O 设备　　　　　　　B．主机和主存

C．CPU 和主存　　　　　　　　D．总线和 I/O 设备

任务 4　计算机软件系统

一个完整的计算机系统包括硬件系统和软件系统两大部分。只有硬件没有软件的计算机称为"裸机"，"裸机"是一台不能使用的计算机。一台计算机要完成某个工作一定要安装相应的软件，可以说丰富的软件是对硬件功能强有力的扩充，使计算机系统的功能更强，操作使用更方便。本任务介绍软件系统的相关概念和组成。

1．软件的概念

软件（software）是计算机系统中各类程序、有关文档以及所需数据的总称，是计算机的灵魂，包括指挥、控制计算机各部分协调工作并完成各种功能的程序和数据。软件是用户与硬件之间的接口，用户通过软件使用计算机硬件资源。计算机系统的软件非常丰富，分系统软件和应用软件两大类。

系统软件一般是用来管理、监督及协调计算机内部更有效地工作，主要包括操作系统、语言处理程序和一些服务性程序。应用软件一般是为了某个具体应用开发的软件，如文字处理软件、杀毒软件、财会软件、人事管理软件等。

2．系统软件

（1）操作系统

操作系统（OS，operating system）是最基本、最重要的系统软件，它给用户提供操作、使用计算机的界面，其他系统软件和应用软件都运行在操作系统之上，所以它是位于底层的系统软件。操作系统可以有效地管理计算机的所有硬件和软件资源，合理地组织计算机的整个工作流程，是用户和计算机之间的接口。

（2）程序设计语言

人们要使用计算机就必须将人的意图"告诉"计算机，计算机要能理解人的意图，然后按照人们的意图进行工作，这种人与计算机的交互过程所使用的语言就是程序设计语言。程序设计语言按其发展的先后可以分为以下几种。

1）机器语言

在计算机中，指挥计算机完成某个基本操作的命令称为指令。所有指令的集合称为指令系统，直接用二进制代码表示指令系统的语言称为机器语言。

机器语言是直接用二进制代码指令表达的计算机语言。机器语言是唯一能被计算机硬件系统理解和执行的语言。因此，它的处理效率最高，执行速度最快，且无需"翻译"。但机器语言的编写、调试、修改、移植和维护都非常繁琐，不便于记忆、阅读和书写。

2）汇编语言

为了克服机器语言编写程序时的不足，人们发明了汇编语言。汇编语言采用一定的助记符号表示机器语言中的指令和数据，它比机器语言容易理解、便于记忆，使用起来方便得多。但对于机器来讲，汇编语言不能直接执行，必须将汇编语言翻译成机器语言，然后再执行。用汇编语言编写的程序称为汇编语言源程序。

用汇编语言等各种程序设计语言编制的程序称为源程序（source program）。源程序只有被翻译成目标程序才能被计算机接受和执行。

3）高级语言（high level language）

为了克服机器语言和汇编语言依赖于机器，通用性差的问题，人们发明了高级语言。高级语言的特点是接近于人类的自然语言和数学语言，比如在高级语言中，一般用 input 表示输入数据，用 print 表示输出数据，用符号+、－、*、/表示加、减、乘、除等。另外，高级语言和计算机硬件无关，不需要熟悉计算机的指令系统，只需要考虑解决的问题和算法即可。

计算机高级语言的种类很多，常用的有 C、C++、C#、Java、Visual Basic、FORTRAN、Pascal、Visual FoxPro 等。

计算机只能理解与执行用二进制代码即机器指令编写的程序，所以用高级语言编写的源程序在计算机中不能直接执行，必须将其翻译成机器语言才可以执行。翻译的方式一般有两种，一种是编译方式，另一种是解释方式。

在编译方式中，将高级语言源程序翻译成目标程序的软件称为编译程序，这种翻译过程称为编译。在翻译过程中，编译程序要对源程序进行语法检查，如果有错误，将给出相关的错误信息，如果无错，才翻译成目标程序。翻译程序生成的目标程序也不能直接执行，还需要经过连接和定位后生成可执行文件。用来进行连接和定位的程序称为连接程序。经编译方式编译的程序执行速度快，效率高。图 1-8 给出了编译过程。

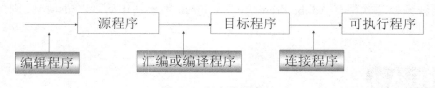

图 1-8　程序编译过程

在解释方式中，将翻译和执行高级语言源程序的软件称为解释程序。解释程序不是对整个源程序进行翻译，也不生成目标程序，而是将源程序逐句解释，边解释边执行。如果发现错误，给出错误信息，并停止解释和执行；如果没有错误，解释执行到最后一条语句。

（3）数据库管理系统

数据库（Database）管理系统是应用最广泛的软件，用于建立、使用和维护数据库，把各种不同性质的数据进行组织，以便能够有效地进行查询、检索并管理这些数据，这是运用数据库的主要目的。各种信息系统，包括从一个提供图书查询的书店销售软件，到银行、保险公司这样的大企业的信息系统，都需要使用数据库。

（4）系统辅助处理程序

系统辅助处理程序主要是指一些为计算机系统提供服务的工具软件和支撑软件，如编辑程序、调试程序、系统诊断程序等，这些程序主要是为了维护计算机系统的正常运行，方便用户在软件开发和实施过程中的应用，如 Windows 中的磁盘整理程序等。

3. 应用软件

应用软件是指为了解决各种计算机应用中的实际问题而编写的软件，它在操作系统之上运行。开发应用软件涉及到相关应用领域的行业知识，如开发物资管理系统、财务管理系统、人事管理系统等都要具有相关领域的知识。应用软件可以由软件厂商开发，也可以由用户自行开发。

（1）办公自动化软件

在办公领域所使用的各种软件，如公函和信件的发送与接收软件，文字与表格的编辑处理软件等，这类软件可以给人们提供"无纸化"办公环境。目前常用的办公自动化软件有 Microsoft Office 和 WPS 等。

（2）辅助设计软件

计算机辅助设计（CAD）技术是近二十年来发展最有成效的工程技术之一。由于计算机具有快速的数值计算、数据处理以及模拟的能力，因此目前在汽车、飞机、船舶、超大规模集成电路（VLSI）等设计中，CAD 占据着越来越重要的地位。辅助设计软件主要用于绘制、修改、输出工程图纸。目前常用的辅助设计软件有 AutoCAD 等。

（3）图像处理软件

图像处理软件主要用于绘制和处理各种图形图像，用户可以在空白文件上绘制自己需要的图像，也可以对现有图像进行加工及艺术处理，最后将结果保存在外存中或打印出来。常用的图像处理软件有 Photoshop、美图秀秀等。

（4）多媒体处理软件

多媒体处理软件主要用于处理音频、视频及动画，安装和使用多媒体处理软件对计算机的硬件配置要求相对较高。播放软件是重要的多媒体处理软件，例如豪杰超级解霸和 Winamp 等。常用的视频处理软件有 Adobe Premiere 等，Flash 用于制作动画，3dsMAX 则是大型的 3D 动画处理软件。

 课后练习

1. 下列叙述中，正确的一条是____。
   A. 用高级程序语言编写的程序称为源程序
   B. 计算机能直接识别并执行用汇编语言编写的程序
   C. 机器语言编写的程序执行效率最低
   D. 不同型号的计算机具有相同的机器语言

2. 用高级程序设计语言编写的程序，要转换成等价的可执行程序，必须经过____。
   A. 汇编　　　　　　B. 编辑　　　　　　C. 解释　　　　　　D. 编译和连接

3. 在计算机系统软件中，最核心的软件是____。
   A. 数据库系统　　　　　　　　　　B. 程序语言处理系统

C．操作系统　　　　　　　　　　　　D．系统维护工具

4．一套完整的计算机系统由____组成。

　　A．主机、键盘和显示器　　　　　　B．主机、键盘、显示器加操作系统

　　C．主机和它的外部设备　　　　　　D．硬件系统和软件系统

5．下列各类计算机程序语言中，____不是高级程序设计语言。

　　A．机器语言　　　　　　　　　　　B．FORTAN 语言

　　C．Pascal 语言　　　　　　　　　　D．FoxBASE 数据库语言

6．能将高级语言源程序转换成目标程序的是____。

　　A．调试程序　　　　B．解释程序　　　C．编译程序　　　D．编辑程序

7．为解决某一特定问题而设计的指令序列称为____。

　　A．文档　　　　　　B．语言　　　　　C．程序　　　　　D．系统

8．解释程序的功能是____。

　　A．解释执行汇编语言程序

　　B．解释执行高级语言程序

　　C．将汇编语言程序解释成目标程序

　　D．将高级语言程序解释成目标程序

9．以下列出的：①字处理软件，②Linux，③UNIX，④学籍管理系统，⑤Windows XP 和⑥Office 2003 这六个软件中，属于系统软件的有____。

　　A．①、②、③、⑤　　　　　　　　B．①、②、③

　　C．②、③、⑤　　　　　　　　　　D．全部都不是

任务5　数与信息

任务描述

　　在计算机内部，无论是存储过程、处理过程、传输过程，还是用户数据、各种指令，使用的都是 0 和 1，了解计算机中的进制的概念，运算的方法，各进制之间的转换，以及各种数据的编码，对于了解和使用计算机是十分重要的。在本任务中将讲解常用的数制及其转换规则，以及文字、声音、图像的编码规则。

任务实施

1．数据在计算机中的表示

（1）数据和信息

数据是对客观事物的符号表示。数值、文字、语言、图形、图像等都是不同形式的数据。

信息是现代生活和计算机科学中一个非常流行的词汇。一般来说，信息既是对各种事物变化和特征的反映，又是事物之间相互作用、相互联系的表征。人通过接收信息来认识事物，从这个意义上来说，信息是一种知识，是接收者原来不了解的知识。

计算机科学中的信息通常被认为是能够用计算机处理的有意义的内容或消息，它们以数据的形式出现，如数值、文字、语言、图形、图像等。数据是信息的载体。

（2）计算机中的数据

在我们的日常生活与工作中最常用的数制是十进制，即逢十向高位进一。在计算机中使用二进制来计数，二进制只有"0"和"1"两个数码。相对十进制而言，采用二进制表示不但运算简单、易于物理实现、通用性强，更重要的优点是其占用的空间和消耗的能量小得多，机器可靠性高。

计算机内部均用二进制来表示各种信息，但计算机与外部交往仍采用人们熟悉和便于阅读的形式，如十进制数据、文字显示以及图形描述等。其间的转换，则由计算机系统的硬件和软件来实现。转换过程如图1-9所示。例如，各种声音被麦克风接收，生成的电信号为模拟信号（在时间和幅值上连续变化的信号），必须经过一种称为模/数（A/D）转换器的器件将其转换为数字信号，再送入计算机中进行处理和存储；然后通过一种称为数/模（D/A）转换器的器件将处理结果的数字信号转换为模拟信号，我们通过扬声器听到的才是连续的正常的声音。

图1-9　各类数据在计算机中的转换

2．进制的转换

计算机中使用二进制来计数，这是因为：

1）使用电子器件易于实现。

采用二进制表示数据，只有0和1两个数码，即用有两个稳定状态的电子器件就可以表示二进制，如开关的接通和断开、晶体管的导通与截止、电位电平的低与高等都可用来表示0和1两个数码。试想如果要找出一个具有十个稳定状态的器件是非常困难的，因此使用电子器件来表示二进制非常易于实现。

2）运算法则简单。

在进行计算时，二进制数运算法则较少，如十进制的乘法公式九九口诀表中有55条公式，而二进制乘法只 0×0=0、0×1=0、1×0=0 和 1×1=1 共4条运算法则，这使计算机在设计时其硬件结构大为简化。

3）便于进行逻辑运算。

在逻辑运算中，要表示"是"与"否"、"成立"与"不成立"、"真"与"假"等时使用二进制非常方便与自然。

目前所有计算机毫无例外地使用二进制，是因为以二进制为基础设计和制造计算机元件数目少、成本低、速度快。大家可能存在这样的疑问，为什么我们在显示器上看到的都是十进制数据呢？这是因为在显示输出时，为了符合人们日常的习惯计算机系统会将二进制数自动转化为十进制的形式输出，而在输入数据时会将十进制数自动转化为二进制数保存。

（1）进位计数制

多位数码中每一位的构成方法以及从低位到高位的进位规则称为进位计数制（简称数制），如果采用 R 个基本符号（例如 0，1，2，…，R-1）表示数值，则称 R 进制。

1）基数

所谓基数（radix）是指表示一个进位计数制所需不同数符的个数。不同的进位计数制它们的基数是不同的，也就是说以基数来区分不同的进位制。若以 R 代表基数，则：

R＝10 为十进制，可使用 0，1，2，…，9 共 10 个数符；

R＝2 为二进制，可使用 0，1 共 2 个数符；

R＝8 为八进制，可使用 0，1，2，…，7 共 8 个数符；

R＝16 为十六进制，可使用 0，1，2，…，9，A，B，C，D，E，F 共 16 个数符。

所谓按基数进位、借位，就是在执行加法或减法时，要遵守"逢 R 进一，借一当 R"的规则，如十进制数特点为"逢十进一，借一当十"；二进制数则为"逢二进一，借一当二"。

为了区别各种进制，可在数的右下角注明进制，或者在数的后面加一个大写字母表示该数的进制，B 表示二进制，O 表示八进制，D 或不带字母表示十进制，H 表示十六进制。例如：$(1101.011)_2$ 或者 1101.011B 表示 1101.011 为二进制数，100、$(100)_{10}$ 或者 100D 表示 100 为十进制数，17O 表示 17 为八进制数，12H 表示 12 为十六进制数。

2）位权值

各位数字所表示的值的大小不仅与该位数字本身有关，而且与它所处的位置有关。例如十进制数 88，十位上的 8 表示 8 个 10，个位上的 8 表示 8 个 1。十进制数中，个、十、百、千……各位的权，依次为 10^0，10^1，10^2，10^3……，小数点后从左往右的位权值分别为 10^{-1}，10^{-2}……等。使用位权值计数的原则是每个数位的数字所表示的值是这个数字与它相应的权的乘积。任意一个 R 进制数 D 均可展开为：

$$N = \sum_{i=-m}^{n-1} k_i \times R^i$$

其中 R 为计数的基数；k_i 为第 i 位的系数，可以为 0，1，2，…，R-1 中的任何一个；R^i 称为第 i 位的权。表 1-4 给出了计算机中常用的几种进位计数制。

表 1-4　计算机中常用的各种进制数的表示

进位制	二进制	八进制	十进制	十六进制
规则	逢二进一	逢八进一	逢十进一	逢十六进一
基数	R=2	R=8	R=10	R=16
基本符号	0,1	0,1,2,3,4,5,6,7	0,1,2,3,4,5,6,7,8,9	0,1,2,3,4,5,6,7,8,9,A,B,C,D,E,F
权	2^i	8^i	10^i	16^i
形式表示	B $(101.01)_2$ (101.01)B	O $(37.23)_8$ (37.23)O	D $(259.12)_{10}$ (259.12)D	H $(5AF)_{16}$ (5AF)H

在表 1-4 中，十六进制的符号除了 0~9 十个数字以外，还用了六个字母：A、B、C、D、E、F，它们分别等于十进制的 10、11、12、13、14、15。表 1-5 是各进制数的对照表。

表 1-5　各进制数对照表

十进制	二进制	八进制	十六进制	十进制	二进制	八进制	十六进制
0	0000	0	0	8	1000	10	8
1	0001	1	1	9	1001	11	9
2	0010	2	2	10	1010	12	A
3	0011	3	3	11	1011	13	B
4	0100	4	4	12	1100	14	C
5	0101	5	5	13	1101	15	D
6	0110	6	6	14	1110	16	E
7	0111	7	7	15	1111	17	F

3）二进制的表示

二进制是使用数字 0、1 来表示数值，且采用"逢二进一"的进位计数制。二进制数中处于不同位置上的数字代表不同的值。每一个数字的权由 2 的幂次决定，基数为 2。二进制数也具有以下与十进制数相类似的三个特点：

- 数值的总个数等于基数，即二进制数仅使用 0 和 1 两个数字。
- 最大的数字比基数小 1，即二进制中最大的数字为 1，最小的数字为 0。
- 每个数字都要乘以基数的幂次，该幂次由每个数字所在的位置决定。例如，二进制数 1110.1011 可表示为：$(1110.1011)_2 = 1 \times 2^3 + 1 \times 2^2 + 1 \times 2^1 + 0 \times 2^0 + 1 \times 2^{-1} + 0 \times 2^{-2} + 1 \times 2^{-3} + 1 \times 2^{-4}$。这也是将一个二进制数转化为十进制数的方法。即十进制数中个位上的计数单位为 1，即从个位开始向左依次为 2^0、2^1、2^2、2^3、…；个位向右依次为 2^{-1}、2^{-2}、2^{-3}、…。

4）二进制数的运算

二进制的加法和乘法运算规则如下：

①加法运算规则

$0+0=0$　　$1+0=1$　　$0+1=1$　　$1+1=10$

例 1：求二进制数 1001 1000 + 1110 1110＝？

```
  1001 1000
+1110 1110
11000 0110
```

结果得：1001 1000 + 1110 1110 = 1 1000 0110

②乘法运算规则

$0 \times 0=0$　　$1 \times 0=0$　　$0 \times 1=0$　　$1 \times 1=1$

例 2：求二进制数 1001×1110＝？

$$\begin{array}{r} 1001 \\ \times\ 1110 \\ \hline 0000 \\ 1001\ \ \ \\ 1001\ \ \ \ \\ 1001\ \ \ \ \ \\ \hline 1111110 \end{array}$$

结果得：$1001 \times 1110 = 1111110$

（2）R进制转换成十进制

把任意一个二进制、八进制或十六进制数转换成十进制数，只需将 R 进制数按权展开求和即可，称为"乘权求和"法。

$a_n \ldots a_1 a_0.a_{-1} \ldots a_{-m}(R) = a_n \times R^n + \ldots + a_1 \times r^1 + a_0 \times R^0 + a_{-1} \times R^{-1} + \ldots a_{-m} \times R^{-m}$

其中 a_i 是数码，R 是基数，R^i 是权；

$(10101)B = 1 \times 2^4 + 0 \times 2^3 + 1 \times 2^2 + 1 \times 2^0 = 21$

$(101.11)B = 2^2 + 1 + 2^{-1} + 2^{-2} = 5.75$

$(101)O = 8^2 + 1 = 65$

$(71)O = 7 \times 8 + 1 = 57$

$(101A)H = 163 + 16 + 10 = 4106$

（3）十进制转换为 R 进制

十进制数转换为 R 进制数。分整数转换与小数转换两种情形：

1）整数

将一个十进制整数转换为 R 进制数的转换规则为：除以 R 取余数，直到商为 0 时结束。所得余数序列，先余为低位，后余为高位。我们把这个方法称为"除 R 取余"法。

$100D = 144O = 64H = 1100100B$，如图 1-10 所示。

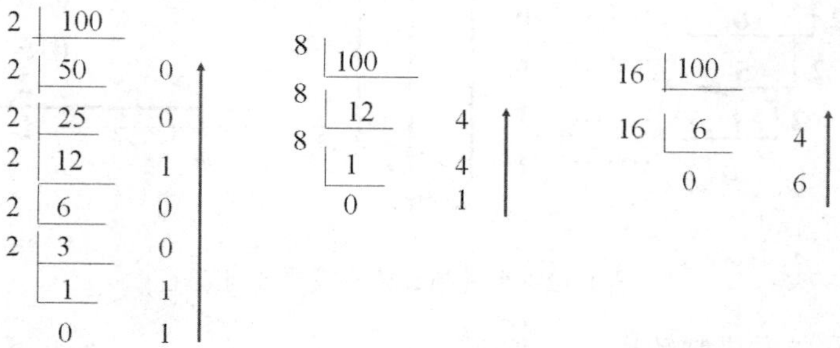

图 1-10　十进制转换成 R 进制

2）十进制小数转换为 R 进制小数

一个十进制纯小数转换成 R 进制纯小数，采用"乘 R 取整"法，其方法如下：先用 R 乘这个十进制纯小数，然后取出乘积的整数部分；再用 R 乘剩下的小数部分，然后再取出乘积中的整数部分，如此下去，直到乘积的小数部分为 0 或者已得到所要求的精度为止。把上面每次乘积的整数部分依次排列起来，先取出的整数为高位，后取出的整数为低位，就是所要求的

R 进制小数。

将十进制小数 0.8125 转换成二进制小数，如图 1-11 所示。

$(0.8125)_{10}=(0.1101)_2$

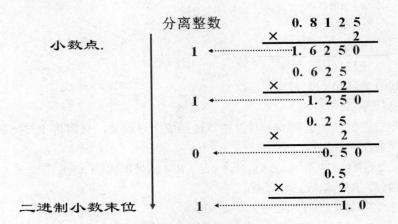

图 1-11　十进制小数转换成二进制小数

如果一个十进制数既有整数部分，又有小数部分，则可将整数部分和小数部分分别进行转换，然后再把两部分结果合并起来。

将 $(25.25)_{10}$ 转换成二进制数，如图 1-12 所示。结果为：$(25.25)_{10}=(11001.01)_2$。

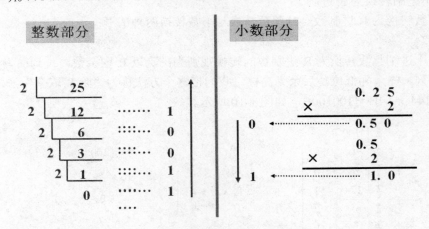

图 1-12　十进制数转换成二进制数

（4）八进制和十六进制转换成二进制

1）八进制转换成二进制

由于八进制数的基数 8 是二进制数的基数 2 的 3 次方，即 $2^3=8$，所以一位八进制数相当于三位二进制数。这样使得八进制数与二进制数的相互转换十分方便。

八进制数转换成二进制数时，只要将八进制数的每一位改成等值（见表 1-5）的三位二进制数，即"一位变三位"，转换后，如果首位有"0"，需去掉首位的"0"。

将八进制数 $(4675.21)_8$ 转换成二进制数，如图 1-13 所示。

$(4675.21)_8=(100110111101.010001)_2$

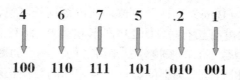

图 1-13　八进制转换成二进制

2）十六进制转换成二进制

十六进制数的基数为 16，由于 $2^4=16$，因此一位十六进制数相当于四位二进制数，所以不难得出十六进制数与二进制数之间相互转换的方法。十六进制数转换成二进制数时，只要将十六进制数的每一位改成等值（见表 1-5）的四位二进制数，即"一位变四位"，转换后，如果首位有"0"，需去掉首位的"0"。

将十六进制数 $(3ACD.A1)_{16}$ 转换成二进制数，如图 1-14 所示。

$(3ACD.A1)_{16}=(11101011001101.10100001)_2$

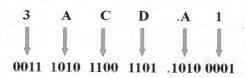

图 1-14　十六进制转换成二进制

（5）二进制转换为八进制与十六进制

1）二进制转换为八进制

以小数点为中心，分别向左、向右每三位分成一组，首尾组不足三位时首尾用"0"补足，将每组二进制数转换成一位八进制数，即"三位变一位"。

将二进制数 $(1010110101.1011101)_2$ 转换成八进制数，如图 1-15 所示。

$(1010110101.1011101)_2=(1265.564)_8$

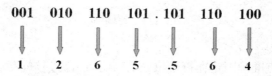

图 1-15　二进制转换成八进制

2）二进制转换为十六进制

以小数点为中心，分别向左、向右每四位分成一组，首尾组不足四位时首尾用"0"补足，将每组二进制数转换成一位十六进制数，即"四位变一位"。

将二进制数 $(10101111011.0011001011)_2$ 转换成十六进制数，如图 1-16 所示。

$(10101111011.0011001011)_2=(57B.32C)_{16}$

3．数值数据的表示

数值数据用于表示数量的大小，它涉及数值范围和数据精度两个概念。与用多少个二进制位表示，以及怎样对这些位进行编码有关。在计算机中，数的长度按"位"（Bit）来计算，但因存储容量常以"字节"（Byte）为计量单位，所以数据长度也常以字节为单位计算。值得指出的是，数学中的数的长度有长有短，如235的长度为3，8632的长度为4，但在计算机中，同类型的数据（如两个整型数据）的长度常常是统一的，不足的部分用"0"填充，这样便于统一处理，换句话说，计算机中同一类型的数据具有相同的数据长度，与数据的实际长度无关。

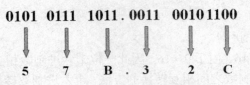

图 1-16 二进制转换成十六进制

（1）数的表示方法

1）定点整数

整数的小数点在最低数据位的右边，对于有符号的整数 N，一般表示为：

$$N=N_sN_nN_{n-1}\ldots N_0$$

其中，N 为用定点整数表示的数，N_s 为符号位，N_0 到 N_n 为数据位。

例如，假设计算机使用的定点数的长度为 2 个字节（即 16 位二进制数），则$(-193)_{10}=(11000001)_2$，由于 11000001 不足 15 位，故前面补足 7 个 0，最高位 1 表示负数。

给定一个 N 位定点整数，它可以表示的范围如图 1-17 所示。

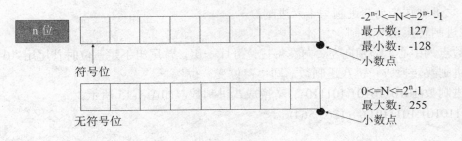

图 1-17　定点整数

2）定点小数

定点小数是指小数点准确固定在符号位之后（隐含），符号位右边的第一位是小数的最高位。一般表示为：$N=N_s.N_{-1}N_{-2}\ldots N_{-n}$。

其中，N 为用定点小数表示的数，N_s 为符号位，N_{-1} 到 N_{-n} 为数据位，对应的权分别为 2^{-1}，2^{-2}，…，2^{-n}。若采用 n+1 个二进制位表示定点小数，则取值范围为：$|N|\leq 1-2^{-n}$。

3）浮点数

如果要处理的数既有整数部分，又有小数部分，则采用定点格式就会引起一些麻烦和困难。为此，计算机中还使用浮点表示格式（即小数点位置不固定，是浮动的）。浮点数分成阶码和尾数两部分。通常表示为：$N=M.R^E$，其中，N 为浮点数，M 为尾数，R 为阶的基数，E 为阶码。

例如：假定一个浮点数用 4 个字节来表示，则一般阶码占用 1 个字节，尾数占用 3 个字节，且每部分的最高位均用来表示该部分的符号。

（2）数值数据的编码

数值数据在计算机内用二进制编码表示，常用的有原码、反码和补码。这里仅介绍带符号整数的原码、反码和补码，并设机器字长为 8 位。

1）机器数与真值

对于带符号数，在机器中通常用最高位代表符号位，0 表示正，1 表示负。如字长 8 位，则整数+66 将表示为：$(01000010)_2$，而–66 则表示为：$(11000010)_2$。

通常，称表示一个数值数的机内编码为机器数，而它所代表的实际值称为机器数的真值。例如：+20 的真值为+0010100，机器数为 00010100；–20 的真值为–0010100，机器数为 10010100。

2）原码

正数的符号位为 0，负数的符号位为 1，其他位按一般的方法表示数的绝对值，用这种表示方法得到的就是数的原码。例如：

x=(+105)₁₀   [x]原=$(01101001)_2$

x=(–105)₁₀   [x]原=$(11101001)_2$

两个符号相异绝对值相同的数的原码，除了符号位以外，其他位都是一样的，如图 1-18 所示。

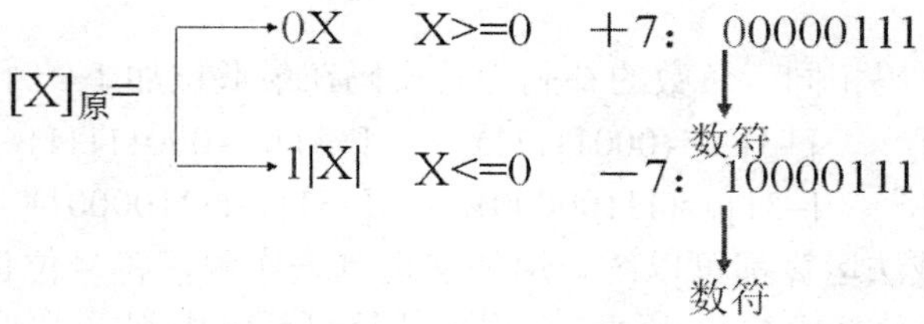

$$[X]_{原}=\begin{cases} 0X & X>=0 \\ 1|X| & X<=0 \end{cases}$$

+7：00000111 ↓ 数符

–7：10000111 ↓ 数符

图 1-18　原码

对于"0"来说，原码如图 1-19 所示。

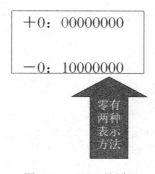

+0：00000000

–0：10000000

零有两种表示方法

图 1-19　"0"的原码

原码简单易懂，而且与真值之间的转换方便。但若是两个异号数相加（或两个同号数相减），就要做减法，做减法就会有借位的问题，往往结果会出现错误。为了将加法运算与减法运算统一起来（显然运算逻辑电路可以简化、运算速度可以加快），就引入了反码和补码。

3）反码

正数的反码与其原码相同，负数的反码为其原码除符号位外的其他位按位取反（即是 0

的改为 1，是 1 的改为 0）。例如：

[+31]原=(00011111)₂　　　[+31]反=(00011111)₂

[−31]原=(10011111)₂　　　[−31]反=(11100000)₂

可以看出，负数的反码与负数的原码有很大的区别。反码通常只用作求补码过程中的中间形式。可以验证，一个数的反码的反码就是其原码，如图 1-20 所示。

数字"0"的反码如图 1-21 所示。

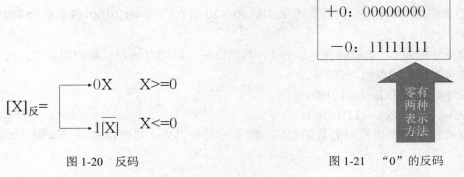

图 1-20　反码　　　　　　　　　　　　图 1-21　"0"的反码

4）补码

正数的补码与其原码相同，负数的补码为其反码在最低位加 1。例如：

[+31]原=(00011111)₂　　[+31]反=(00011111)₂　　[+31]补=(00011111)₂

[−31]原=(10011111)₂　　[−31]反=(11100000)₂　　[−31]补=(11100001)₂

引入补码后，加减法运算都可以统一用加法运算来实现，符号位也当作数值参与处理，且两数和的补码等于两数补码的和。因此，在许多计算机系统中都采用补码来表示带符号的数，如图 1-22 所示。

数字"0"的补码如图 1-23 所示。

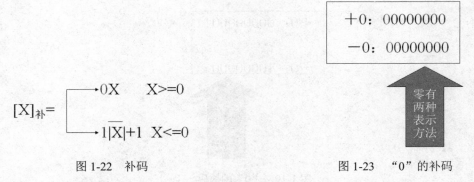

图 1-22　补码　　　　　　　　　　　　图 1-23　"0"的补码

在补码形式中，0 有唯一的编码，因此利用补码能够方便运算。

4. 字符数据的表示

在计算机中，字符数据包括西文字符（字母、数字、各种符号）和汉字字符。它们都是非数值型数据，非数值数据不表示数量的多少，只表示有关符号，和数值型数据一样，也需用二进制数进行编码才能存储在计算机中并进行处理。对于西文字符与汉字字符，由于形式的不同，使用的编码方式也不同。下面主要介绍西文字符和汉字字符的编码方法。

（1）西文字符

计算机中的字符按一定的规则用二进制编码表示，一般用一个字节即八个二进制位进行编码。目前最普遍采用的编码是美国国家标准协会（ANSI）制订的美国标准信息交换码（ASCII），它最初是美国国家标准，供不同计算机在相互通信时用作共同遵守的西文字符编码标准，后被 ISO 及 CCITT 等国际组织采用。这种编码规定：八个二进制位的最高位为零，余下的七位可进行编码。因此，可表示 128 个字符，这其中的 95 个编码对应着计算机终端能敲入并可显示的 95 个字符，另外的 33 个编码对应着控制字符，它们不可显示。

ASCII 码表中有 33 种控制码，对应十进制码值为 0～31 和 127（即 NUL～US 和 DEL），称为非图形字符（又称为控制字符），主要用于打印或显示时的格式控制，对外部设备的操作控制，进行信息分隔，以及在数据通信时进行传输控制等用途。

ASCII 码表中其余 95 个字符称为图形字符（又称为普通字符），为可打印或可显示字符，包括英文大小写字母共 52 个，0～9 的数字共 10 个和其他标点符号、运算符号等共 33 个。

在这些字符中，0～9、A～Z、a～z 都是顺序排列的，且小写比大写字母码值大、大写字母比数字码值大。码值 32 对应的是表中第一个可显示字符——空格，数字 0 的码值为 48，大写字母 A 的码值为 65，小写字母 a 的码值为 97 等。

（2）汉字编码

汉字是象形文字，每个汉字字符都有自己的形状，所以，每个汉字在计算机中都有一个二进制代码对应，在计算机中通常用两个字节编码表示。另外，用键盘来输入汉字，还要对每个汉字编一个键盘输入码（简称输入码）。为了使汉字显示或打印，还要对每个汉字编制一个"汉字字形编码"，汉字在计算机中的操作过程如图 1-24 所示。下面简单介绍一下这几种汉字编码。

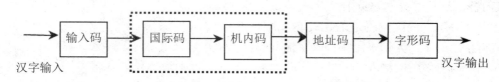

图 1-24　汉字的输入输出

1）汉字输入码

汉字输入技术主要表现在汉字的输入方式及输入码的处理上，汉字输入方式有多种，但目前使用最多的仍是随机配置的键盘输入，用户输入的并不是汉字本身，而是汉字代码，统称输入码或外码，外码就是与某种汉字编码方案相对应的汉字代码。

输入汉字前，用户可以根据需要选定一种汉字外码作为输入汉字时使用的代码，在众多的汉字输入码中，按照编码规则主要分为形码、音码与混合码等三类。

● 形码：形码也称义码，它是按照汉字的字形（或字义）进行编码的方法，常用的形码有五笔字型、郑码等。

● 音码。音码是按照汉字的读音（即汉语拼音）进行编码的方法，常用的音码有标准拼音（即全拼拼音）、全拼双音、双拼双音、智能 ABC 等。

● 混合码。这是将汉字的字形（或字义）和字音相结合的编码，也称为音形码或结合码，如：自然码等。按混合码输入汉字的优点是由于它兼顾了音码和形码的优点，既降低了重码率，又不需要大量的记忆，不仅使用起来简单方便，而且输入汉字的速度比较快，效率也比较高。

2）汉字交换码

为了便于各计算机系统之间能够准确无误地交换汉字信息，必须规定一种专门用于汉字信息交换的统一编码，这种编码称为汉字的交换码。我国制定了"中华人民共和国国家标准信息交换汉字编码"，简称国标码，代号"GB2312"，作为汉字的交换码。该编码集中收录了汉字和图形符号 7445 个，其中一级汉字 3755 个，二级汉字 3008 个，图形符号 682 个。

国标码规定，每个字符的编码占用 2 个字节，每个字节的最高位为"0"。按照 GB2312 的规定，所有收录的汉字及图形符号组成一个 94×94 的矩阵，即有 94 行和 94 列。这里每一行称为一个区，每一列称为一个位。因此，它有 94 个区（01~94），每个区内有 94 个位（01~94）。区码与位码组合在一起称为区位码，它可准确确定某一汉字或图形符号。如汉字"啊"的区位码为 1601，即它在 16 区的 01 位。

3）汉字机内码

ASCII 字符和汉字都是以代码方式存储在内存或磁盘上的。目前，微机存储一个内码固定为连续的 2 个字节。

如果把 GB2312 字符集中的区位码直接用作内码，当表示某个汉字的 2 个字节处在低数值时（0~31），将会与 ASCII 控制码混淆，因此把区码和位码数值各加十进制数 32 即十六进制数 20，来解决与控制码的冲突问题。

因为 ASCII 码与汉字同属一类，都是文字信息。系统很难辨别连续的 2 个字节代表的是 2 个 ASCII 字符还是 1 个汉字。为解决这个问题，现在的汉字系统中普遍采用把表示 1 个汉字的 2 个字节首位（最高位）都固定置成 1，等于把每个字节在已经增加十进制数 32 的基础上再加上 128，这样才能与 ASCII 码彻底区分，这种编码称作内码。

如汉字"啊"的区位码是 1601，内码则是 B0A1。

值得指出的是，无论采用哪种汉字输入码，当用户输入汉字时，存入计算机中的总是汉字的机内码，与所采用的输入法无关。实际上，无论采用哪种输入法，在输入码与机内码之间存在着一个对应的转换关系，因此，任何一种输入法都需要一个相应的完成这种转换的转换程序。

4）汉字字形码

显示或者打印汉字时还要用到汉字字形编码，字形编码即字的形状的二进制数编码。例如，中国的"中"字，如果用二进制的 0 代表屏幕上的暗点，1 代表亮点，16×16 点阵的字形编码来描述一个"中"字的点阵字形如图 1-25 所示。

英文字符一般用 8×8 以上的点阵就可以准确、清晰地表现出来，ASCII 字符集有其相应的字符库。

汉字是方块字，字形复杂，有一笔画的，也有几十笔画的，为了把所有汉字字形大小统一，汉字的字形至少需要 16×16 点阵来描述。

根据显示或打印的质量要求，汉字字形编码有 16×16，24×24，32×32，48×48 等不同密度的点阵编码。点数越多，显示或打印的字体越美观，但编码占用的存储空间也越大。例如一个 16×16 的汉字点阵字形编码需占用 32 个字节（16×16÷8=32），一个 24×24 的汉字点阵字形编码需占用 72 个字节（24×24÷8=72）。

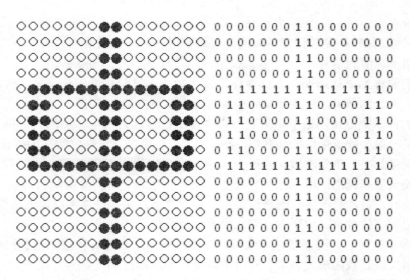

(a) 16×16 点阵字形   (b) 16×16 点阵字形编码

图 1-25 点阵

将一个汉字显示或打印输出时，需将汉字的机内码转换成字形编码，它们之间也是一一对应的关系。所有汉字的点阵字形编码的集合称为"汉字库"，不同的字体（如宋体、仿宋、楷体、黑体等）对应着不同的字库。

5）汉字地址码

每个汉字字形码在汉字字库中的相对位移地址称为汉字地址码。需要向输出设备输出汉字时，必须通过地址码，才能在汉字库中取到所需的字形码，最终在输出设备上形成可见的汉字字形。地址码和机内码具有简明的对应转换关系。

5. 多媒体数据的表示

在信息时代，人类获取、交换和传递信息已经成为现代生活的重要组成部分。自 20 世纪 80 年代中后期开始，集文本、图形、动画、声音、影视等多种形式于一体的计算机多媒体信息技术成为信息领域关注的热点之一。它使计算机具有综合处理声音、文字、图像和视频信息的能力，极大地改善了人们交流和获取信息的方式，为计算机进入人类生活和生产的各个领域打开了大门。

在计算机中，数值数据和字符数据都是转换成二进制来存储和处理的。同样，声音、图形和图像、视频等多媒体数据也要转换成二进制后计算机才能存储和处理，但多媒体数据的表示方式是完全不同的。在计算机中，声音往往用波形文件、MIDI 音乐文件或压缩音频文件方式表示；图像的表示则主要有位图编码和矢量编码两种方式；视频由一系列"帧"组成，每个帧实际上是一幅静止的图像，需要连续播放才会变成动画（一般每秒要连续显示 30 帧左右）。

（1）声音媒体的表示

声音的主要物理特征包括频率和振幅。声音用电表示时，声音信号是在时间上和幅度上都连续的模拟信号。而计算机只能存储和处理离散的数字信号。将连续的模拟信号变成离散的数字信号就是数字化，数字化的基本技术是脉冲编码调制（Pulse Code Modulation，PCM），主要包括采样、量化、编码三个基本过程。

为了记录声音信号，需要每隔一定的时间间隔获取声音信号的幅度值，并记录下来——这个过程称为采样。采样即是以固定的时间间隔对模拟波形的幅度值进行抽取，把时间上连续的信号变成时间上离散的信号。

该时间间隔称为采样周期，其倒数称为采样频率。显而易见，获取幅度值的时间间隔越短，记录的信息就越精确，由此带来的问题是：需要更多的存储空间。

获取到的样本幅度值用数字量来表示——这个过程称为量化。量化就是将一定范围内的模拟量变成某一最小数量单位的整数倍。表示采样点幅值的二进制位数称为量化位数，它是决定数字音频质量的另一重要参数，一般为 8 位、16 位。量化位数越大，采集到的样本精度就越高，声音的质量就越高。但量化位数越多，需要的存储空间也就越多。

记录声音时，每次只产生一组声波数据，称单声道；每次产生两组声波数据，称双声道。双声道具有空间立体效果，但所占空间比单声道多一倍。

经过采样、量化后，还需要进行编码，即将量化后的数值转换成二进制码组。编码是将量化的结果用二进制数的形式表示。有时也将量化和编码过程统称为量化。

最终产生的音频数据量按照下面的公式计算：

音频数据量（B）=采样时间（S）×采样频率（Hz）×量化位数（b）×声道数/8

乐器数字接口（Musical Instrument Digital Interface，MIDI）文件规定了乐器、计算机、音乐合成器以及其他电子设备之间交换音乐信息的一组标准。MIDI 文件中的数据记录的是一些关于乐曲演奏的内容，而不是实际的声音。因此 MIDI 文件要比 WAV 文件小很多，而且易于编辑、处理。MIDI 文件的缺点是播放声音的效果依赖于播放 MIDI 音乐的硬件质量，但整体效果都不如 WAV 文件。产生 MIDI 音乐的方法有很多种，常用的有 FM 合成法和波表合成法。MIDI 文件的扩展名有".mid"".rmi"等。

VOC 文件是声霸卡使用的音频文件格式，它以".VOC"作为文件的扩展名。其他的音频文件格式还有很多，例如，Au 文件主要用在 UNIX 工作站上，它以".au"作为文件的扩展名；AIF 文件是苹果机的音频文件格式，它以".aif"作为文件的扩展名，等等。

（2）图形和图像媒体的表示

图像是多媒体中最基本、最重要的数据，图像有黑白图像、灰度图像、彩色图像、摄影图像等。

所谓图像，一般是指自然界中的客观景物通过某种系统的映射，使人们产生的视觉感受。例如照片、图片和印刷品等。在自然界中，景和物有两种形态，即动和静。静止的图像称为静态图像；活动的图像称为动态图像。静态图像根据其在计算机中生成的原理不同，分为矢量图形和位图图像两种。动态图像又分为视频和动画。习惯上将通过摄像机拍摄得到的动态图像称为视频，而用计算机或绘画的方法生成的动态图像称为动画。

图像文件格式有：

● bmp 文件：Windows 采用的图像文件存储格式。

● gif 文件：供联机图形交换使用的一种图像文件格式，目前在网络上被广泛采用。

● tiff 文件：二进制文件格式。广泛用于桌面出版系统、图形系统和广告制作系统，也可以用于一种平台到另一种平台间图形的转换。

● png 文件：图像文件格式，其开发的目的是替代 GIF 文件格式和 TIFF 文件格式。

● wmf 文件：绝大多数 Windows 应用程序都可以有效处理的格式，其应用很广泛，是桌面出版系统中常用的图形格式。

- dxf 文件：一种向量格式，绝大多数绘图软件都支持这种格式。

视频文件格式有：

- avi 文件：Windows 操作系统中数字视频文件的标准格式。
- mov 文件：QuickTime for Windows 视频处理软件所采用的视频文件格式，其图像画面的质量比 AVI 文件要好。

 课后练习

1. 十进制数 73 转换成二进制数是____。
   A. 1001001　　　B. 1010011　　　C. 0110101　　　D. 1101011
2. 将二进制数 101010 转换为十进制数是____。
   A. 44　　　　　B. 84　　　　　C. 42　　　　　D. 82
3. 用 6 位二进制数最大能表示的十进制整数是____。
   A. 64　　　　　B. 63　　　　　C. 32　　　　　D. 31
4. 下列两个二进制数进行算术加运算，10100+111=____。
   A. 10211　　　　B. 110011　　　C. 11011　　　　D. 10011
5. 下列叙述中，正确的一条是____。
   A. 十进制数 101 的值大于二进制数 1000001
   B. 所有十进制小数都能准确地转换为有限位的二进制小数。
   C. 十进制数 55 的值小于八进制数 66 的值
   D. 二进制的乘法规则比十进制的复杂
6. 下列两个二进制数进行算术减运算，10000-111=____。
   A. 0111　　　　B. 1000　　　　C. 1001　　　　D. 1011
7. 按照数的进位制概念，下列各数中正确的八进制数是____。
   A. 1101　　　　B. 7081　　　　C. 1109　　　　D. 103A
8. 已知 a=00101010B 和 b=40D，下列关系式成立的是____。
   A. a>b　　　　 B. a=b　　　　 C. a<b　　　　 D. 不能比较
9. 下列 4 位十进制数中，属于正确的汉字区位码的是____。
   A. 5601　　　　B. 9596　　　　C. 9678　　　　D. 8799
10. 无符号二进制整数 111111 转换成十进制数是____。
    A. 71　　　　　B. 65　　　　　C. 63　　　　　D. 62
11. 下列各不同进制的无符号数中，最小的数是____。
    A. 二进制：11011001　　　　　　B. 八进制：37
    C. 十进制：75　　　　　　　　　D. 十六进制：2A
12. 二进制数 1110111.11 转换成十六进制数是____。
    A. 77.C　　　　B. 77.3　　　　C. E7.C　　　　D. E7.3
13. 在一个非零无符号二进制整数之后添加一个 0，则此数的值为原数的____。
    A. 4 倍　　　　B. 2 倍　　　　C. 1/2 倍　　　　D. 1/4 倍

14. 在下列字符中，其 ASCII 码值最大的一个是____。

    A．Z　　　　　　　B．9　　　　　　　　C．空格字符　　　　D．a

15. 一个字符的标准 ASCII 码用____位二进制数表示。

    A．8　　　　　　　B．7　　　　　　　　C．6　　　　　　　　D．4

16. 根据汉字国标码 GB2312 的规定，一级常用汉字数是____。

    A．3000 个　　　　B．7445 个　　　　　C．3008 个　　　　　D．3755 个

17. 在标准 ASCII 编码表中，数字码、小写英文字母和大写英文字母的前后次序是____。

    A．数字、小写英文字母、大写英文字母

    B．小写英文字母、大写英文字母、数字

    C．数字、大写英文字母、小写英文字母

    D．大写英文字母、小写英文字母、数字

18. 显示或打印汉字时，系统使用的是汉字的____。

    A．机内码　　　　B．字形码　　　　　C．输入码　　　　　D．国标交换码

19. 一个汉字的机内码与国标码之间的差别是____。

    A．前者各字节的最高位二进制值均为 1，而后者为 0

    B．前者各字节的最高位二进制值均为 0，而后者为 1

    C．前者各字节的最高位二进制值各为 1、0，而后者为 0、1

    D．前者各字节的最高位二进制值各为 0、1，而后者为 1、0

20. 已知英文字母 m 的 ASCII 码值为 109，那么英文字母 i 的 ASCII 码值是____。

    A．106　　　　　　B．105　　　　　　　C．104　　　　　　　D．103

21. 声音与视频信息在计算机内的表现形式是____。

    A．二进制数字　　B．调制　　　　　　C．模拟　　　　　　D．模拟与数字

22. 若对音频信号以 10kHZ 采样率、16 位量化精度进行数字化，则每分钟的双声道数字化声音信号产生的数据量约为____。

    A．1.2MB　　　　　B．1.6MB　　　　　　C．2.4MB　　　　　　D．4.8MB

23. 以.wav 为扩展名的文件通常是____。

    A．文本文件　　　　　　　　　　　　　B．音频信号文件

    C．图像文件　　　　　　　　　　　　　D．视频信号文件

24. 目前有许多不同的音频文件格式，下列哪一种不是数字音频的文件格式____。

    A．WAV　　　　　　B．GIF　　　　　　　C．MP3　　　　　　　D．MID

单元小结

本单元共由五个任务组成，通过本单元的学习使读者能够了解计算机的相关基础知识。

第一个任务由五个部分组成，分别介绍了计算机的发展历程；计算机的特点；计算机的分类；计算机的应用；计算机的发展趋势。

第二个任务由四个部分组成。通过学习，能了解计算机的系统组成；计算机的结构组成；指令与指令系统；"冯•诺依曼"的设计思想等。

第三个任务由八个部分组成。通过学习，能了解计算机硬件系统的构成。

第四个任务由三个部分组成。通过学习，能了解计算机软件系统的构成；系统软件；应用软件。

第五个任务由五个部分组成。通过学习，能了解计算机中数据的表示；计算机中的各进制及其特点；各个进制之间的相互转化；以及信息在计算机中如何表示和处理。

● 目的、要求

（1）计算机的发展、分类、基本特点、性能指标及应用领域。

（2）计算机中数据的表示方式及常用计数制之间的转换（二进制、十进制、八进制和十六进制之间的转换）。

（3）计算机系统的基本组成（硬件系统和软件系统）、各组成部分的功能及相应关系。

（4）存储器种类、存储容量、位、字节、字、KB、MB、GB、TB 等概念。

（5）汉字在计算机中的表示，汉字输入编码的基本概念。

（6）汉字输入方法的分类，熟练掌握一种汉字输入方法。

● 重点、难点

重点：计算机系统的组成、软件、硬件组成及组成部分的功能和相应关系。

难点：数据的表示、硬件、软件。

单元 2　Windows 7 操作系统

任务 1　操作系统的概念

操作系统是介于硬件和应用软件之间的一个系统软件，它直接运行在裸机上，是对计算机硬件系统的第一次扩充；操作系统负责管理计算机中各种软硬件资源并控制各类软件运行；操作系统是人与计算机之间通信的桥梁，为用户提供了一个清晰、简洁、友好、易用的工作界面。用户通过使用操作系统提供的命令和交互功能实现对计算机的操作。本任务要求了解操作系统的基本概念、功能、种类。

任务实施

1. 操作系统中的重要概念和功能

操作系统中的重要概念有进程、线程。

（1）进程

进程（Process）是操作系统中的一个核心概念。进程（Process），顾名思义，是指进行中的程序，即：进程=程序+执行。

进程是程序的一次执行过程，是系统进行调度和资源分配的一个独立单位。或者说，进程是一个程序与其数据一道在计算机上顺利执行时所发生的活动，简单地说，就是一个正在执行的程序。一个程序被加载到内存，系统就创建了一个进程，程序执行结束后，该进程也就消亡了。最初就是为了提高 CPU 的利用率并且控制程序在内存中的执行过程，才引入的"进程"的概念。

在 Windows、UNIX、Linux 等操作系统中，用户可以查看到当前正在执行的进程。有时"进程"又称"任务"。例如，图 2-1 所示是 Windows 的任务管理器（调出按 Ctrl+Alt+Del 组合键），从图中可以看到共有 74 个进程正在运行，Google 浏览器（chrome.exe）程序被同时运行了 4 次，因而内存中有 4 个这样的进程。利用任务管理器可以快速查看进程信息，或者强行终止某个进程。当然，结束一个应用程序的最好方式是在应用程序的界面中正常退出，而不是在进程管理器中删除一个进程，除非应用程序出现异常而不能正常退出时才这样做。

（2）线程

随着硬件和软件技术的发展，为了更好地实现并发处理和共享资源，提高 CPU 的利用率，目前许多操作系统把进程再"细分"成线程（Threads）。线程是进程的一个实体，是 CPU 调度和分派的基本单位，它是比进程更小的能独立运行的基本单位。线程基本不拥有系统资源，

只拥有在运行中必不可少的资源（如程序计数器，一组寄存器和栈），但是它可与同属一个进程的其他线程共享进程所拥有的全部资源。一个线程可以创建和撤消另一个线程，同一个进程中的多个线程之间可以并发执行。

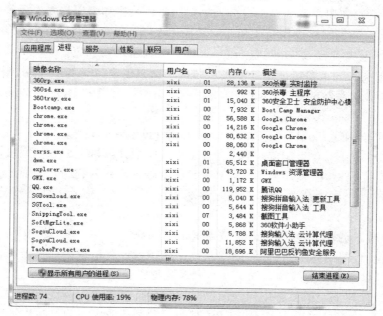

图 2-1　"进程"选项卡

　　使用线程可以更好地实现并发处理和共享资源，提高 CPU 的利用率。CPU 是以时间片轮询的方式为进程分配处理时间的。如果 CPU 有 10 个时间片，需要处理 2 个进程，则 CPU 利用率为 20%。为了提高运行效率，现将每个进程又细分为若干个线程（如当前每个线程都要完成 3 件事情），则 CPU 会分别用 20%的时间来同时处理 3 件事情，从而 CPU 的利用率达到了 60%。对于计算机的多线程，CPU 会分配给每一个线程极少的运行时间，时间一到当前线程就交出所有权，所有线程被快速地切换执行。因为 CPU 的执行速度非常得快，所以在执行的过程中用户认为这些线程是"并发"执行的。

　　（3）操作系统的功能

　　操作系统可以控制计算机上运行的所有程序并管理所有计算机资源。操作系统掌控着计算机中一切软硬件资源。

　　首先，操作系统管理的硬件资源有 CPU、内存、外存和输入/输出设备。操作系统管理的软件资源为文件。操作系统管理的核心就是资源管理，即如何有效地发掘资源、监控资源、分配资源和回收资源。操作系统设计和进化的根本就是采用各种机制、策略和手段极力提高对资源的共享，解决竞争。

　　一台计算机可以安装几个操作系统，但在启动计算机时，需要选择其中一个作为"活动"的操作系统，这种配置叫作"多引导"。应用软件和其他系统软件都与操作系统密切相关，因此一台计算机的软件系统严格意义上来说是"基于操作系统"的。也就是说，任何一个需要在计算机上运行的软件都需要合适的操作系统支持，因此人们把基于操作系统的软件作为一个"环境"。不同的操作系统环境下的各种软件有不同的要求，并不是任何软件都可以随意地在计算机上被执行。

2. 操作系统的种类

操作系统的种类繁多,依其功能和特性可分为批处理操作系统、分时操作系统和实时操作系统等;依同时管理用户数的多少可分为单用户操作系统和多用户操作系统;依其有无管理网络环境的能力可分为网络操作系统和非网络操作系统。通常操作系统有以下五类。

（1）单用户操作系统（Single User Operating System）

单用户操作系统的主要特征是计算机系统内一次只能支持运行一个用户程序。这类系统的最大缺点是计算机系统的资源不能充分被利用。微型计算机的 DOS、Windows 操作系统均属于这类系统。

（2）批处理操作系统（Batch Processing Operating System）

批处理操作系统是 20 世纪 70 年代运行于大、中型计算机上的操作系统,当时由于单用户单任务操作系统的 CPU 使用效率低,I/O 设备资源未被充分利用,因而产生了多道批处理系统。多道是指多个程序或多个作业同时存在和运行,故也称为多任务操作系统。IBM 的 DOS/VSE 就是这类系统。

（3）分时操作系统（Time-Sharing Operating System）

分时系统是一种具有如下特征的操作系统:在一台计算机周围挂上若干台近程或远程终端,每个用户可以在各自的终端上以交互的方式控制作业运行。

在分时系统管理下,虽然各用户使用的是同一台计算机,但却能给用户一种"独占计算机"的感觉。实际上是分时操作系统将 CPU 时间资源划分成极短的时间片（毫秒量级）,轮流分给每个终端用户使用,当一个用户的时间片用完后,CPU 就转给另一个用户,前一个用户只能等待下一次轮到。分时操作系统是多用户多任务操作系统,UNIX 是国际上最流行的分时操作系统。此外,UNIX 具有网络通信与网络服务的功能,也是广泛使用的网络操作系统。

（4）实时操作系统（Real-Time Operating System）

在某些应用领域,要求计算机对数据能进行迅速处理。这种有响应时间要求的快速处理过程叫作实时处理过程,当然,响应的时间要求可长可短,可以是秒、毫秒或微秒级的。对于这类实时处理过程,批处理系统或分时系统均无能为力了,因此产生了另一类操作系统——实时操作系统。配置实时操作系统的计算机系统称为实时系统。实时系统按其使用方式可分成两类:一类是广泛用于钢铁、炼油、化工生产过程控制、武器制导等各个领域中的实时控制系统。另一类是广泛用于自动订购飞机票、火车票系统,情报检索系统,银行业务系统,超级市场销售系统中的实时数据处理系统。

（5）网络操作系统（Network Operating System）

网络是将物理上分布（分散）的独立的多个计算机系统互联起来,通过网络协议在不同的计算机之间实现信息交换、资源共享。

通过网络,用户可以突破地理条件的限制,方便地使用远地的计算机资源。能提供网络通信和网络资源共享功能的操作系统称为网络操作系统。

 课后练习

1. 计算机操作系统的作用是____。

A. 管理计算机系统的全部软、硬件资源，合理组织计算机的工作流程，以达到充分发挥计算机资源的效率，为用户提供使用计算机的友好界面

B. 对用户存储的文件进行管理，方便用户

C. 执行用户键入的各类命令

D. 是为汉字操作系统提供运行的基础

2. 当前微机上运行的 MS-DOS 系统是属于____。

   A. 网络操作系统   B. 单用户单任务操作系统

   C. 批处理操作系统   D. 分时操作系统

3. 操作系统是一种____。

A. 使计算机便于操作的硬件

B. 计算机的操作规范

C. 管理各类计算机系统资源，为用户提供友好界面的一组管理程序

D. 便于操作的计算机系统

4. 下面关于操作系统的叙述中，正确的是____。

A. 操作系统是计算机软件系统中的核心软件

B. 操作系统属于应用软件

C. Windows 是 PC 机唯一的操作系统

D. 操作系统的五大功能是：启动、打印、显示、文件存取和关机

5. 操作系统通常具有的五大功能是____。

A. CPU 管理、显示器管理、键盘管理、打印机管理和鼠标器管理

B. 硬盘管理、软盘驱动器管理、CPU 管理、显示器管理和键盘管理

C. CPU 管理、存储管理、文件管理、设备管理和作业管理

D. 启动、打印、显示、文件存取和关机

6. 下列说法正确的是____。

A. 一个进程会伴随其程序执行的结束而消亡

B. 一段程序会伴随其程序结束而消亡

C. 任何程序在执行未结束时不允许被强行终止

D. 任何程序在执行未结束时都可以被强行终止

7. 下列软件中，不是操作系统的是____。

  A. MS DOS   B. UNIX   C. Linux   D. MS Office

任务 2　Windows 7 操作系统的窗口

任务描述

让电脑使用更简单是微软开发 Windows 7 时一项非常重要的核心工作，易用性体现在窗口的操作方式上。在 Windows 7 中，一些沿用多年的基本操作方式得到了彻底改进，半透明的 Windows Aero 外观也为用户带来了丰富实用的操作体验。在本任务中主要讲述如何在

Windows 7 操作系统中进行窗口操作。

任务实施

1. Windows 7 桌面基本要素

桌面是整个 Windows 操作系统的入口界面，它和我们日常生活中的书桌有类似的功能。Windows 桌面上也放置着最常用的工具（应用程序和文档），也需要和我们的工作台面一样整洁美观，操作环境得心应手才能够提高工作效率。请记住以下的原则："桌面上应该只放置和自己手头工作最相关的文档，要使一切图标围绕自己当前的工作焦点。"

Windows 7 的桌面（见图 2-2）窗口基本布局由桌面图标、任务栏、桌面小工具、背景图案等基本要素构成。桌面上可以放置系统内置的"计算机""用户的文件""网络""回收站""控制面板"等系统内置图标，也可以放置用户自己的程序"快捷方式"或文档的图标。从 Windows Vista 开始，Windows 还提供了一系列的桌面小工具，如日历、天气预报、模拟时钟等。小工具的加入使 Windows 更加贴近用户需求，更加人性化。

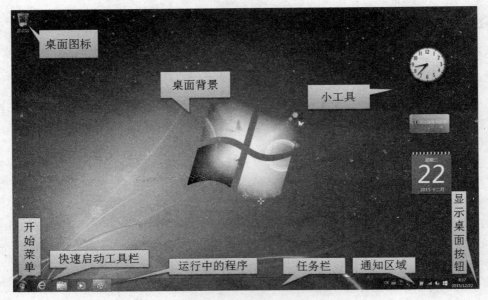

图 2-2　Windows 7 桌面

"快捷方式"（Shortcut）是指向实体文件的一个"标签"、一个"地址"。应用程序运行时通常需要在其安装目录下的其他文件的支持，而一旦脱离了其安装目录，它就无法正常运行了。为了在桌面或开始菜单上快速定位并启动应用程序，就必须将应用程序的快捷方式放置在桌面或开始菜单上。当我们在桌面上双击某个应用程序的快捷方式时，资源管理器就会循着这个标签指到相应的目录中启动该应用程序。删除快捷方式并不会删除应用程序本身，它只是摘掉了应用程序的一个"标签"而已。如果需要，还可以随时创建。在桌面上的快捷方式图标上右击，选择"属性"，便可得知该快捷方式所指向的项目和其他属性，如图 2-3 所示。

图2-3 "快捷方式"选择卡

2. 任务栏和开始菜单

Windows 7 的任务栏同时结合了以往"快速启动栏"和"任务栏"的双重功能。可以在同一个图标区域既显示程序的快捷方式，也显示正在运行的程序"按钮"。如果一个任务栏的图标被单击"激活"，则会显示出一个高亮的方框按钮。此时如果我们把鼠标指针悬浮在该按钮上，那么就会显示出正在运行任务的缩略图，如图2-4所示。

图2-4 正在运行的任务和缩略图

如果同一个程序同时运行了多个任务，每个任务都有自己的窗口，那么这些窗口所对应的按钮就会直接合并成一个多重边框的按钮，而不是每个窗口都对应于一个独立的按钮。如果我们把鼠标悬停在该按钮上，就会打开一系列窗口缩略图。此时我们只需要将鼠标移动并悬停到某一个缩略图上，对应的应用程序窗口就会自动还原显示，同时其他窗口会自动隐藏。这个特征可以让用户很方便地选择查看窗口的内容，任何时候单击应用程序窗口，就可以迅速地实现多窗口切换。

　　如果以后需要经常执行某个打开的程序，我们也可以在其任务栏按钮上用鼠标右键单击，此时可以弹出"跳转列表"。在其中选择"将此程序锁定到任务栏"命令，就可以直接将此程序的快捷方式留在任务栏上了。

　　通过鼠标可以对任务栏应用程序按钮实现三种操作。

- 左键单击启动激活该应用程序。如果程序已经启动，则左键单击可在前端显示应用程序窗口。如果应用程序有多个窗口，则单击左键可显示所有缩略图。
- 中键或滚轮单击可启动一个该应用程序的新任务。
- 右键单击或按左键并向桌面中心拖动鼠标指针，可打开"跳转列表"。在跳转列表中可执行一些与程序相关的常用操作，如图 2-5 所示。

图 2-5　Windows 文件夹的跳转列表

　　任务栏右侧的一系列图标是"通知区域"（如图 2-6 所示），用于在系统后台运行的程序向用户提示信息用。为了避免在有限的通知区域中出现过度拥挤的图标，Windows 7 允许用户通过自定义功能去主动控制应用程序对通知区域的使用方式。对每一项欲在通知区域显示图标的应用程序，用户都可以有"显示图标和通知""隐藏图标和通知"及"仅显示通知"等三种控制方式供选择。

图 2-6　通知区域

　　在任务栏的最右侧是"显示桌面"按钮。当鼠标指针悬浮于其上时，所有应用程序窗口都自动隐藏。没有最大化的应用程序窗口会显示出透明的轮廓。透过这些轮廓，我们可以看见桌面和小工具。如果单击"显示桌面"按钮，则所有窗口都被最小化，再次单击，所有窗口立即恢复原状。

在任务栏最左侧是"开始菜单"按钮。在开始菜单中，系统中安装的程序按不同的分组文件夹有序地组织在一起。用户可以单击任一程序组，显示安装在该组中的程序。使用鼠标单击，就可启动该程序。

3. Windows 7 窗口

（1）Windows 7 窗口的组成

在 Windows 7 中，虽然各个窗口的内容各不相同，但所有的窗口都有一些共同点，一方面，窗口始终在桌面上；另一方面，大多数窗口都具有相同的基本组成部分。

双击桌面上的"计算机"图标，弹出"计算机"窗口，找到文档，单击进去。

可以看到窗口一般由搜索栏、地址栏、菜单栏、工具栏、导航窗格、状态栏、详细信息栏和工作区（内容显示栏、预览窗格）八个部分组成，如图 2-7 所示。

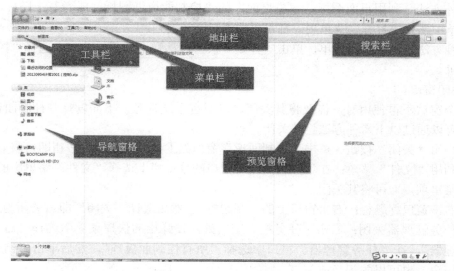

图 2-7　Windows 7 窗口组成

- 地址栏：显示文件和文件夹所在的路径，通过它还可以访问因特网中的资源。
- 搜索栏：将要查找的目标名称输入到"搜索栏"文本框中，然后单击回车键即可。窗口"搜索栏"的功能和开始菜单中的"搜索"框的功能相似，只不过在此处只能搜索当前窗口范围的目标。还可以添加搜索筛选器，以便更精确、更快速地搜索到所需要的内容。
- 菜单栏：一般来说，可将菜单分为快捷菜单和下拉菜单两种。在窗口"菜单栏"中存放的就是下拉菜单，每一项都是命令的集合。用户可以通过选择其中的菜单项进行操作。例如选择"查看"菜单，打开"查看"下拉菜单。
- 工具栏：工具栏位于菜单栏的下方，存放着常用的工具命令按钮，让用户能更方便地使用这些形象化工具。
- 导航窗格：导航窗格位于工作区的左边区域。与以往的 Windows 版本不同的是，在 Windows 7 操作系统中导航区一般包括收藏夹、库、计算机和网络四个部分。单击前面的"箭头"按钮既可以打开列表，也可以打开相应的窗口，方便用户随时准确地查找相应的内容。

- 工作区：工作区位于窗口的右侧，是整个窗口中最大的矩形区域，用于显示窗口中的操作对象和操作结果。当窗口中显示的内容太多而无法在一个屏幕内显示出来时，可以单击窗口右侧垂直滚动条两端的上箭头按钮和下箭头按钮，或者拖动滚动条，使窗口中的内容垂直滚动。
- 详细信息栏：位于窗口下方，用来显示选中对象的详细信息。
- 状态栏：状态栏位于窗口的最下方，显示当前窗口的相关信息和被选中对象的状态信息。

（2）打开与关闭窗口

1）打开窗口

这里以打开"控制面板"窗口为例，用户可以通过以下两种方法将其打开。

第一种方法是利用桌面图标，双击桌面上的"控制面板"图标，或者右击图标，从弹出的快捷菜单中选择"打开"菜单项，都可以快速打开该窗口。

第二种方法是利用开始菜单，单击"开始"按钮，从弹出的开始菜单中选择"控制面板"菜单项即可。

2）关闭窗口

当某个窗口不再使用时，需要将其关闭，以节省系统资源。下面以打开控制面板窗口为例，用户可以通过以下六种方法将其关闭。

- 利用"关闭"按钮：单击"控制面板"窗口右上角的"关闭"按钮即可将其关闭。
- 利用"文件"菜单：在"控制面板"窗口的菜单栏上选择"文件"菜单中的"关闭"菜单项，即可将其关闭。
- 右击窗口标题栏：右击窗口上的"标题栏"，然后选择"关闭"即可关闭当前窗口。
- 任务管理器关闭：右击"任务栏"空白处，在弹出的快捷菜单中选择"启动任务管理器"，在"任务管理器"窗口中选择"所有控制面板项"，然后单击"结束任务"按钮，也可以关闭当前窗口。
- 快捷键关闭窗口：在当前窗口为"控制面板"时，按键盘上的组合键 Alt＋F4 也可以实现关闭窗口的目的。
- 任务栏窗口图标：右击"任务栏"上显示的"所有控制面板项"图标，在弹出菜单中选择"关闭窗口"菜单项，即可以完成关闭窗口。

（3）最小化、最大化和还原窗口

一般情况下，可以通过以下方法最大化、最小化或还原窗口。

1）单击窗口右上角的按钮。

2）右击窗口的标题栏，选择"还原""最大化""最小化"命令。

3）当窗口最大化时，双击窗口的标题栏可以还原窗口；反之则将窗口最大化。

4）右击任务栏的空白区域，从快捷菜单中选择"显示桌面"命令，将把所有打开的窗口最小化以显示桌面。如果要还原最小化的窗口，请再次右击任务栏的空白区域，从快捷菜单中选择"显示打开的窗口"命令。

5）单击任务栏通知区域最右侧的"显示桌面"按钮，将所有打开的窗口最小化以显示桌面。如果要还原窗口，请再次单击该按钮。

6）通过 Aero 晃动：当只需使用某个窗口，而将其他所有打开的窗口都隐藏或最小化时，可以在目标窗口的标题栏上按住鼠标左键不放，然后左右晃动鼠标若干次，其他窗口就会被隐藏起来。

（4）移动与改变窗口大小

1）移动窗口

将鼠标指针移到窗口的标题栏上，按住鼠标左键不放，移动鼠标到达预期位置后，松开鼠标左键。

2）调整窗口大小

将鼠标指针放在窗口的 4 个角或 4 条边上，此时指针将变成双向箭头，按住鼠标左键向相应的方向拖动，即可对窗口的大小进行调整。注意，已最大化的窗口无法调整大小，必须先将其还原为之前的大小。另外，对话框不可调整大小。

（5）切换窗口

在 Windows 7 系统环境下可以同时打开多个窗口，但是当前活动窗口只能有一个。因此，用户在操作的过程中经常需要在不同的窗口间切换。切换窗口的方法有以下几种。

1）利用 Alt＋Tab 组合键

若想在多程序中快速地切换到需要的窗口，可以通过 Alt＋Tab 组合键来实现。在 Windows 7 中切换窗口时，会在桌面中间显示小窗口，桌面也会即时切换显示窗口。具体操作步骤如下：

先按下 Alt＋Tab 组合键，弹出窗口缩略图图标方块。再按住 Alt 键不放，同时按 Tab 键逐一选窗口图标，当方框移动到需要使用的窗口图标时释放，即可打开相应的窗口，如图 2-8 所示。

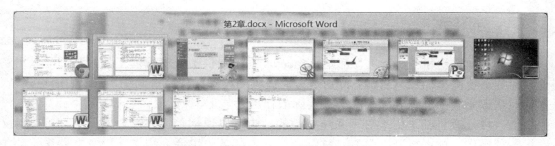

图 2-8　利用 Alt＋Tab 组合键切换窗口

2）利用 Alt＋Esc 键

如果用户想打开同类程序中的某一个程序窗口，例如打开任务栏上多个 Word 文档程序中的某一个，可以按住 Ctrl 键，同时重复单击 Word 程序图标按钮，就会弹出不同的 Word 程序窗口，直到找到想要的程序后停止单击即可。

3）利用 WIN＋Tab 组合键

Windows Flip 3D 窗口切换方法：只需要按 Start+Tab（Windows 徽标键+Tab）组合键，Windows Flip 3D 就会动态显示您桌面上所有打开的三维堆叠视图的窗口。在该视图中，你可以在打开的窗口中旋转，直到找到你正在查找的窗口，如图 2-9 所示。

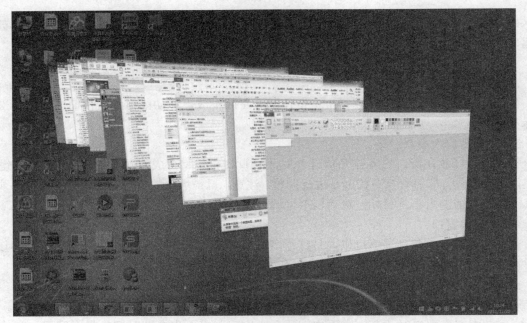

图 2-9　利用 WIN＋Tab 组合键切换窗口

任务 3　Windows 7 的文件系统

任务描述

"资源管理器"和"计算机"都是 Windows 系统提供的资源管理工具，我们可以用它们查看存放在电脑里的所有资源，特别是它们提供的树形文件系统结构，使我们能更清楚、更直观地认识电脑的文件和文件夹。在实际的使用功能上，"资源管理器"和"计算机"没有什么不一样，两者都是用来管理系统资源的，也可以说都是用来管理文件的，可以对文件进行各种操作，如：打开、复制、移动等。在本任务中主要介绍文件以及文件系统的各种操作方法。

任务实施

1. 资源管理器

打开"资源管理器"的方法如下：

方法 1：右击"开始"按钮，在弹出的快捷菜单中选择"资源管理器"命令。

方法 2：选择"开始"→"所有程序"→"附件"命令，在"附件"菜单中选择"Windows 资源管理器"命令。

方法 3：单击 Windows 7 的任务栏中"开始"按钮右侧的"Windows 资源管理器"按钮，也可以打开资源管理器。

在资源管理器中可以进行如下操作：

1）浏览文件夹中的内容。

单击左窗格中某个文件夹左边的三角形符号框（表示含有子文件夹）时，就会展开/收缩该文件夹，右窗格中显示该文件夹中所包含的文件和子文件夹。

2）显示和隐藏工具栏。

3）改变文件显示的方式。

4）文件和文件夹的排序。

2．文件系统

（1）文件和文件夹

1）文件

文件就是具有某种相关信息的集合，可以是一个应用程序，也可以是一段文字等。文件是操作系统最基本的存储单位。

在操作系统中，每个文件都有一个属于自己的文件名，文件名的格式是"主文件名.扩展名"。主文件名用于表示文件的名称，扩展名用于说明文件的类型。例如名为"cmd.exe"的文件，"cmd"为主文件名，"exe"为扩展名，表示该文件为可执行文件。

操作系统是通过扩展名来识别文件的类型的，因而了解一些常见的文件扩展名对于管理和操作文件将有很大的帮助。可以将文件分为程序文件、文本文件、图像文件以及多媒体文件等。

文件种类很多，运行方式各不相同。不同文件的图标也不一样，只有安装了相关的软件才会显示正确的图标。

在 Windows 7 操作系统中，还有一类主要用于支持各种应用程序运行的特殊文件，其中存储着一些信息。当扩展名为"sys""drv"和"dll"等时，这类文件是不能被执行的。

2）文件夹

操作系统中用于存放程序和文件的窗口就是文件夹。可以将程序、文件以及快捷方式等各种文件存放到文件夹中，文件夹中还可以包括文件夹。为了能对各个文件进行有效的管理，方便文件夹的查找和统计，可以将一类文件集中地放在一个文件夹内，这样就可以按照类别存储文件了。但是，同一个文件夹中不能存放相同名称的文件或文件夹。例如，文件夹中不能同时出现两个"系统.sys"文件，也不能同时出现两个名为"文件夹"的文件夹。

通常情况下，每个文件夹都存放在一个磁盘空间里。文件夹路径则指出文件夹在磁盘中的位置，例如"System 32"文件夹的存放路径为"计算机\本地磁盘\C:\Windows\System32"。

（2）文件夹选项

"文件夹选项"对话框可以让用户进一步地定制"资源管理器"的行为方式，满足自己的使用偏好。可以在"资源管理器"的菜单栏选择"工具"菜单，进一步选择"文件夹选项"命令来显示该对话框。单击"查看"选项卡，显示"高级设置"列表，如图 2-10 所示。

文件夹选项有以下主要作用：

- 登录时还原上一个文件夹窗口。如果资源管理器尚未关闭就退出了 Windows，那么，再次登录以后，会自动还原显示退出时的"资源管理器"窗口和文件夹。

- 键入列表视图时。如果选择"在视图中选择键入项"，那么在打开一个"资源管理器"窗口后输入英文字符，文件窗格会自动选中文件名首字符相同的第一个文件；如果选择"自动键入到搜索框中"，那么输入的任何字符就会直接进入"地址栏"右边的

"搜索框"内，自动从当前位置开始搜索。

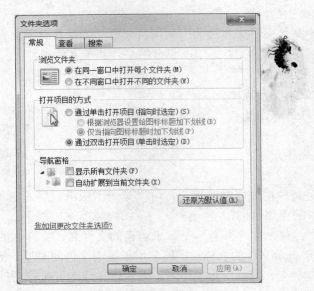

图 2-10　"文件夹选项"对话框

- 使用复选框以选择项。如果勾选该项目，在鼠标悬停到"文件窗格"的文件列表项目上时，就会出现一个选择框，选择该框，仅使用鼠标就可进行文件间隔多选操作。

- 使用共享向导（推荐）。文件夹共享是一个需要对用户管理及文件系统权限有深入理解的复杂操作过程。如果勾选该项目，在我们希望共享某文件夹时，Windows 7 就会启动一路"向导"，帮助用户完成共享文件夹的全过程；如果不勾选该项目，则用户只能选择"高级共享"对话框，自己决定所有的权限设置。这比较适宜于有经验的高级用户。

- 隐藏计算机文件夹中的空驱动器。现在许多电脑都带有多合一的读卡器。当插入一个闪存卡后，即使未插入卡的读卡口有时也会显示出驱动器盘符来。这就给用户判断哪个是介质盘造成了困扰。勾选本选项，那些空的驱动器符就会被隐藏掉。

- 隐藏受保护的操作系统文件（推荐）。对于一般用户而言，误操作导致系统崩溃的风险较大。如果隐藏了操作系统文件，那么就降低了被意外删除或更名的风险。

- 隐藏已知文件类型的扩展名。文件扩展名决定了文件的类型。对于安装在系统中的各类软件，它们都会在系统中注册自己可以打开处理的文件类型。例如，Word 应用程序就会注册".doc"和".docx"扩展名，所有以上述两种后缀结尾的文件名被默认为 Word 文档。用户在更改文件名时，就不会因为误改扩展名而造成文件失去关联无法打开的结果。但对于一般有经验的用户，显示文件的扩展名可以完整地显示文件的属性，避免执行伪装下的恶意程序文件。

- 用彩色显示加密或压缩的 NTFS 文件。对于在 NTFS 文件系统下被压缩和使用 EFS 加密的文件，可以分别采用蓝色和绿色的文件名加以显示。

- 在单独的进程中打开文件夹窗口。通过在独立的内存区域打开每个文件夹来增加 Windows 的稳定性。资源管理器有时会遇到阻碍，特别是当网络文件夹打开不畅时，可能会造成整个桌面的响应停顿。这种情况也被戏称为"假死"。如果勾选本选项，那么响应迟缓的文件夹会被孤立，就不会牵连影响到整个桌面系统的正常运行。但它的代价是增加了内存的开销。

● 在预览窗格中显示预览句柄。如果不在预览窗格中显示文件内容，或者要提高计算机的性能，那么就可以取消该选项。

（3）文件和文件夹的选择

要对文件或文件夹进行复制、移动或删除操作，首先要选定对象。选定一个对象，只需用鼠标直接单击即可，选择多个对象分几种情况。

● 多个连续对象的选定

单击第一个对象，按住键盘上 Shift 键的同时，单击最后一个对象。

● 多个不连续对象的选是

按住键盘上 Ctrl 键的同时，单击任意多个不连续的对象。

● 全部选定

在菜单栏中选择"编辑"→"全选"命令，或者按 Ctrl+A 组合键，即可。

（4）设置文件和文件夹的属性

文件和文件夹的属性分为只读、隐藏、存档三种类型。具备只读属性的文件和文件夹不允许更改和删除，只读文件可以打开浏览；具备隐藏属性的文件和文件夹可以被隐藏，对于一些重要的系统文件可以进行有效保护；对于一般的文件和文件夹都具备存档属性，可以浏览、更改和删除。

设置文件或文件夹属性的操作步骤如下：

1）选中要设置属性的文件夹。

2）打开"属性"对话框。

选择窗口"文件"菜单中的"属性"命令，或者单击鼠标右键，在弹出的快捷菜单中选择"属性"命令，打开"属性"对话框，如图 2-11 所示。

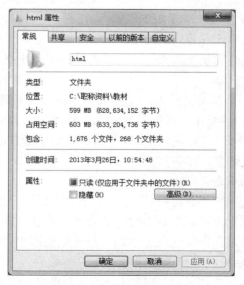

图 2-11　文件夹属性对话框

3）设置文件夹的常规属性

"常规"选项卡中包括了类型、位置、大小、占用空间、包含的文件和文件夹数量、创建时间和属性等内容，还包含有"高级"按钮，在选项卡的"属性"区域可以选中"只读"和"隐藏"复选框。单击"高级"按钮，在打开的"高级属性"对话框中可以设置"存档和索引属性"和"压缩或加密属性"，如图 2-12 所示。

4）确认属性更改

单击"属性"对话框中的"确定"按钮或者"应用"按钮，如果更改了文件夹的属性，将弹出"确认属性更改"对话框，如图 2-13 所示，单击"确定"按钮即可确认属性更改且关闭对话框。

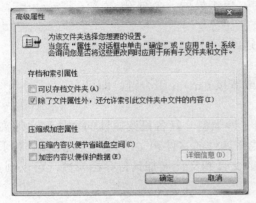
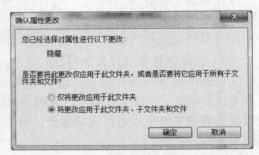

图 2-12　文件夹的"高级属性"对话框　　　　图 2-13　"确认属性更改"对话框

（5）文件和文件夹的新建

首先选择需要新建文件或文件夹的位置，然后单击鼠标右键，选择"新建"命令，再选择"文件夹"或者某个类型的文件即可。

比如，我们在 C 盘根目录下新建一个名为"论文"的文件夹，再在该文件夹中新建一个名为"毕业论文"的 Word 文档。步骤如下：

1）打开资源管理器，单击左窗口的 C 盘。

2）右键单击右边的内容窗格空白处，在弹出的快捷菜单中选择"新建"中的"文件夹"命令，如图 2-14 所示。

3）此时窗口中出现一个新的文件夹，文件夹的名称为"新建文件夹"，并且这几个字处于被选中的状态，以蓝底白字显示。可以直接输入我们需要的名称"论文"，然后按回车键。

4）双击刚刚新建的"论文"文件夹，在内容窗格空白处单击右键，选择"新建"→"Microsoft Word 文档"命令，输入文件名，然后按回车键。

（6）文件和文件夹的重命名

刚刚新建的文件或文件夹可以直接命名。如果已经命名过了，也可以重新命名，步骤如下：

1）在文件或文件夹图标上单击鼠标右键，选择"重命名"命令。

2）这时文件的名称以蓝底白字的状态出现，也就是被选中、待修改的状态，我们只需用键盘输入新的文件名，然后按回车键确认即可。

重命名的另一个方法是，先用鼠标左键单击一下需要重命名的文件，然后等待大约一秒钟之后再用鼠标左键单击这个文件，这两次单击的间隔时间究竟需要多长取决于你的鼠标设置双击打开文件的最长时间，也就是说，你要在两次单击鼠标左键之间等待足够的时间，来避免把这个文件给打开了。有时候，我们想要打开一个文件，而动作又不够快，就会出现重命名的状态。

图 2-14　新建文件夹

（7）文件和文件夹的复制和移动

通常我们需要将重要的文件做一个备份，或者将文件拷贝到移动设备里，或者从移动设备里拷贝计算机磁盘上。复制某个文件或文件夹有许多种方法。对于使用计算机多年的人来说，最喜欢用的是快捷键，方法如下：

①首先选中需要复制的对象。

②然后使用键盘组合键 Ctrl+C。这时，所选择对象已经被复制到了剪贴板上。

③接下来选择需要将对象复制到的位置，比如某个移动硬盘根目录处。

④然后按组合键 Ctrl+V，就会看到目标位置出现了刚才被选中的对象的拷贝，实际上是把剪贴板上的对象复制过来。

另外一种常用的方法，就是单击鼠标右键弹出快捷菜单，偶尔键盘失灵的时候可以派上用场。方法如下：

①找到需要复制的对象，在对象图标上单击鼠标右键，在弹出的快捷菜单上选择"复制"命令。

②在"资源管理器"或"计算机"窗口中找到目标位置。

③在窗口的空白处单击鼠标右键，在弹出的快捷菜单上选择"粘贴"命令。

有时候，我们不是想要一个对象在另一个位置再存一份，而是要把某个文件或文件夹从一个位置挪到另一个位置，这种操作称为"剪切"或"移动"。剪切一个对象的方法也有许多种，复制有多少种方法，剪切就有多少种方法。这两件事只有第一个步骤不一样，后面都相同。这里介绍跟上面的复制对应的两种剪切方法。首先当然介绍老手经常用的键盘快捷键方法：

①首先选中需要剪切的对象。

②然后使用键盘组合键 Ctrl+X（复制的时候是 Ctrl+C，只有这里不同）。这时，所选择的

对象已经被移动到了剪贴板上。

③接下来选择需要将对象移动到的位置，比如某个移动硬盘根目录处。

④然后按组合键 Ctrl+V，就会看到目标位置出现了刚才被选中的对象，实际上是把剪贴板上的对象复制过来。

剪切对象的第二种方法，就是单击鼠标右键弹出快捷菜单。方法如下：

①在对象图标上单击鼠标右键，在弹出的快捷菜单上选择"剪切"命令（复制的时候选择的是"复制"命令，只有这一点不同）。

②在"资源管理器"或"计算机"窗口中找到目标位置。

③在窗口的空白处单击鼠标右键，在弹出的快捷菜单上选择"粘贴"命令。

（8）文件和文件夹的删除

磁盘中的文件或文件夹不再需要时，可将它们删除以释放磁盘空间，方法不止一种。首先介绍快捷菜单的方法：

①找到需要移动的对象，在对象图标上单击鼠标右键。

②在弹出的快捷菜单上选择"删除"命令。

③在弹出的"删除"对话框中，单击"是"按钮，可将选定的文件或文件夹移动到回收站。

另一种方法则是使用键盘上的 Delete 键：

①找到需要移动的对象，单击鼠标左键选中对象。

②按下键盘上的 Delete 键。

③在弹出的"删除"对话框中，单击"是"按钮。

> **注意**
>
> 如果要将选定的文件或文件夹不经过回收站而直接彻底地删除，可在删除前先按住 Shift 键，再单击"删除"命令，在弹出的对话框中单击"是"按钮即可。另一种方法是直接使用键盘组合键 Shift+Delete。
>
> 移动设备（如 U 盘）中的文件或文件夹需要删除的话就是彻底删除，不能移入回收站，也不需要使用 Shift 键。

（9）快捷方式的建立

快捷方式是一种特殊类型的文件，用于实现对计算机资源的链接。可以将某些经常使用的程序、文件夹等以快捷方式的形式置于桌面上。创建文件对象的快捷方式有以下两种方法。

1）使用快捷菜单方式创建快捷方式

①打开"资源管理器"窗口。

②选取要创建快捷方式的文件或文件夹，然后按住鼠标右键并将其拖动到目标位置后释放，从快捷菜单中选择"在当前位置创建快捷方式"命令。

2）使用对话框创建快捷方式

①右击目标位置的空白区域，从快捷菜单中选择"新建"的"快捷方式"命令，打开"创建快捷方式"对话框。

②在"请键入对象的位置"文本框中输入带有完整路径的文件或文件夹名，然后单击"下一步"按钮，如图 2-15 所示。

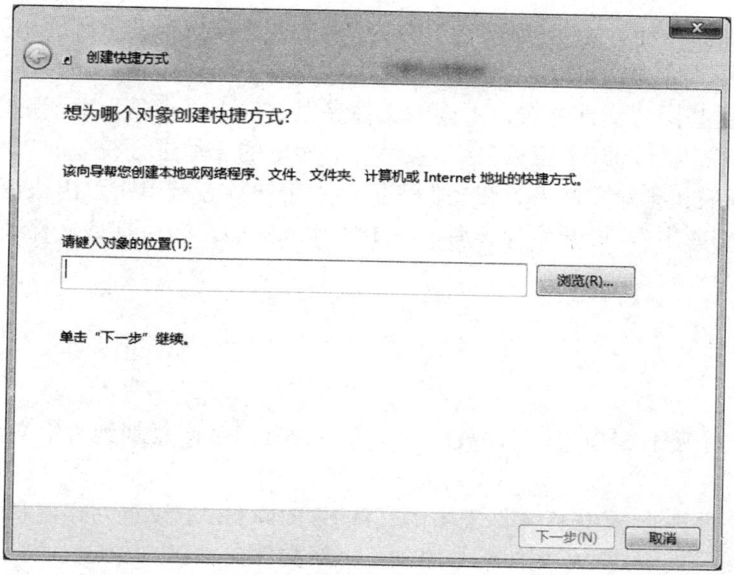

图 2-15　创建快捷方式

③在"键入该快捷方式的名称"文本框中输入快捷方式的名称，然后单击"完成"按钮。

（10）库

文件夹是用户存放文件的容器，一个文件夹里的所有项目都不可以重名。但随着文件的增多，文件重名是无法避免的。随着数码相机等数字设备的增多，文件数飞快增长。为了避免重名，用户在存放文件时，一般都即兴新建一个目录，将文件拷贝进去。时间一久，各类文件随意地散布在存储器里，查找、整理和利用起来难度很大。使用"库"，我们可以把类型相同的多个文件夹组织到一个虚拟的类别文件夹中加以统一的排序、分组和筛选，就好像它们在一个文件夹中一样。这个虚拟的类别文件夹就是所谓的"库"文件夹。Windows 7 默认提供了四个库，分别是"视频""图片""文档"和"音乐"库。我们也可以定义自己的库。Office 2010 中所有文件的默认存放位置都是库中的"文档"库，如图 2-16 所示。

图 2-16　库

1）"库"文件的排列方式。"库窗格"的"排列方式"下拉列表中有优化的文件排列选项。例如，对于"图片"库，就可以按"文件夹""月""天""分级"等对所有库中的文件进行统一的排序，尽管这些图片文件分布在不同的文件夹里。对于"音乐"库，可以按"文件夹"、"唱片集""艺术家""歌曲""流派""分级"等对库中的文件进行统一的排序。

2）向库中添加和删除文件夹。在文件夹图标上用鼠标右键单击弹出快捷菜单，其中有一项命令是"包含到库中"，展开库列表后，单击要加入的库，即可把该文件夹加入到现有的某个库中。

综合例题

例题 2-1

1）将考生文件夹下 SEVEN 文件夹中的文件 NIGHT.BAK 复制到考生文件夹下 LAB 文件夹中。

2）将考生文件夹下 WEEK 文件夹中的文件 STRING.BAT 设置为存档和隐藏属性。

3）在考生文件夹下 CAW 文件夹中建立一个新文件夹 DOG.WRI。

4）将考生文件夹下 HORSE 文件夹中的文件 KAS.TXT 移动到考生文件夹下 MAN 文件夹中，并将该文件改名为 WOMAN.HLP。

5）将考生文件夹下 FRI 文件夹中的文件 TEUS.BAS 更名为 WED.OLD。

操作方法（操作视频请扫旁边二维码）：

该题目的操作不限制方式，可以使用自己熟悉的方式做题。

第一题：

①选中考生文件夹下 SEVEN 文件夹中的文件 NIGHT.BAK。

②按下 Ctrl+C 组合键，打开文件夹 LAB，按下 Ctrl+V 组合键。

例题 2-1

第二题：

①选中考生文件夹下的 WEEK 文件夹下的 STRING.BAT 文件。

②右键单击该文件，在弹出的快捷菜单中选择"属性"项，然后在属性对话框中选中"存档"和"隐藏"属性。

第三题：

①首先进入考生文件夹下的 CAW 文件夹。

②在"文件"菜单中选择"新建"，再选择"文件夹"，在新建的文件夹中输入 DOG.WRI。

第四题：

①选中考生文件夹下 HORSE 文件夹中的文件 KAS.TXT。

②按下 Ctrl+X 组合键，再打开 MAN 文件夹，按下 Ctrl+V 组合键。

③在"文件"菜单中选择"重命名"，将文件名改为 WOMAN.HLP。

第五题：

①选中考生文件夹下 FRI 文件夹的文件 TEUS.BAS。

②在"文件"菜单中选择"重命名"，输入文件夹名 WED.OLD。

例题 2-2

1）将考生文件夹下 TODAY 文件夹中的 MORNING.TXT 文件移动到考生文件夹下 EVENING 文件夹中，并改名为 NIGHT.WRI。

2）为考生文件夹下 HILL 文件夹中的 TREE.EXE 文件建立名为 TREE 的快捷方式，并将其移动到考生文件夹下。

3）在考生文件夹下创建文件夹 FRISBY，并设置属性为隐藏。

4）将考生文件夹下 BAG 文件夹中的 TOY.BAS 文件复制到考生文件夹下 DOLL 文件夹中。

5）将考生文件夹下 SUN 文件夹中的 SKY.SUN 文件夹删除。

操作方法（操作视频请扫旁边二维码）：

第一题：本小题测试文件移动及改名操作。操作步骤如下：

①在"计算机"或"Windows 资源管理器"中，打开考生文件夹下的 TODAY 文件夹，单击 MORNING.TXT 文件。

②在"编辑"菜单上，单击"剪切"。

例题 2-2

③打开考生文件夹下的 EVENING 文件夹。

④在"编辑"菜单上，单击"粘贴"。

⑤在"文件"菜单上，单击"重命名"。

⑥输入新的名称"NIGHT.WRI"。

第二题：本小题测试文件快捷方式操作。操作步骤如下：

①在"计算机"或"Windows 资源管理器"中，打开考生文件夹。

②右键单击 HILL 文件夹中的 TREE.EXE 文件，在快捷菜单中选择"创建快捷方式"命令。

③修改快捷方式名称为"TREE"，并移动到考生文件夹下。

第三题：本小题测试新建立文件夹和属性设置操作。操作步骤如下：

①在"计算机"或"Windows 资源管理器"中，打开考生文件夹。

②在"文件"菜单上，指向"新建"，然后单击"文件夹"。

③键入新文件夹的名称 FRISBY，然后按 Enter 键。

④在"文件"菜单上，单击"属性"，在属性窗口选择"隐藏"（在"隐藏"前的方框上单击，在该方框上显示"√"号，表示有此属性）。

第四题：本小题测试文件拷贝操作。操作步骤如下：

①在"计算机"或"Windows 资源管理器"中，打开考生文件夹下的 BAG 文件夹，单击 TOY.BAS 文件。

②在"编辑"菜单上，单击"复制"。

③打开要存放副本的文件夹 DOLL。

④在"编辑"菜单上，单击"粘贴"。

第五题：本小题测试文件夹删除操作。操作步骤如下：

①在"计算机"或"Windows 资源管理器"中，打开考生文件夹下的 SUN 文件夹，然后单击 SKY.SUN 文件夹。

②在"文件"菜单上，单击"删除"。

知识点：

　　①文件的移动、复制。

　　②文件属性设置。

　　③文件夹的新建。

　　④文件的重命名。

　　⑤为文件创建快捷方式。

　　⑥文件的删除。

注意事项：

　　创建文件的快捷方式时，如遇需要改名的注意快捷方式的命名方式：不需要保留原文件的扩展名（快捷方式的扩展名为.lnk，和原文件的扩展名没有关系）；不需要保留文字"-快捷方式"，本题最后快捷方式的文件名为"TREE"。

课后练习

1．Windows 基本操作题，不限制操作的方式

****** 本题型共有 5 小题 ******

（1）将考生文件夹下 SUCCESS 文件夹中的文件 ATEND.DOCX 设置为只读和存档属性。

（2）将考生文件夹下 PAINT 文件夹中的文件 USER.TXT 移动到考生文件夹下 JINK 文件夹中，并改名为 TALK.RXF。

（3）在考生文件夹下 TJTV 文件夹中建立一个新文件夹 KUNT。

（4）将考生文件夹下 REMOTE 文件夹中的文件 BBS.FOR 复制到考生文件夹下 LOCAL 文件夹中。

（5）将考生文件夹下 MAULYH 文件夹中的文件夹 BADBOY 删除。

2．Windows 基本操作题，不限制操作的方式

****** 本题型共有 5 小题 ******

（1）将考生文件夹下 STUDENT 文件夹中的 BOY.TXT 文件移动到考生文件夹下 WORKER 文件夹中，并改名为 YOUTH.WRI。

（2）在考生文件夹下创建文件夹 NEW，并设置属性为隐藏。

（3）将考生文件夹下 TEST 文件夹中的 EXAM.BAS 文件复制到考生文件夹下 LEARN 文件夹中。

（4）将考生文件夹下 OLD 文件夹中的 NOUSE.OLD 文件删除。

（5）在考生文件夹中为 EXAMINER 文件夹中的 BEGIN.EXE 文件建立名为 BEGIN 的快捷方式。

任务 4　Windows 7 系统设置

任务描述

系统设置的任务包括调整系统外观、时钟、区域和语言选项、安装管理硬件设备、安装管理应用程序、管理外存储器和文件系统、评估和调整系统性能等。其中多数管理任务都可以在控制面板中找到入口。本任务将集中讲解如何进行 Windows 7 系统的设置。

任务实施

1．外观与个性化

（1）"开始"菜单个性化设置

在 Windows 系统中，"开始"菜单中提供了启动程序、打开文档、搜索文件、系统设置以及获得帮助的所有命令。在"开始"菜单的顶端显示出当前登录的用户名，左侧的部分会自动调整，用来显示最近使用过的应用程序。左下方的"所有程序"菜单项中包含了该计算机系统中已经安装的应用程序，用鼠标指向它，会出现级联菜单，显示其中的应用程序和下一层的级联菜单。可以自定义"开始"菜单中的其他部分，方便使用。

"开始"菜单中包括以下部分：

● "固定程序"列表：包括"计算机""文档""图片""音乐"和"控制面板"等项目，通过单击这些项目可以实现对电脑的操作与管理。

● "常用程序"列表：包含应用程序的快捷启动方式，分为两组：分组线上方是应用程序的常驻快捷启动项；分组线下方是系统自动添加的最常用的应用程序的快捷启动项，它会随着应用程序的使用频率而自动改变。

- "所有程序"按钮：单击"所有程序"按钮将展开"所有程序"列表，用户可从该列表中找到并打开电脑中已安装的全部应用程序。
- "搜索程序和文件"编辑框：通过在编辑框中输入关键字，可以在计算机中查找程序和文件。
- "关机"按钮。

在安装某个应用程序时，其安装程序通常会自动在"开始"菜单的"所有程序"子菜单中为该程序添加一个快捷方式。

1）在电脑最下方的"任务栏"空白处，单击右键选择快捷菜单中的"属性"。

2）弹出"任务栏和「开始」菜单属性"对话框，如图 2-17 所示。

3）找到中间的一个"开始"菜单选项卡，如图 2-18 所示。

4）单击"自定义"按钮，弹出"自定义「开始」菜单"对话框。

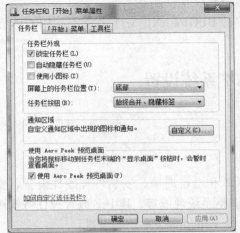
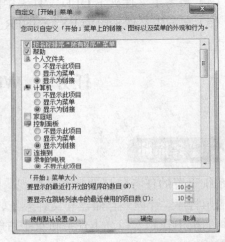

图 2-17　"任务栏和「开始」菜单属性"对话框　　图 2-18　"自定义「开始」菜单"对话框

5）然后对里面的项目进行设置，单击"确定"按钮即可。

（2）任务栏个性化设置

任务栏是位于屏幕底部的水平长条，与桌面不同的是，桌面可以被打开的窗口覆盖，而任务栏几乎始终可见，它主要由程序按钮区、通知区域、显示桌面按钮等组成。

1）自动隐藏任务栏

默认情况下，任务栏是显示的，如果想给桌面提供更大的空间，可以将任务栏隐藏。

右击任务栏空白处，在弹出的快捷菜单中选择"属性"命令，打开"任务栏和「开始」菜单属性"对话框，选中"自动隐藏任务栏"复选框，单击"确定"按钮完成设置，此时任务栏即可自动隐藏。若要显示任务栏，只需将鼠标指针移到原任务栏位置上，任务栏即可自动显示；当鼠标指针离开后，任务栏会重新隐藏。

2）更改任务按钮的显示方式

Windows 7 的任务栏中，任务相似的按钮默认会被合并，如果想改变这种显示方式，用户可以通过设置进行改变。即在"任务栏和「开始」菜单属性"对话框的"任务栏"选项卡的"屏幕上的任务栏位置"下拉列表中进行选择，然后单击"确定"按钮即可，如图 2-19 所示。

图 2-19 "任务栏"选项卡

3）自定义通知区域

默认情况下，任务栏的通知区域会显示在电脑后台运行的某些程序图标。如果运行的程序过多，通知区域会显得有点乱，为此，Windows 7 为通知区域设置了一个小面板，不常用的程序图标都存放在这个小面板中，为任务栏节省了大量的空间。此外，用户可以自定义通知区域图标隐藏与显示方式。单击通知区域的"显示隐藏的图标"按钮，打开通知区域小面板，单击小面板中的"自定义"选项，打开"通知区域图标"窗口，然后对要显示或隐藏的图标进行设置并确定即可。

（3）Windows 7 的外观个性化设置

1）更改主题

一个 Windows "主题"包文件包含了"桌面图标""桌面背景""鼠标指针""账户图标""声音"和"屏幕保护程序"等项目的组合设置。

主题分为两大类，一类是需要显卡支持的 Aero 主题，另一类是适用低配置显卡的 Windows "基本和高对比度"主题。在硬件允许的条件下，应该尽可能地选用 Aero 主题。在选用一种主题后，依然可以对其中的各个项目进行调整，并加以命名保存。在窗口切换中如果想使用"WIN＋Tab 组合键"，必须先使用 Aero 主题。

右击桌面空白处，在弹出的快捷菜单中选择"个性化"命令，打开"个性化"窗口，可看到在"Aero 主题"列表框中预置了多个主题，从中选择一种主题，如图 2-20 所示。

2）桌面图标

要在 Windows 7 中设置个性化的桌面图标，可在"个性化"窗口中单击"更改桌面图标"项，然后在打开的对话框中进行操作，如图 2-21 所示。

3）桌面背景

在"个性化"窗口中单击"桌面背景"图标，打开"桌面背景"窗口，然后单击"图片位置"下拉列表框右侧的"浏览"按钮，在打开的"浏览文件夹"对话框中找到图片所在的文件夹，单击"确定"按钮后返回"桌面背景"窗口，再选择要作为桌面背景的文件，最后单击"保存修改"按钮。

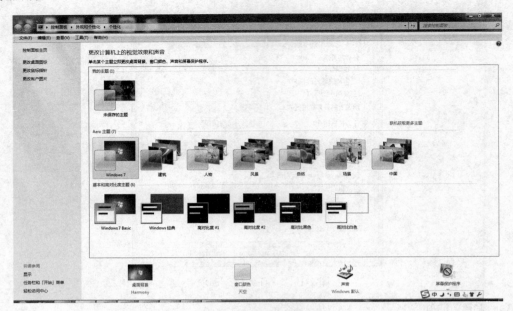

图 2-20　更改主题

图 2-21　"桌面图标设置"对话框

4）窗口颜色和外观

在 Windows 7 操作系统中，用户可以根据自己的喜好设置窗口边框、"开始"菜单和任务栏的颜色和外观。即在"个性化"窗口中单击"窗口颜色"图标，然后在打开的窗口中选择一种颜色，再单击"保存修改"按钮。

5）屏幕保护程序

屏幕保护程序是指在一定时间内，没有使用鼠标或键盘进行任何操作时在屏幕上显示的画面。设置屏幕保护程序可以对显示器起到保护作用。Windows 7 自带了多种屏幕保护程序，用户可以直接选择并应用。

6）显示器分辨率和刷新频率

在操作电脑的过程中，为了使显示器的显示效果更好，可在 Windows 7 中适当调整屏幕显示分辨率和刷新频率，以降低显示器屏幕对眼睛的伤害。

在"个性化"窗口左侧单击"显示"项，在打开的"显示"窗口中单击"调整分辨率"选项，在打开的"屏幕分辨率"窗口中单击"分辨率"下拉按钮，在展开的列表中拖动分辨率滑块，然后确定，即可调整显示器的分辨率。

要设置屏幕刷新频率，可在"屏幕分辨率"窗口单击"高级设置"选项，打开"通用即插即用监视器和……"对话框，单击"监视器"选项卡，在"屏幕刷新频率"下拉列表中选择一种屏幕刷新频率，然后单击"确定"按钮，再在打开的对话框中单击"是"按钮。

2．调整时钟、语言和区域设置

如果需要调整计算机当前的日期和时间，可以单击任务栏右侧的"当前时间和日期"区域，然后在弹出的对话框中选择"更改日期和时间设置"。也可以在"控制面板"窗口上单击"时钟、语言和区域"链接，然后选择"日期和时间"链接，打开"日期和时间"对话框，如图 2-22 所示。用户可以在此修改系统日期时间，并选择最多两个"附加时钟"，每个时钟可以显示世界不同时区的当前时间。如果用户计算机有 Internet 连接，那么在"Internet 时间"选项卡上，可以选择一个"Internet 时间服务器"，让计算机的时间自动和服务器时间保持同步，免去了必须经常校准时间的烦恼。在默认设置下，计算机是连接到"time.windows.com"时间服务器的。

图 2-22　"日期和时间"对话框

作为全球发行量最大、用户最多的桌面操作系统，Windows 7 支持多种语言的显示、输入和用户界面。不同语言版本的 Windows 7 在安装时会默认安装所支持的语言。Windows 7 的旗舰版和企业版还可下载 Windows 7 语言界面包和语言包来安装和更改显示语言。要更改所在区域的"日期、时间、数字、货币"等数据的显示格式，或安装不同的语言支持，都可以在"控制面板/时钟、语言和区域"窗口单击"区域和语言"链接，在显示的"区域和语言"对话框内找到操作入口。

3. 安装与管理硬件设备

Windows 操作系统下的硬件设备管理任务主要有硬件的安装、浏览、参数设置，硬件设备的停用和卸载，驱动程序的更新，存储设备的分区和格式化等。

从 Windows 操作系统的角度看，硬件设备分为两大类，一类是所谓"即插即用"设备，另一类是"非即插即用设备"。对于"即插即用"设备，在开机状态下把硬件设备连接到相关的外设端口（例如 USB 端口），Windows 就会检测和识别到该设备，并立即开始安装系统内置的驱动程序。如果找不到匹配的内置驱动程序，就会提示用户插入厂家提供的驱动光盘进行安装。对于"非即插即用"设备（例如各种板卡、硬盘、内存条等），一般需要在关机断电的情况下，打开机箱，安装硬件，然后再开机。Windows 会自动检测到连接的新设备，并立即开始安装驱动程序的过程。

在 64 位 Windows 7 下，用户只能安装经过微软"数字签名"的程序。在 32 位 Windows 7 下，用户可以安装未经微软"数字签名"的驱动程序，但在安装过程中，Windows 会提出安全警告，用户只有在确认该驱动程序不会对系统造成影响的情况下才可继续安装过程。

Windows 7 本身已经带有大部分主流硬件的驱动程序，对于用户计算机上安装的硬件设备，Windows 通过其"更新程序"（Windows Update）自动对硬件设备的驱动程序的新版本进行扫描和更新。

Windows "设备管理器"是用户管理硬件设备的主要接口。使用"设备管理器"，用户可以浏览计算机上安装了哪些设备，更新这些设备的驱动程序软件，检查硬件是否正常工作，并修改硬件设置。还可以使用"设备管理器"来更新未正常工作的驱动程序，或将驱动程序还原到其以前的版本。

（1）开启设备管理器

在桌面上右击"计算机"图标，在弹出的快捷菜单中选择"属性"命令，在左窗格中单击"设备管理器"，即可进入"设备管理器"窗口，如图 2-23 所示。在默认情况下，设备管理器会按照设备的类型给出系统中安装的所有设备的列表。可以单击设备分类节点，展开该类别下安装的所有设备。如果某个设备图标上带有一个向下的箭头，表示该设备被禁用；如果带有一个惊叹号，则说明该设备工作不正常，有可能是没有安装驱动程序所致。

（2）查看设备属性

在设备管理器上右击欲查看属性的设备，选择快捷菜单中的"属性"命令。会出现该设备的属性对话框，如图 2-24 所示，在这个对话框中显示了此设备的详细信息。如设备名称、生产商、驱动程序版本、数字签名、资源占用设置等内容。在"设备状态"文本框中显示了该设备的运转情况。

（3）更新、禁用和卸载设备

在设备管理器上右击要操作的设备（一定要在展开的选项上），在弹出的快捷菜单中选择"禁用"（停止运行，下次启动也不载入）或者"卸载"（永久删除驱动程序）命令，此设备的驱动程序就会停止运行或从系统中卸载。如果我们卸载了某设备的驱动程序，那么就应该物理拆除该设备。否则在下次开机时，Windows 又会检测到有新设备接入，继而又开始安装。所以如果不打算物理拆除设备，但又不打算使用它，那么应该在此禁用该设备。单击"更新驱动程序"按钮就会激活设备安装机制，重新安装该设备的驱动程序。

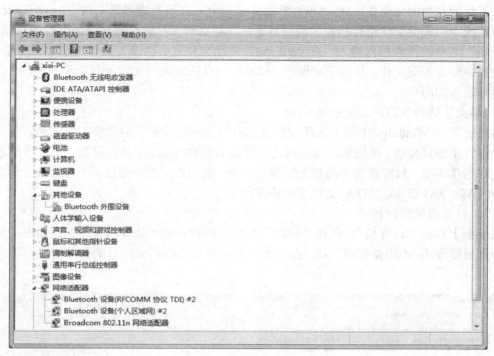

图 2-23　"设备管理器"窗口

图 2-24　查看设备属性

（4）扫描硬件改动

我们在设备管理器上卸载了某设备，只不过是删除了其驱动程序。如果设备依然连接在系统中，那么我们选择"扫描检测硬件改动"，Windows 依然会检测到该设备的存在，从而自动激活安装驱动程序的过程。我们也可以利用这一特征去重新安装设备的驱动程序。

（5）验证驱动程序的数字签名

为了保证系统的完整性，Windows 7 提供了一个文件签名的验证工具 "sigverif.exe"，它可以对系统中的关键文件进行扫描，验证其签名，对这些文件的任何更改都可以被检验出来。在 "开始" 菜单的搜索框内输入：sigverif.exe，启动文件签名验证工具。单击 "开始"，它会开始扫描并验证关键文件，包括驱动程序。如果发现有任何关键文件没有正常签署，则会将这些文件列表告知用户。

4.　磁盘管理和 NTFS 文件系统

磁盘管理是 Windows 中用于管理硬盘及其所包含的卷或分区的系统实用工具。基本磁盘是一种包含主磁盘分区、扩展磁盘分区或逻辑驱动器的物理磁盘。基本磁盘上的分区和逻辑驱动器被称为基本卷，只能在基本磁盘上创建基本卷。使用磁盘管理可以初始化磁盘、创建卷以及使用 FAT、FAT32 或 NTFS 文件系统格式化卷。

（1）打开磁盘管理程序

在桌面上右击 "计算机"，选择 "管理" 命令。在打开的 "计算机管理" 窗口中，依次展开 "计算机管理\存储\磁盘管理" 项，在右侧窗格中即可看到当前硬盘的分区情况，如图 2-25 所示。

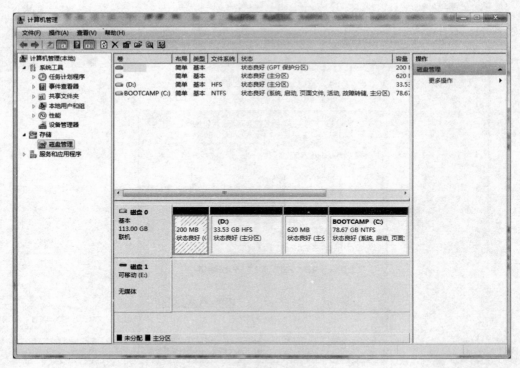

图 2-25　"计算机管理" 窗口

（2）创建分区

在 "未指派" 的磁盘空间上单击右键，选择 "新建磁盘分区" 命令。在弹出的磁盘分区向导窗口中，选择分区类型为 "扩展分区"，单击 "下一步" 按钮后，输入新建分区的容量大小。设置分区的磁盘文件格式，并勾选"不格式化"复选框。最后单击"完成"按钮即可完成分区操作。

（3）为分区指定逻辑驱动器号

右击该分区，在弹出的快捷菜单中选择"更改驱动器名和路径"命令。在弹出的对话框中单击"更改"按钮，指派其他驱动器号后单击"确定"按钮返回。更改驱动器号后，在资源管理器中该分区的盘符就会有相应的改变。

（4）快速格式化分区

打开"计算机"窗口，右击新创建的磁盘分区，选择"格式化"命令。使用快速格式化方式，迅速完成分区到格式化的全部操作。

文件系统是计算机用来组织硬盘或分区中的数据的基本结构。如果要在计算机中安装新硬盘，则必须先用文件系统对该硬盘进行格式化，然后才能使用该硬盘。在 Windows 7 中，有三种文件系统选项可供选择：NTFS、FAT32 和 FAT。磁盘管理的高级功能都依赖于 NTFS 文件系统，Windows 7 也必须安装在 NTFS 分区上。而容量较小的 FAT 系统已经被淘汰。

FAT32 文件系统目前依然广泛用于硬盘和绝大多数 USB 闪存盘。但 FAT32 不具备用户权限控制的安全特征。如果在 Windows 7 中拥有 FAT32 硬盘或分区，任何具有计算机访问权限的用户都可以读取其中的文件。FAT32 还受大小限制，其最大分区容量为 32 GB，每个文件大小不能超过 4GB。

NTFS 是 Windows 7 的首选文件系统。与早期的 FAT32 文件系统相比，它具有诸多优势，其中包括：

● 具备自动从某些与磁盘相关的错误中恢复的能力；
● 可以支持容量高达 2TB 的物理硬盘；
● 可以使用权限和加密来限制某些用户对特定文件的访问；
● 具有很好的磁盘压缩性能；
● 有磁盘配额管理机制，为不同用户分配指定数量的磁盘空间。

5. 管理应用软件和默认程序

（1）应用软件的安装和卸载

应用软件的安装一般都应该遵循应用软件安装说明来进行。通常它们都会有安装程序，用户只要按照安装程序的提示逐步完成安装过程就可以了。正规的软件安装过程会在"控制面板/程序/程序和功能"窗口安装配置程序入口。用户可以通过单击"卸载/更改"按钮实现应用程序的卸载或更新安装。有些应用程序则会在"开始"菜单的相应程序组里专门留下卸载的程序，用户也可以选择该程序对应用程序进行卸载或更新安装，如图 2-26 所示。

（2）打开和关闭 Windows 功能

Windows 在安装时，一般只为用户安装最常用的功能。但是所有的安装文件都会被复制到磁盘上。在某些旧版本的 Windows 上，更改 Windows 组件安装经常就会要求用户提供安装光盘。但是在 Windows 7 下，安装新组件不再要求提供 Windows 7 的安装光盘。在"程序和功能"窗口的左窗格内单击"打开或关闭 Windows 功能"链接，显示"Windows 功能"对话框。如果需要某项功能，则勾选该功能前的复选框，要关闭某项功能，取消其勾选，然后单击"确定"按钮，Windows 就会开始配置安装功能。

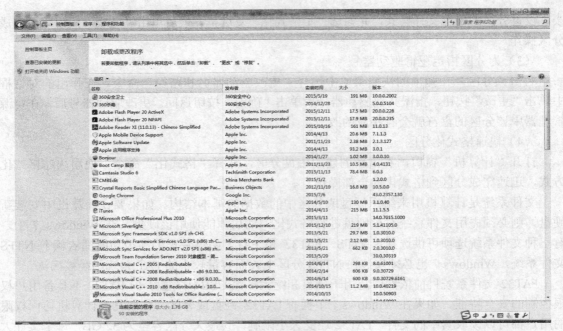

图 2-26 　"程序和功能"窗口

（3）设置默认程序

所谓默认程序就是把某一应用程序设置为它能打开的所有文件类型和协议的默认程序。例如一个媒体播放器可以播放".mp3"".avi"".mp4"".rmvb"".mpeg"等类型的媒体文件，如果把它设为默认程序，那么单击所有这些类型的文档时，系统都会自动启动该媒体播放器进行播放。打开"控制面板/程序/默认程序"窗口，在右窗格中单击"设置默认程序"链接，显示"设置默认程序"对话框。在左边的程序列表中选择一项应用程序，在右窗格中单击"将此程序设置为默认值"，该程序就成为它所能打开的所有文档和协议的默认程序。如果单击"选择此程序的默认值"链接，则会进一步打开"设置程序的关联"对话框，用户可以在左窗格中勾选该程序需要关联的项目。单击"保存"按钮后退出。

（4）设置程序关联

文件类型和协议的关联程序是指当用户单击一类文档或链接时，自动打开的应用程序。例如，用户在某文档中单击链接"http://www.baidu.com"时，如果"http"协议被关联到"Google Chrome"浏览器，那么系统就用 Google Chrome 浏览器打开此链接，而不是使用微软自己的"Internet Explorer"。在"控制面板/程序/默认程序"窗口上单击"将文件类型或协议与程序关联"链接，就会跳转到"设置关联"窗口。Windows 会开始扫描所有在系统中注册的文件和协议类型，然后显示出"关联列表"。如果要更改某类文件或协议的关联程序，就单击该文件或协议类型，并单击"更改程序"按钮，Windows 会显示文件的"打开方式"对话框，按照提示，选择一项程序并单击"确定"按钮退出即可完成关联。

（5）更改"自动播放"设置

当用户在光驱中插入媒体或软件，或者插入 U 盘时，Windows 可以自动启动播放程序或安装过程。在旧版本的 Windows 中，这一特征经常被病毒等恶意软件所利用，恶意软件经常使用可移动存储装置进行传播。现在 Windows 7 提供了更改自动播放设置的程序，而且自动播放已经不只限于光驱，也可适用于其他媒体设备。在"控制面板"的"默认程序"窗口，单击"更改自动播放设置"链接，显示"自动播放"窗口。如果不希望 Windows"为所有媒体和设备使用自动播放"功能，那么就应该把该选项取消。

（6）设置程序访问和计算机的默认值

某些广泛使用的应用程序可能有多个厂商发行的版本。例如浏览器就有微软的 IE、开源代码的 FireFox、Google 的 Chrome 等。在"控制面板"的"默认程序"窗口，单击"设置程序访问和计算机的默认值"链接，打开设置对话框，可以看到三个选项，Microsoft Windows：选择此选项将使用 Windows 7 内置的程序作为默认程序；非 Microsoft：系统会将几个 Windows 自带的程序从"开始"菜单、任务栏和桌面上隐藏，而使用安装的非 Microsoft 程序；自定义：更详细地定制系统默认的应用程序。

（7）控制程序的自动运行

有些应用程序可以在系统启动时自动执行。我们可以将一个应用程序的快捷方式"拖到""开始"菜单的"启动"组里，这样就可以在 Windows 启动时，自动运行该程序。如果我们需要对自动运行的程序进行管理，在 Windows 7"开始"菜单的搜索框中输入"msconfig"后回车，即可激活"系统配置"实用程序。在其"启动"选项卡上，可以定制哪些项目可以自动运行。

6. 任务管理器

通过任务管理器，用户可以查看系统中正在运行的任务、进程和服务，强制终止"未响应的"进程。也可以通过"资源监视器"详细评估计算机的运行状态。如果发现计算机出现异常情况，例如运行响应迟缓等，Windows 7 的任务管理器和资源监视器将是非常重要的分析工具。可以在任何时候同时按下 Ctrl+Shift+Esc 三个键直接启动"任务管理器"。也可以在桌面任务栏空白处右击，在快捷菜单中选择"启动任务管理器"命令，如图 2-27 所示。

图 2-27　任务管理器

如果我们发现计算机停止响应或行动迟缓，往往是由于某些进程挂起的缘故。造成进程挂起的原因很多，有些是程序本身有错误，有些是由于有病毒或流氓软件的干扰，还有些是因为硬件的原因。我们可以使用"任务管理器"的进程管理功能去强行终止那些 CPU 占用率特别高或已经停止响应的进程。

在"性能"选项卡上，我们可以查看 CPU 和内存的使用率，这两个数值都是越低越好。CPU 使用率低表明系统运行效率高，没有任务过多地消耗 CPU 时间。内存使用率越低，表明内存容量越充裕，没有专吃内存的病毒或漏洞发生。如果 CPU 的占用率总是在 70% 以上，且排除病毒感染的情况，表明你的工作任务超出了 CPU 的运算能力，需要升级 CPU 了。如果物理内存使用率总是接近 100%，就会造成运行速度的极度下降，应该减少进程数目，或增加内存容量。

资源监视器是一种用来实时监视 CPU、硬盘、网络和内存的使用情况的高级工具。它和"任务管理器"类似，但是以更为详尽的图示方式揭示出每个进程占用 CPU 的时间、硬盘读写数据流量、网络数据传输和内存的使用情况等。在"任务管理器"的"性能"选项卡上单击"资源监视器"按钮，就会显示"资源监视器"窗口。

7. 管理用户账户

用户账户管理一般包括"创建""更名""设置密码""更改类型"等。以下简述创建新账户和进行账户管理的过程，如图 2-28 所示。

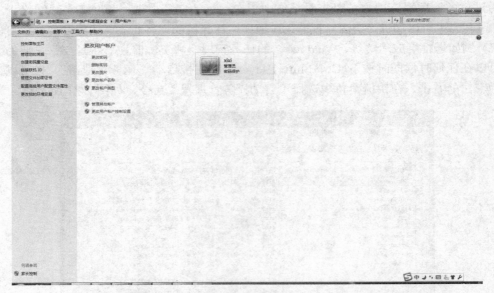

图 2-28　"用户账户"窗口

①以管理员身份登录系统；

②打开"控制面板/用户账户和家庭安全/用户账户/管理账户"窗口，单击"创建一个新账户"链接；

③在"控制面板/用户账户和家庭安全/用户账户/管理账户/创建新账户"窗口上，输入"新账户名"，选择"标准用户"或"管理员"，再单击"创建账户"按钮，即可完成创建新账户的过程。

④在"控制面板/用户账户和家庭安全/用户账户/管理账户"窗口上，单击需要更改的用户账户。打开"更改账户"窗口。在该窗口上单击相关链接，按照系统提示操作即可完成各项任务。

注销后，你就可以使用刚创建的用户名和密码登录 Windows 安全地使用计算机了。

8. 网络和共享中心

Windows 7 网络和共享中心将所有网络相关设置集中在一起，正在连接的网络属性、设置新的网络连接、家庭组及共享选项等各种设置，轻松设置。通过"控制面板"→"网络和 Internet"→"网络和共享中心"命令，可以打开"网络和共享中心"窗口，如图 2-29 所示。

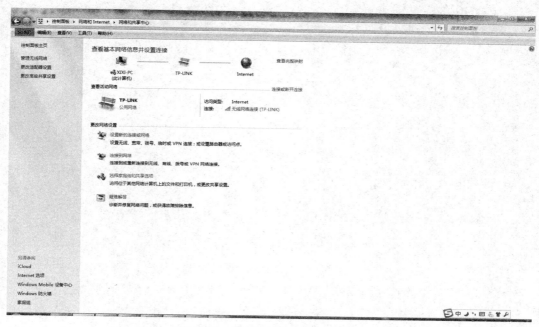

图 2-29 "网络和共享中心"窗口

单元小结

本单元共由四个任务组成，通过本单元的学习使读者能够了解计算机操作系统的相关知识和操作方法。

第一个任务由两个部分组成，分别介绍操作系统的概念；操作系统的种类。

第二个任务由三个部分组成。通过学习，能了解 Windows 7 桌面的组成；"开始"菜单和任务栏；Windows 7 窗口的组成。

第三个任务由两个部分组成。通过学习，能了解资源管理器操作、文件系统的概念；并通过练习掌握 Windows 7 操作系统中文件系统的操作。

第四个任务由八个部分组成。通过学习，能掌握 Windows 7 系统外观设置、时钟语言和区域设置、硬件管理、磁盘管理、应用程序管理、任务管理器操作、用户账户管理、网络管理等。

- 目的、要求

（1）熟悉 Windows 7 的基本操作。

（2）熟练掌握文件和文件夹的基本操作。

（3）会使用控制面板进行常用的设置。

（4）会使用"附件"中的常用工具。

- 重点、难点

重点：文件和文件夹的基本操作；控制面板的设置。

难点：控制面板的设置。

单元 3　计算机网络基础和 Internet 应用

任务 1　了解计算机网络

任务描述

计算机网络，是指将地理位置不同的具有独立功能的多台计算机及其外部设备，通过通信线路连接起来，在网络操作系统、网络管理软件及网络通信协议的管理和协调下，实现资源共享和信息传递的计算机系统。本任务要求了解计算机网络的基本概念、分类与结构。

任务实施

1. 计算机网络概念

（1）按广义定义

计算机网络也称计算机通信网。关于计算机网络的最简单定义是：一些相互连接的、以共享资源为目的的、自治的计算机的集合。若按此定义，则早期的面向终端的网络都不能算是计算机网络，而只能称为联机系统（因为那时的许多终端不能算是自治的计算机）。但随着硬件价格的下降，许多终端都具有了一定的智能，因而"终端"和"自治的计算机"逐渐失去了严格的界限。若用微型计算机作为终端使用，按上述定义，则早期的那种面向终端的网络也可称为计算机网络。

另外，从逻辑功能上看，计算机网络是以传输信息为基础目的，用通信线路将多个计算机连接起来的计算机系统的集合，一个计算机网络组成包括传输介质和通信设备。

从用户角度看，计算机网络是这样定义的：存在着一个能为用户自动管理的网络操作系统。由它调用完成用户所需要的资源，而整个网络像一个大的计算机系统一样，对用户是透明的。

一个比较通用的定义是：利用通信线路将地理上分散的、具有独立功能的计算机系统和通信设备按不同的形式连接起来，以功能完善的网络软件及协议实现资源共享和信息传递的系统。

从整体上来说，计算机网络就是把分布在不同地理区域的计算机与专门的外部设备用通信线路互联成一个规模大、功能强的系统，从而使众多的计算机可以方便地互相传递信息，共享硬件、软件、数据信息等资源。简单来说，计算机网络就是由通信线路互相连接起来的许多自主工作的计算机构成的集合体。

最简单的计算机网络就只有两台计算机和连接它们的一条链路，即两个节点和一条链路。

（2）按链接定义

计算机网络就是通过线路互连起来的、自治的计算机集合，确切的说就是将分布在不同地理位置上的具有独立工作能力的计算机、终端及其附属设备用通信设备和通信线路连接起来，并配置网络软件，以实现计算机资源共享的系统。

（3）按需求定义

计算机网络就是由大量独立的但相互连接起来的计算机来共同完成计算任务。这些系统称为计算机网络（computer networks）。

2. 数据通信的概念

（1）信道

信息是抽象的，但传送信息必须通过具体的媒介。例如二人对话，靠声波通过二人间的空气来传送，因而二人间的空气部分就是信道。邮政通信的信道是指运载工具及其经过的设施。无线电话的信道就是电波传播所通过的空间，有线电话的信道是电缆。每条信道都有特定的信源和信宿。在多路通信，例如载波电话中，一个电话机作为发出信息的信源，另一个作为接收信息的信宿，它们之间的设施就是一条信道，这时传输用的电缆可以为许多条信道所共用。

（2）数字信号和模拟信号

信号在时间和数值上都是连续变化的信号称为模拟信号。模拟信号是指用连续变化的物理量表示的信息，其信号的幅度，或频率，或相位随时间做连续变化，如目前广播的声音信号，或图像信号等。

数字信号是指自变量是离散的、因变量也是离散的信号，这种信号的自变量用整数表示，因变量用有限数字中的一个数字来表示。在计算机中，数字信号的大小常用有限位的二进制数表示。

数字信号与模拟信号的比较：

1）数字信号抗干扰能力强、无噪声积累。在模拟通信中，为了提高信噪比，需要在信号传输过程中及时对衰减的传输信号进行放大，信号在传输过程中不可避免地叠加上的噪声也被同时放大。随着传输距离的增加，噪声累积越来越多，致使传输质量严重恶化。对于数字通信，由于数字信号的幅值为有限个离散值（通常取两个幅值），在传输过程中虽然也受到噪声的干扰，但当信噪比恶化到一定程度时，可在适当的距离采用判决再生的方法，再生成没有噪声干扰的和原发送端一样的数字信号，所以可实现长距离高质量的传输。

2）数字信号便于加密处理。信息传输的安全性和保密性越来越重要，数字通信的加密处理比模拟通信容易得多，以话音信号为例，经过数字变换后的信号可用简单的数字逻辑运算进行加密、解密处理。

3）数字信号便于存储、处理和交换。数字通信的信号形式和计算机所用信号一致，都是二进制代码，因此便于与计算机联网，也便于用计算机对数字信号进行存储、处理和交换，可使通信网的管理、维护实现自动化、智能化。

4）数字信号设备便于集成化、微型化。数字通信采用时分多路复用，不需要体积较大的滤波器。设备中大部分电路是数字电路，可用大规模和超大规模集成电路实现，因此体积小、功耗低。

5）使用数字信号便于构成综合数字网和综合业务数字网。采用数字传输方式，可以通过程控数字交换设备进行数字交换，以实现传输和交换的综合。另外，电话业务和各种非话业务都可以实现数字化，构成综合业务数字网。

6）数字信号占用信道频带较宽。一路模拟电话的频带为 4kHz 带宽，一路数字电话则约占 64kHz，这也是模拟通信目前仍有生命力的主要原因。

（3）调制与解调

调制是将各种数字基带信号转换成适于信道传输的数字调制信号（已调信号或频带信号）；解调是在接收端将收到的数字频带信号还原成数字基带信号。

调制的目的是把要传输的模拟信号或数字信号变换成适合信道传输的信号，这就意味着把基带信号（信源）转变为一个相对基带频率而言频率非常高的带通信号。该信号称为已调信号，而基带信号称为调制信号。调制可以通过使高频载波随信号幅度的变化而改变载波的幅度、相位或者频率来实现。调制过程用于通信系统的发端。在接收端需将已调信号还原成要传输的原始信号，也就是将基带信号从载波中提取出来以便预定的接收者（信宿）处理和理解，即解调。该过程总称为调制与解调。

计算机内的信息是由"0"和"1"组成的数字信号，而在电话线上传递的却只能是模拟电信号（模拟信号为连续的，数字信号为间断的）。于是，当两台计算机要通过电话线进行数据传输时，就需要一个设备负责数模的转换，这个数模转换器就是 Modem。计算机在发送数据时，先由 Modem 把数字信号转换为相应的模拟信号，这个过程称为调制，也称 D/A 转换。经过调制的信号通过电话载波传送到另一台计算机之前，也要经由接收方的 Modem 负责把模拟信号还原为计算机能识别的数字信号，这个过程称为解调，也称 A/D 转换。正是通过这样一个调制与解调的数模转换过程，从而实现了两台计算机之间的远程通信。

（4）带宽与传输速率

带宽（band width）是指在固定时间可传输的数据数量，亦即在传输通道中可以传递数据的能力。在数字设备中，频宽通常以 bps 表示，即每秒可传输的位数。在计算机网络应用中，信号的带宽是指该信号所包含的各种不同频率成分所占据的频率范围。

带宽也表示通信线路能传送数据的能力。即在单位时间内从网络中的某一点到另一点所能通过的"最高数据率"。

对于带宽的概念，比较形象的一个比喻是高速公路，即单位时间内能够在线路上传送的数据量，常用的单位是 bps（bit per second）。计算机网络的带宽是指网络可通过的最高数据率，即每秒多少比特。

数据传输速率是指每秒钟传送的二进制数据量，其单位通常为 Byte/s，用来衡量单位时间内线路传输的二进制位的数量，衡量的是线路传送信息的速度。

通常 100Mbps 的带宽对应的最大传输速率为 100/8MB 每秒，约为 12.5MB/s。

（5）误码率

由于种种原因，数字信号在传输过程中不可避免地会产生差错。例如在传输过程中受到外界的干扰，或在通信系统内部由于各个组成部分的质量不够理想而使传送的信号发生畸变等。当受到的干扰或信号畸变达到一定程度时，就会产生差错。

在数据通信中，如果发送的信号是"1"，而接收到的信号却是"0"，这就是"误码"，也就是发生了一个差错。在一定时间内收到的数字信号中发生差错的比特数与同一时间收到的数字信号的总比特数之比，就叫作"误码率"，也可以叫作"误比特率"。误码率（BER，bit error rate）是衡量在规定时间内数据传输精确性的指标。

误码率=错误比特数/传输总比特数

误码率是最常用的数据通信传输质量指标。它表示数字系统传输质量，即"在多少位数据中出现一位差错"。举例来说，如果在一万位数据中出现一位差错，即误码率为万分之一，即 10E-4。

3. 计算机网络的形成与分类

（1）局域网

局域网（Local Area Network，LAN）是指在某一区域内由多台计算机互联而成的计算机组，一般是一个房间、一栋楼或一个单位内部组成的网络。局域网可以实现文件管理、应用软件共享、打印机共享、工作组内的日程安排、电子邮件和传真通信服务等功能。局域网是封闭型的，可以由办公室内的两台计算机组成，也可以由一个公司内的上千台计算机组成。

局域网（LAN）的名字本身就隐含了这种网络地理范围的局域性。由于较小的地理范围的局限性，LAN 通常要比广域网（WAN）具有高得多的传输速率。

LAN 的拓扑结构常用的是总线型和环型，这是由于有限地理范围决定的，这两种结构很少在广域网环境下使用。LAN 还具有诸如高可靠性、易扩缩和易于管理及安全等多种特性。

局域网一般为一个部门或单位所有，建网、维护以及扩展等较容易，系统灵活性高。其主要特点是：覆盖的地理范围较小，只在一个相对独立的局部范围内联，如一座或集中的建筑群内；使用专门铺设的传输介质进行联网，数据传输速率高（10Mb/s～10Gb/s）；通信延迟时间短，可靠性较高；局域网可以支持多种传输介质。

局域网的类型很多，若按网络使用的传输介质分类，可分为有线网和无线网；若按网络拓扑结构分类，可分为总线型、星型、环型、树型、混合型等；若按传输媒介所使用的访问控制方法分类，又可分为以太网、令牌环网、FDDI 网和无线局域网等。其中，以太网是当前应用最普遍的局域网技术。

（2）城域网

城域网（Metropolitan Area Network）是在一个城市范围内所建立的计算机通信网，简称 MAN，属宽带局域网。由于采用具有有源交换元件的局域网技术，网中传输时延较小，它的传输媒介主要采用光缆，传输速率在 100Mb/s 以上。

MAN 的一个重要用途是用作骨干网，通过它将位于同一城市内不同地点的主机、数据库，以及 LAN 等互相连接起来，这与广域网的作用有相似之处，但两者在实现方法与性能上有很大差别。

城域网的典型应用即为宽带城域网，就是在城市范围内，以 IP 和 ATM 电信技术为基础，以光纤作为传输媒介，集数据、语音、视频服务于一体的高带宽、多功能、多业务接入的多媒体通信网络。

宽带城域网能满足政府机构、金融保险、大中小学校、公司企业等单位对高速率、高质量数据通信业务日益旺盛的需求，特别是快速发展起来的互联网用户群对宽带高速上网的需求。

宽带城域网的发展经历了一个漫长的时期，从传统的语音业务到图像和视频业务，从基础的视听服务到各种各样的增值业务，从 64kb/s 的基础服务到 2.5Gb/s、10Gb/s 等的租用线路业务。随着技术的发展和需求的不断增加，业务的种类也不断发展和变化着。

目前我国逐步完善的城市宽带城域网已经给生活带来了许多便利，高速上网、视频点播、视频通话、网络电视、远程教育、远程会议等这些正在使用的各种互联网应用，背后正是城域网在发挥着巨大的作用。

（3）广域网

广域网（WAN，Wide Area Network）也称远程网（long haul network）。通常跨接很大的

物理范围，所覆盖的范围从几十公里到几千公里，它能连接多个城市或国家，或横跨几个洲并能提供远距离通信，形成国际性的远程网络。

广域网覆盖的范围比局域网（LAN）和城域网（MAN）都广。广域网的通信子网主要使用分组交换技术，可以利用公用分组交换网、卫星通信网和无线分组交换网，将分布在不同地区的局域网或计算机系统互连起来，达到资源共享的目的。如因特网（Internet）就是世界范围内最大的广域网。

广域网是由许多交换机组成的，交换机之间采用点到点线路连接，几乎所有的点到点通信方式都可以用来建立广域网，包括租用线路、光纤、微波、卫星信道。而广域网交换机实际上就是一台计算机，有处理器和输入/输出设备进行数据包的收发处理。

广域网不同于局域网，它的范围更广，超越一个城市、一个国家甚至达到全球互连，因此具有与局域网不同的特点：覆盖范围广、通信距离远，可达数千公里以及全球；不同于局域网的一些固定结构，广域网没有固定的拓扑结构，通常使用高速光纤作为传输媒介；主要提供面向通信的服务，支持用户使用计算机进行远距离的信息交换；局域网通常作为广域网的终端用户与广域网相连；广域网的管理和维护相对局域网较为困难；广域网一般由电信部门或公司负责组建、管理和维护，并向全社会提供面向通信的有偿服务、流量统计和计费问题。

4. 网络拓扑结构

拓扑这个名词是从几何学中借用来的。网络拓扑是指网络形状，或者是它在物理上的连通性。构成网络的拓扑结构有很多种。网络拓扑结构是指用传输媒体互连各种设备的物理布局，就是用什么方式把网络中的计算机等设备连接起来。拓扑图给出网络服务器、工作站的网络配置和相互间的连接，它的结构主要有星型结构、环型结构、总线结构、分布式结构、树型结构、网状结构、蜂窝状结构等。

（1）星型拓扑

在星型拓扑结构中，网络中的各节点通过点到点的方式连接到一个中央节点（又称中央转接站，一般是集线器或交换机）上，由该中央节点向目的节点传送信息。中央节点执行集中式通信控制策略，因此中央节点相当复杂，负担比各节点要重得多。在星型网中任何两个节点要进行通信都必须经过中央节点控制，如图 3-1 所示。

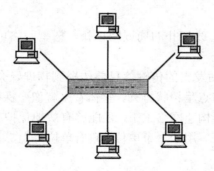

图 3-1　星型拓扑

（2）环型拓扑

环型拓扑中入网设备通过转发器接入网络，一个转发器发出的数据只能被另一个转发器接收并转发，所有的转发器及其物理线路构成环状网络系统。其特点为：实时性较好，也就是说，信息在网中传输的最大时间固定；每个结点只与相邻两个结点有物理链路；传输控制机制比较简单；某个结点的故障将导致整网物理瘫痪；单个环网的结点数有限；数据传输具有单向性，即每个转发器仅与两个相邻的转发器有直接的物理线路，如图 3-2 所示。

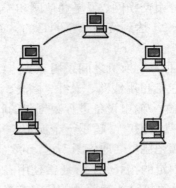

图 3-2　环型拓扑

（3）总线型拓扑

总线拓扑结构是使用同一媒体或电缆连接所有用户的一种方式。总线型网络是最为普及的网络拓扑结构之一。它的连接形式简单、易于安装、成本低，增加和撤消网络设备都比较灵活。但由于在总线型的拓扑结构中，任意的节点发生故障，都会导致网络的阻塞。同时，这种拓扑结构还难以查找故障，如图 3-3 所示。

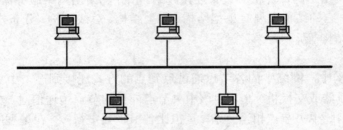

图 3-3　总线型拓扑

（4）树型拓扑

树型拓扑是一种类似于总线拓扑的局域网拓扑。树型网络可以包含分支，每个分支又可包含多个结点。

在树型拓扑中，从一个站发出的传输信息要传播到物理媒介的全长，并被所有其他站点接收。树型拓扑结构中网络节点呈树状排列，整体看来就像一棵朝上的树，因而得名。它具有较强的可折叠性，非常适用于构建网络主干，还能够有效地保护布线投资。这种拓扑结构的网络一般采用光纤作为网络主干，用于军事单位、政府单位等上、下界限相当严格和层次分明的部门，如图 3-4 所示。

（5）网状拓扑

网状拓扑结构主要指各节点通过传输线互相连接起来，并且每一个节点至少与其他两个节点相连。网状拓扑结构具有较高的可靠性，但其结构复杂，实现起来费用较高，不易管理和维护，不常用于局域网，如图 3-5 所示。

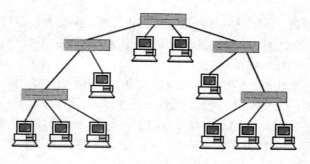

图 3-4　树型拓扑

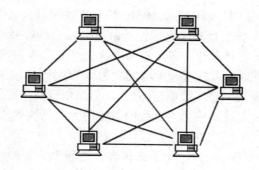

图 3-5　网状拓扑

5. 网络硬件

计算机网络硬件是计算机网络的物质基础，一个计算机网络就是通过网络设备和通信线路将不同地点的计算机及其外围设备在物理上实现连接。因此，网络硬件主要由可独立工作的计算机、网络设备和传输介质等组成。

（1）传输介质

在计算机网络中，要使不同的计算机之间能够相互访问对方的资源，必须有一条通路使它们能够相互通信。传输介质是网络通信用的信号线路，它提供了数据信号传输的物理通道。传输介质按其特征可分为有线通信介质和无线通信介质两大类，有线通信介质包括双绞线、同轴电缆和光缆等，无线通信介质包括无线电、微波、卫星通信和移动通信等。它们具有不同的传输速率和传输距离，分别支持不同的网络类型。

（2）网络接口卡

网络接口卡一般指网卡，网卡是工作在链路层的网络组件，是局域网中连接计算机和传输介质的接口，不仅能实现与局域网传输介质之间的物理连接和电信号匹配，还涉及帧的发送与接收、帧的封装与拆封、介质访问控制、数据的编码与解码以及数据缓存的功能等。

（3）交换机

交换机（Switch）是一种用于电（光）信号转发的网络设备。它可以为接入交换机的任意两个网络节点提供独享的电信号通路。最常见的交换机是以太网交换机，其他常见的还有电话语音交换机、光纤交换机等。

（4）无线 AP

无线 AP（无线接入点）是一个无线网络的接入点，俗称"热点"。主要有路由交换接入一体设备和纯接入点设备，一体设备执行接入和路由工作，纯接入设备只负责无线客户端的接入。纯接入设备通常作为无线网络扩展使用，与其他 AP 或者主 AP 连接，以扩大无线覆盖范围；而一体设备一般是无线网络的核心。

无线 AP 是使用无线设备（手机等移动设备及笔记本电脑等）的用户进入有线网络的接入点，主要用于宽带家庭、大楼内部、校园内部、园区内部以及仓库、工厂等需要无线监控的地方，典型距离覆盖几十米至上百米，也有可以用于远距离传送的，目前最远的可以达到 30km 左右，主要技术为 IEEE802.11 系列。大多数无线 AP 还带有接入点客户端模式（AP client），可以和其他 AP 进行无线连接，延展网络的覆盖范围。

（5）路由器

路由器（Router）是连接因特网中各局域网、广域网的设备，它会根据信道的情况自动选择和设定路由，以最佳路径，按前后顺序发送信号。路由器是互联网络的枢纽——"交通警察"。目前路由器已经广泛应用于各行各业，各种不同档次的产品已成为实现各种骨干网内部连接、骨干网间互联和骨干网与互联网互联互通业务的主力军。路由器和交换机之间的主要区别就是交换机发生在 OSI 参考模型第二层（数据链路层），而路由器发生在第三层，即网络层。这一区别决定了路由器和交换机在移动信息的过程中需使用不同的控制信息，所以说两者实现各自功能的方式是不同的。

路由器又称网关设备（Gateway），用于连接多个逻辑上分开的网络。所谓逻辑网络是代表一个单独的网络或者一个子网。当数据从一个子网传输到另一个子网时，可通过路由器的路由功能来完成。因此，路由器具有判断网络地址和选择 IP 路径的功能，它能在多网络互联环境中，建立灵活的连接，可用完全不同的数据分组和介质访问方法连接各种子网。路由器只接受源站或其他路由器的信息，属网络层的一种互联设备。

6. 网络软件

网络软件一般是指系统的网络操作系统、网络通信协议和应用级的提供网络服务功能的专用软件。在计算机网络环境中，专指用于支持数据通信和各种网络活动的软件。

连入计算机网络的系统，通常根据系统本身的特点、能力和服务对象，配置不同的网络应用系统。其目的是为了本机用户共享网中其他系统的资源，或是为了把本机系统的功能和资源提供给网中其他用户使用。为此，每个计算机网络都必须制订一套全网共同遵守的网络协议，并要求网中每个主机系统配置相应的协议软件，以确保网中不同系统之间能够可靠、有效地相互通信和合作。

7. 无线局域网

在无线局域网（WLAN）发明之前，人们要想通过网络进行联络和通信，必须先用物理线缆——铜绞线组建一个电子运行的通路，为了提高效率和速度，后来又发明了光纤。当网络发展到一定规模后，人们又发现，这种有线网络无论组建、拆装还是在原有基础上进行重新布局和改建，都非常困难，且成本和代价也非常高，于是 WLAN 的组网方式应运而生。

无线局域网英文全名为：Wireless Local Area Networks，简写为：WLAN。WLAN 是相当便利的数据传输系统，它利用射频（Radio Frequency，RF）技术，使用电磁波，取代旧式碍手碍脚的双绞铜线（Coaxial）所构成的局域网，在空中进行通信连接，使得无线局域网能利用简单的存取架构让用户透过它，达到"信息随身化、便利走天下"的理想境界。

课后练习

1. 计算机网络的目标是实现____。
   A. 数据处理　　　　　　　　　　　B. 文献检索
   C. 资源共享和信息传输　　　　　　D. 信息传输
2. 计算机网络最突出的优点是____。
   A. 提高可靠性　　　　　　　　　　B. 提高计算机的存储容量
   C. 运算速度快　　　　　　　　　　D. 实现资源共享和快速通信
3. 计算机网络是计算机技术和____。
   A. 自动化技术的结合　　　　　　　B. 通信技术的结合
   C. 电缆等传输技术的结合　　　　　D. 信息技术的结合
4. 计算机网络最突出的优点是____。
   A. 资源共享和快速传输信息　　　　B. 高精度计算和收发邮件
   C. 运算速度快和快速传输信息　　　D. 存储容量大和高精度
5. 计算机网络分局域网、城域网和广域网，____属于局域网。
   A. ChinaDDN 网　　B. Novell 网　　C. ChinaNET 网　　D. Internet
6. 按通信距离划分，计算机网络可以分为局域网和广域网。下列网络中属于局域网的是
____。
   A. Internet　　　　　B. CERNET　　　　C. Novell　　　　D. ChinaNET
7. 以太网的拓扑结构是____。
   A. 星型　　　　　　　B. 总线型　　　　C. 环型　　　　　D. 分布型
8. 若网络的各个节点均连接到同一条通信线路上，线路两端有防止信号反射的装置，这
种拓扑结构称为____。
   A. 总线型拓扑　　B. 星型拓扑　　　C. 树型拓扑　　　D. 环型拓扑
9. 路由选择是 OSI 模型中____的主要功能。
   A. 物理层　　　　　B. 数据链路层　　C. 网络层　　　　D. 传输层
10. 把计算机与通信媒介相连并实现局域网络通信协议的关键设备是____。
    A. 串行输入口　　B. 多功能卡　　　C. 电话线　　　　D. 网卡（网络适配器）
11. 局域网硬件中主要包括工作站、网络适配器、传输介质和____。
    A. Modem　　　　B. 交换机　　　　C. 打印机　　　　D. 中转站
12. 计算机网络中常用的有线传输介质有____。
    A. 双绞线，红外线，同轴电缆　　　B. 激光，光纤，同轴电缆
    C. 双绞线，光纤，同轴电缆　　　　D. 光纤，同轴电缆，微波
13. Internet 实现了分布在世界各地的各类网络的互联，其最基础和核心的协议是____。
    A. HTTP　　　　B. TCP/IP　　　　C. HTML　　　　D. FTP
14. 无线移动网络最突出的优点是____。
    A. 资源共享和快速传输信息　　　　B. 提供随时随地的网络服务
    C. 文献检索和网上聊天　　　　　　D. 共享文件和收发邮件

任务 2　Internet 基础

Internet 在当今计算机界乃至整个世界都是最热门的话题，以至人们将它称作"信息高速公路"。目前，很难对 Internet 进行严格地定义，但从技术角度，可以认为 Internet 是一个相互衔接的信息网。中国计算机学会编著的《英汉计算机词汇》，将 Internet 正式译为"因特网"。本任务将介绍因特网的基本概念和原理。

1．Internet 概念

Internet，中文正式译名为因特网，又叫作国际互联网。它是由那些使用公用语言互相通信的计算机连接而成的全球网络。一旦连接到它的任何一个节点上，就意味着您的计算机已经连入 Internet 了。Internet 目前的用户已经遍及全球，有超过几亿人在使用 Internet，并且它的用户数还在以等比级数上升。

2．TCP/IP 协议

Transmission Control Protocol/Internet Protocol 的简写，中译名为传输控制协议/因特网互联协议，又名网络通信协议，是 Internet 最基本的协议、Internet 国际互联网络的基础，由网络层的 IP 协议和传输层的 TCP 协议组成。TCP/IP 定义了电子设备如何连入因特网，以及数据如何在它们之间传输的标准。协议采用了四层的层级结构，每一层都调用它的下一层所提供的协议来完成自己的需求。

TCP/IP 协议支持以下一些应用：

FTP（文件传输协议，File Transfer Protocol）是用于文件传输的 Internet 标准。FTP 支持一些文本文件（例如 ASCII、二进制等等）和面向字节流的文件结构。FTP 使用传输层协议 TCP 在支持 FTP 的终端系统间执行文件传输，因此，FTP 被认为提供了可靠的面向连接的服务，适合于远距离、可靠性较差线路上的文件传输。

TFTP（Trivial File Transfer Protocol，简单文件传输协议）也用于文件传输，但其使用 UDP 提供服务，被认为是不可靠的、无连接的。TFTP 通常用于可靠的局域网内部的文件传输。

SMTP（Simple Mail Transfer Protocol，简单邮件传输协议）支持文本邮件的 Internet 传输。

POP3（Post Office Protocol）是一个流行的 Internet 邮件标准。

SNMP（Simple Network Management Protocol，简单网络管理协议）负责网络设备监控和维护，支持安全管理、性能管理等。

Telnet 是客户机使用的与远端服务器建立连接的标准终端仿真协议。

HTTP 协议支持 WWW（World Wide Web，万维网）和内部网信息交互，支持包括视频在内的多种文件类型。HTTP 是当今流行的 Internet 标准。

3. Internet 中的客户机/服务器体系结构

又叫主从式架构，简称 C/S 结构，是一种网络架构，它把客户端（Client）（通常是一个采用图形用户界面的程序）与服务器（Server）区分开来，如图 3-6 所示。每一个客户端软件的实例都可以向一个服务器或应用程序服务器发出请求。有很多不同类型的服务器，例如文件服务器、终端服务器和邮件服务器等。虽然它们存在的目的不一样，但基本架构是一样的。

图 3-6　客户机/服务器体系结构

4. Internet 的 IP 地址和域名

（1）IP 地址

IP 地址是指互联网协议地址（Internet Protocol Address，又译为网际协议地址），是 IP Address 的缩写。IP 地址是 IP 协议提供的一种统一的地址格式，它为互联网上的每一个网络和每一台主机分配一个逻辑地址，以此来屏蔽物理地址的差异。

IP 是英文 Internet Protocol 的缩写，意思是"网络之间互连的协议"，也就是为计算机网络相互连接进行通信而设计的协议。在因特网中，它是使连接到网上的所有计算机网络实现相互通信的一套规则，规定了计算机在因特网上进行通信时应当遵守的规则。任何厂家生产的计算机系统，只要遵守 IP 协议就可以与因特网互连互通。正是因为有了 IP 协议，因特网才得以迅速发展成为世界上最大的开放的计算机通信网络。因此，IP 协议也可以叫作"因特网协议"。IP 地址被用来给 Internet 上的电脑一个编号。日常见到的情况是每台联网的 PC 上都需要有 IP 地址，才能正常通信。可以把"个人电脑"比作"一台电话"，那么"IP 地址"就相当于"电话号码"，而 Internet 中的路由器，就相当于电信局的"程控式交换机"。

网络是基于 TCP/IP 协议进行通信和连接的，每一台主机都有一个唯一的标识固定的 IP 地址，以区别网络上的成千上万个用户和计算机。网络在区分所有与之相连的网络和主机时，均采用了一种唯一、通用的地址格式，即每一个与网络相连接的计算机和服务器都被指派了一个独一无二的地址。为了保证网络上每台计算机的 IP 地址的唯一性，用户必须向特定机构申请注册，分配 IP 地址。网络中的地址方案分为两套：IP 地址系统和域名地址系统。这两套地址系统其实是一一对应的关系。

IP 地址用二进制数来表示，每个 IP 地址长 32 比特（目前的通用版本为 IPv4，在下一代 IPv6 中 IP 地址长度为 128 位），由 4 个小于 256 的数字组成，数字之间用点间隔，例如 100.10.0.1 表示一个 IP 地址。由于 IP 地址是数字标识，使用时难以记忆和书写，因此在 IP 地址的基础上又发展出一种符号化的地址方案，来代替数字型的 IP 地址。每一个符号化的地址都与特定的 IP 地址对应，这样网络上的资源访问起来就容易得多了。这个与网络上的数字型 IP 地址相对应的字符型地址，就被称为域名。

（2）域名

域名（Domain Name），是由一串用点分隔的名字组成的 Internet 上某一台计算机或计算机组的名称，用于在数据传输时标识计算机的电子方位（有时也指地理位置，地理上的域名，指代有行政自主权的一个地方区域）。域名是一个 IP 地址上的"面具"。域名的目的是便于记忆和沟通的一组服务器的地址（网站、电子邮件、FTP 等），域名作为力所能及难忘的互联网参与者的名称。世界上第一个域名是在 1985 年 1 月注册的。

域名的注册遵循先申请先注册的原则，管理认证机构对申请企业提出的域名是否违反了第三方的权利不进行任何实质性审查。在中华网库每一个域名的注册都是独一无二、不可重复的。因此在网络上域名是一种相对有限的资源，它的价值将随着注册企业的增多而逐步为人们所重视。

可见域名就是上网单位的名称，是一个通过计算机登上网络的单位在该网中的地址。一个公司如果希望在网络上建立自己的主页，就必须取得一个域名，域名也是由若干部分组成，包括数字和字母。通过该地址，人们可以在网络上找到所需的详细资料。域名是上网单位和个人在网络上的重要标识，起着识别作用，便于识别和检索某一企业、组织或个人的信息资源，从而更好地实现网络上的资源共享。除了识别功能外，在虚拟环境下，域名还可以起到引导、宣传、代表等作用。

通俗的说，域名就相当于一个家庭的门牌号码，别人通过这个号码可以很容易地找到。

根据 Internet 的域名代码规定，后缀为 net：是网络服务公司，为个人或是商业提供服务的网站；后缀为 com：是国际顶级域名，com 是 company 的缩写，是最常用的顶级域名，表示商业网站；后缀为 gov：中国国家顶级域名，来指代政府机关网站；后缀为 org：是顶级域名的一种类型，通常表示此域名独立于其他种类，表示非营利性组织；后缀为 edu：是互联网的通用顶级域名之一，主要供教育机构（如大学等院校）使用。例如汽车之家的域名：www.autohome.com.cn，"www"表示主机名，"autohome"表示网络名，"com"表示机构名，"cn"表示最高层域名（"cn"是表示中国）。

（3）DNS 系统

域名系统 DNS（Domain Name System）是因特网使用的命名系统，用来把便于人们使用的机器名字转换成为 IP 地址。域名系统其实就是名字系统。为什么不叫"名字"而叫"域名"呢？这是因为在这种因特网的命名系统中使用了许多的"域（domain）"，因此就出现了"域名"这个名词。"域名系统"明确地指明这种系统是应用在因特网中。

IP 地址是由 32 位的二进制数字组成的。用户与因特网上某台主机通信时，显然不愿意使用很难记忆的长达 32 位的二进制主机地址。即使是点分十进制 IP 地址也并不太容易记忆。相反，用户愿意使用比较容易记忆的主机名字。但是，机器在处理 IP 数据报时，并不是使用域名而是使用 IP 地址。这是因为 IP 地址长度固定，而域名的长度不固定，机器处理起来比较困难。

域名到 IP 地址的解析是由分布在因特网上的许多域名服务器程序共同完成的。域名服务器程序在专设的结点上运行，而人们也常把运行域名服务器程序的机器称为域名服务器。

域名到 IP 地址的解析过程的要点如下：当某一个应用需要把主机名解析为 IP 地址时，该应用进程就调用解析程序，并成为 DNS 的一个客户，把待解析的域名放在 DNS 请求报文中，以 UDP 用户数据报方式发给本地域名服务器。本地域名服务器在查找域名后，把对应的 IP 地址放在应答报文中返回。应用程序获得目的主机的 IP 地址后即可进行通信。

若本地域名服务器不能回答该请求，则此域名服务器就暂时成为 DNS 的另一个客户，并向其他域名服务器发出查询请求。这种过程直至找到能够回答该请求的域名服务器为止。

因为因特网规模很大，所以整个因特网只使用一个域名服务器是不可行的。因此，早在 1983 年因特网就开始采用层次树状结构的命名方法，并使用分布式的域名系统 DNS 和客户机/服务器方式。DNS 使大多数名字都在本地解析（resolve），仅有少量解析需要在因特网上通信，因此 DNS 系统的效率很高。由于 DNS 是分布式系统，即使单个计算机出了故障，也不会妨碍整个 DNS 系统的正常运行。

5. 接入 Internet

从信息资源的角度，互联网是一个集各部门、各领域的信息资源为一体的，供网络用户共享的信息资源网。家庭用户或单位用户要接入互联网，可通过某种通信线路连接到 ISP，由 ISP 提供互联网的入网连接和信息服务。互联网接入是通过特定的信息采集与共享的传输通道，利用以下传输技术完成用户与 IP 广域网的高带宽、高速度的物理连接。

（1）ADSL

在通过本地环路提供数字服务的技术中，最有效的类型之一是数字用户线（Digital Subscriber Line，DSL）技术，也是目前运用最广泛的铜线接入方式。ADSL 即非对称数字用户线路，可直接利用现有的电话线路，通过 ADSL Modem 进行数字信息传输。理论速率可达到 8Mbps 的下行和 1Mbps 的上行，传输距离可达 4～5 公里。ADSL 2+速率可达 24Mbps 下行和 1Mbps 上行。另外，最新的 VDSL2 技术可以达到上下行各 100Mbps 的速率。特点是速率稳定、带宽独享、语音数据不干扰等，适用于家庭，个人等用户的大多数网络应用需求，可满足一些宽带业务包括 IPTV、视频点播（VOD）、远程教学、可视电话、多媒体检索、LAN 互联，Internet 接入等。

ADSL 技术具有以下一些主要特点：可以充分利用现有的电话线网络，通过在线路两端加装 ADSL 设备便可为用户提供宽带服务；它可以与普通电话线共存于一条电话线上，接听、拨打电话的同时能进行 ADSL 传输，而又互不影响；进行数据传输时不通过电话交换机，这样上网时就不需要缴付额外的电话费，可节省费用；ADSL 的数据传输速率可根据线路的情况进行自动调整，它以"尽力而为"的方式进行数据传输。

（2）ISP

ISP 全称为 Internet Service Provider，即因特网服务提供商，能提供拨号上网、网上浏览、下载文件、收发电子邮件等服务，是网络最终用户进入 Internet 的入口和桥梁。它包括 Internet 接入服务和 Internet 内容提供服务。这里主要是 Internet 接入服务，即通过电话线把计算机或其他终端设备连入 Internet。

由于接驳国际互联网需要租用国际信道，其成本对于一般用户是无法承担的。Internet 接入提供商作为提供接驳服务的中介，需投入大量资金建立中转站，租用国际信道和大量的当地电话线，购置一系列计算机设备，通过集中使用、分散压力的方式，向本地用户提供接驳服务。较大的 ISP 拥有他们自己的高速租用线路以至于很少依赖电信供应商，并且能够为他们的客户提供更好的服务。

（3）无线连接

无线连接是一种有线接入的延伸技术，使用无线射频（RF）技术越空收发数据，减少使用电线连接，因此无线网络系统既可达到建设计算机网络系统的目的，又可让设备自由安排和搬动。在公共开放的场所或者企业内部，无线网络一般会作为已存在有线网络的一个补充方式，装有无线网卡的计算机通过无线手段非常方便接入互联网。

目前，我国 3G 移动通信有三种技术标准，中国移动、中国电信和中国联通各使用自己的标准及专门的上网卡，网卡之间互不兼容。

 **课后练习**

1．关于 TCP/IP 协议，下列说法不正确的是＿＿。

　　A．Internet 采用的协议

　　B．TCP 协议用于保证信息传输的正确性，而 IP 协议用于转发数据包

　　C．所谓 TCP/IP 协议就是由这两种协议组成

　　D．使 Internet 上软硬件系统差别很大的计算机之间可以通信

2．在因特网上，一台计算机可以作为另一台主机的远程终端，使用该主机的资源，该项服务称为＿＿。

　　A．Telnet　　　　　B．BBS　　　　　C．FTP　　　　　D．WWW

3．根据域名代码规定，域名中的＿＿表示主要网络支持中心网站。

　　A．.net　　　　　B．.com　　　　　C．.gov　　　　　D．.org

4．IP 地址是＿＿。

　　A．接入 Internet 的计算机地址编号　　　B．Internet 中网络资源的地理位置

　　C．Internet 中的子网地址　　　　　　　D．接入 Internet 的局域网编号

5．下列四项中，合法的 IP 地址是＿＿。

　　A．190.220.5　　　　　　　　　　　B．206.53.3.78

　　C．206.53.312.78　　　　　　　　　D．123,43,82,220

6．IPv4 地址和 IPv6 地址的位数分别为＿＿。

　　A．4，16　　　　　B．8，24　　　　　C．16，64　　　　　D．32，128

7．域名 MH.BIT.EDU.CN 中主机名是＿＿。

　　A．MH　　　　　B．EDU　　　　　C．CN　　　　　D．BIT

8．Internet 中，用于实现域名和 IP 地址转换的是＿＿。

　　A．SMTP　　　　　B．DNS　　　　　C．Ftp　　　　　D．Http

9．要想把个人计算机用电话拨号方式接入 Internet，除有性能合适的计算机外，硬件上还应配置一个＿＿。

　　A．连接器　　　　　B．调制解调器　　　　　C．网卡　　　　　D．网关

10．在局域网中，各个节点计算机之间的通信线路是通过＿＿接入计算机的。

　　A．串行输入口　　　　　　　　　　　B．第一并行输入口

　　C．第二并行输入口　　　　　　　　　D．网络适配器（网卡）

11．电话拨号连接是计算机个人用户常用的接入因特网的方式。称为"非对称数字用户线"的接入技术的英文缩写是＿＿。

　　A．ADSL　　　　　B．ISDN　　　　　C．ISP　　　　　D．TCP

任务3 简单的 Internet 应用

任务描述

Intetnet 已经成为人们获取信息的主要渠道,人们习惯每天到一些感兴趣的网站上看看新闻,收发电子邮件,下载资料,与同事朋友在网上交流,等等。本任务将介绍 Internet 应用,学习如何上网和利用 Internet 检索信息、传输文件,掌握常用互联网应用的使用。

任务实施

1. 如何上网

（1）相关概念

1）万维网

WWW 是环球信息网的缩写,亦作"Web""WWW""W3",英文全称为"World Wide Web",中文名字为"万维网""环球网"等,常简称为 Web。分为 Web 客户端和 Web 服务器程序。WWW 可以让 Web 客户端（常用浏览器）访问浏览 Web 服务器上的页面——是一个由许多互相链接的超文本组成的系统,通过互联网访问。在这个系统中,每个有用的事物,称为一个"资源";并且由一个全局"统一资源标识符"（URI）标识;这些资源通过超文本传输协议（HyperText Transfer Protocol）传送给用户,而后者则通过单击链接来获得资源。

2）超文本和超链接

超文本传输协议（HTTP,HyperText Transfer Protocol）是互联网上应用最为广泛的一种网络协议。所有的 WWW 文件都必须遵守这个标准。设计 HTTP 最初的目的是为了提供一种发布和接收 HTML 页面的方法。1960 年美国人 Ted Nelson 构思了一种通过计算机处理文本信息的方法,并称之为超文本（hypertext）,这成为超文本传输协议标准架构的发展根基。Ted Nelson 组织协调万维网联盟（World Wide Web Consortium）和互联网工程工作小组（Internet Engineering Task Force）共同合作研究,最终发布了一系列的 RFC,其中著名的 RFC 2616 定义了 HTTP 1.1。

3）统一资源定位符

统一资源定位符一般指 URL,是对可以从互联网上得到的资源的位置和访问方法的一种简洁的表示,是互联网上资源的标准地址。互联网上的每个文件都有一个唯一的 URL,它包含的信息指出文件的位置以及浏览器应该怎么处理它。它最初是由蒂姆·伯纳斯·李发明用来作为万维网的地址,现在已经被万维网联盟编制为互联网标准 RFC 1738。

在因特网的历史上,统一资源定位符（URL）的发明是一个非常基础的步骤。统一资源定位符的语法是一般的,可扩展的,它使用 ASCII 代码的一部分来表示互联网的地址。一般统一资源定位符的开始标志着一个计算机网络所使用的网络协议。

统一资源定位符是统一资源标志符的一个变种。统一资源标志符确定一个资源,而统一资源定位符不但确定一个资源,而且还表示出它在哪里。

4）浏览器

浏览器是指可以显示网页服务器或者文件系统的 HTML 文件（标准通用标记语言的一个应用）内容，并让用户与这些文件交互的一种软件。它用来显示在万维网或局域网内的文字、图像及其他信息。这些文字或图像，可以是连接其他网址的超链接，用户可迅速及轻易地浏览各种信息。大部分网页为 HTML 格式。

一个网页中可以包括多个文档，每个文档都是分别从服务器获取的。大部分浏览器本身支持除了 HTML 之外的广泛的格式，例如 JPEG、PNG、GIF 等图像格式，并且能够扩展支持众多的插件（plug-ins）。另外，许多浏览器还支持其他的 URL 类型及其相应的协议，如 FTP、Gopher、HTTPS（HTTP 协议的加密版本）。HTTP 内容类型和 URL 协议规范允许网页设计者在网页中嵌入图像、动画、视频、声音、流媒体等。

国内常见的网页浏览器有 QQ 浏览器、Internet Explorer、Firefox、Safari、Opera、Google Chrome、百度浏览器、搜狗浏览器、猎豹浏览器、360 浏览器、UC 浏览器、傲游浏览器、世界之窗浏览器等，浏览器是最经常使用到的客户端程序。

5）FTP 文件传输协议

FTP 是 File Transfer Protocol（文件传输协议）的英文简称，而中文简称为"文传协议"。用于在 Internet 上控制文件的双向传输。同时，它也是一个应用程序（Application）。基于不同的操作系统有不同的 FTP 应用程序，而所有这些应用程序都遵守同一种协议以传输文件。在 FTP 的使用当中，用户经常遇到两个概念："下载"（Download）和"上传"（Upload）。"下载"文件就是从远程主机拷贝文件至自己的计算机上；"上传"文件就是将文件从自己的计算机中拷贝至远程主机上。用 Internet 语言来说，用户可通过客户机程序向（从）远程主机上传（下载）文件。

（2）浏览网页

1）IE 的启动和关闭

IE 浏览器可以通过单击快速启动栏上的 IE 图标或"开始"菜单中"所有程序"里面的 IE 图标来启动，如图 3-7 和图 3-8 所示。

图 3-7　快速启动栏中 IE

IE 浏览器的关闭可以通过单击 IE 窗口菜单栏右上角的按钮来完成，如图 3-9 所示。

如果当前 IE 浏览器打开了多个页面选项卡，在关闭 IE 时会弹出一个选择对话框，可以选择是关闭整个 IE 浏览器还是只关闭当前页面，如图 3-10 所示。

2）页面浏览

IE 浏览器在打开后一般会显示默认的主页，如果需要打开其他页面，可以在地址栏中输入相应页面的地址然后按下回车键，IE 浏览器将会打开指定的页面。下面以打开 http://www.163.com 地址为例，如图 3-11 所示。

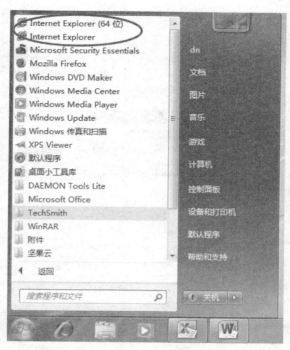

图 3-8　"开始"菜单中 IE

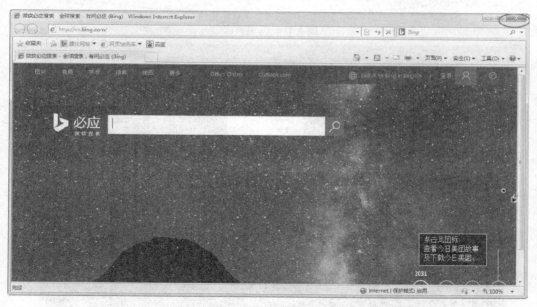

图 3-9　关闭 IE

（3）Web 页面的保存和阅读

1）保存 Web 页面

IE 浏览器可以把网页保存到计算机上，这样在没有网络的时候也能查看保存下来的网页。首先要使用 IE 浏览器的鼠标右键菜单中的选项来显示 IE 菜单栏，如图 3-12 所示。

图 3-10   关闭整个 IE

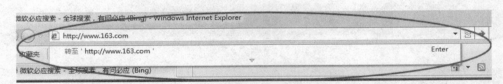

图 3-11   浏览页面

图 3-12   IE 菜单栏 1

在 IE 收藏夹空白位置单击鼠标右键，在弹出的快捷菜单中选择"菜单栏"，这样即可显示 IE 浏览器的菜单栏，如图 3-13 所示。

图 3-13　IE 菜单栏 2

打开要保存的页面，在"文件"菜单中选择"另存为"命令即可保存 Web 页面，如图 3-14所示。

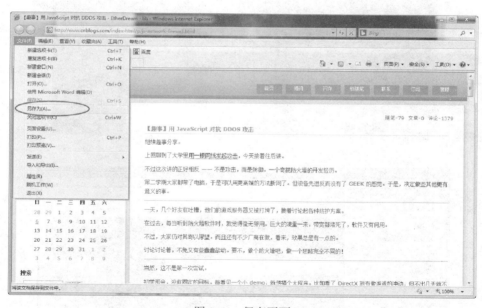

图 3-14　保存页面

在弹出的"保存网页"对话框中可以选择页面保存的位置，如图 3-15 所示。

选好文件位置，单击"保存"按钮即可保存 Web 页面。

2）打开 Web 页面

在保存的 Web 文件上双击鼠标即可打开 Web 页面，如图 3-16 所示。

还可以先打开 IE，在 IE 的"文件"菜单中选择"打开"命令，在弹出的"打开"对话框中单击"浏览"按钮，找到要打开的 Web 页面浏览，如图 3-17 至图 3-19 所示。

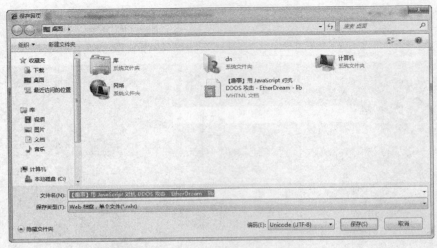

图 3-15　保存位置与类型

图 3-16　打开页面 1

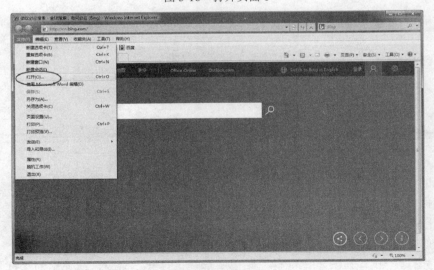

图 3-17　打开页面 2

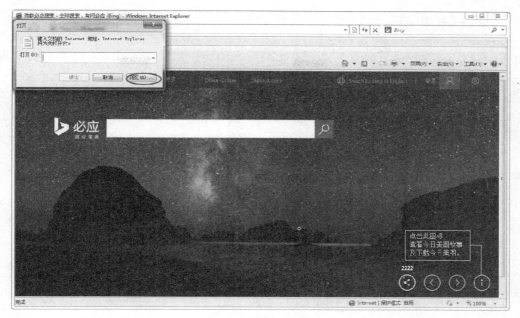

图 3-18　打开页面 3

图 3-19　打开页面 4

3）保存 Web 页面中的图片和音频

Web 页面中的图片可以通过 IE 右键菜单来保存，如图 3-20 所示。在 Web 页面中需要保存的图片上单击鼠标右键，在弹出的快捷菜单中选择"图片另存为"命令即可保存图片到本地计算机中。

图 3-20　保存页面图片

例题 3-1　Internet 基本操作题

（操作视频请扫旁边二维码）

例题 3-1

某模拟网站的主页地址是：HTTP://LOCALHOST/oeintro.htm，打开此主页，浏览"设置多个标识"页面，查找"添加新标识"的页面内容，并将它以文本文件的格式保存到考生文件夹下，命名为"rjbb.txt"。

操作方法：

①打开 Internet Explorer。

②在"地址栏"中输入"HTTP://LOCALHOST/oeintro.htm"，按 Enter 键。

③单击"设置多个标识"，进入该页面后单击"添加新标识"。

④在"文件"菜单下选择"另存为"命令，打开"另存为"对话框。

⑤选择"保存为"的路径为考生文件夹，选择"保存类型"为"文本文件"，在"文件名"框中输入"rjbb.txt"。

⑥单击"保存"按钮，完成保存。

知识点：

①IE 的启动和关闭；

②页面浏览；

③打开 Web 页面；

④保存 Web 页面。

注意事项：

存页面时注意选择保存类型。

例题 3-2 Internet 基本操作题

（操作视频请扫旁边二维码）

例题 3-2

打开 http://localhost/car.htm 页面，找到名为"奔驰 C 级"的汽车照片，将该照片保存至考生文件夹下，重命名为"奔驰.jpg"。

操作方法：

①打开 Internet Explorer。

②在"地址栏"中输入"http://localhost/car.htm"，按 Enter 键。

③右击页面中名为"奔驰 C 级"的汽车图片，在弹出的快捷菜单中选择"图片另存为"命令，打开"另存为"对话框。

④选择"保存在"的路径为考生文件夹，选择"保存类型"为"JPEG(*.jpg)"，在"文件名"框中输入"奔驰.jpg"。

⑤单击"保存"按钮，完成保存。

知识点：
　①IE 的启动和关闭。
　②页面浏览。
　③打开 Web 页面。
　④保存 Web 页面中的图片和音频。

注意事项：
　保存图片时注意选择保存类型。

例题 3-3 Internet 基本操作题

（操作视频请扫旁边二维码）

例题 3-3

打开 http://localhost/index.htm 页面，浏览网页，并将该网页以 index.htm 格式保存到考生文件夹下。

操作方法：

①打开 Internet Explorer。

②在"地址栏"中输入"http://localhost/index.htm"，按 Enter 键。

③进入该页面后单击浏览器中"文件"→"保存"菜单项，将该网页以 index.htm 格式保存到考生文件夹下。

知识点：
　①IE 的启动和关闭。
　②页面浏览。
　③打开 Web 页面。
　④保存 Web 页面。

注意事项：
　网页以原始类型保存。

（4）更改主页

所谓主页指的是浏览器启动后随即自动打开的一个页面，IE 浏览器的主页地址可以在"Internet 选项"对话框中修改。"Internet 选项"对话框的开启如图 3-21 所示。

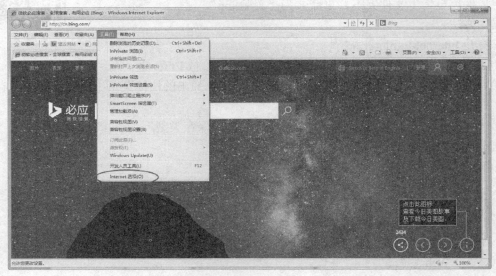

图 3-21　更改 IE 主页

在"Internet 选项"对话框的"主页"框中输入希望设置主页的地址，然后单击"应用"按钮即可设置主页。

（5）历史记录

所谓历史记录指的是 IE 浏览器保存的用户访问过的网站的地址。IE 浏览器的历史记录可以通过以下步骤打开。

首先打开"收藏夹"栏，如图 3-22 所示。

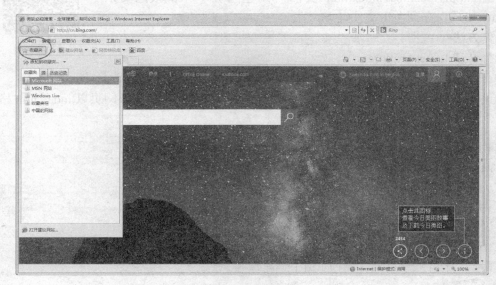

图 3-22　历史记录 1

再单击"历史记录"选项卡即可查看历史记录，如图 3-23 所示。

在历史记录列表中单击页面名称即可再次访问对应网页。

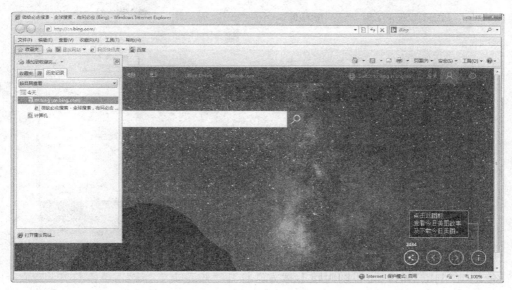

图 3-23　历史记录 2

（6）收藏夹

　　IE 浏览器中的收藏夹可以用来保存访问过的网页的地址。在浏览到感兴趣的页面并希望收藏时，可以单击浏览器上的收藏按钮打开收藏夹窗口，并单击"添加到收藏夹"按钮将当前页面地址放入收藏夹。以 IE11 为例，如图 3-24 和图 3-25 所示。

图 3-24　收藏夹 1

图 3-25　收藏夹 2

　　在使用 IE 浏览器时，可以随时按上述方法打开"收藏夹"窗格，单击打开收藏的网页。下面以打开收藏夹中的"hao123 网址导航"为例，如图 3-26 所示。

图 3-26　收藏夹 3

　　2．信息检索

　　信息检索（Information Retrieval）是指将信息按一定的方式组织起来，并根据用户的需要从信息资源的集合中查找所需文献或查找所需文献中包含的信息内容的过程和技术。狭义的信息检索就是信息检索过程的后半部分，即从信息集合中找出所需要的信息的过程，也就是常说的信息查询（Information Search 或 Information Seek）。

　　在互联网时代，信息检索更多的是指通过 Web 搜索引擎查找信息。目前在我国广泛使用的搜索引擎是百度（www.baidu.com）和必应（www.bing.com）。下面以百度为例看看如何使用搜索引擎检索信息。

首先通过网址打开搜索引擎，如在 IE 地址栏中输入"http://www.baidu.com"并回车，可以打开百度搜索引擎的主页，如图 3-27 所示。

图 3-27　信息检索 1

一般来说，搜索引擎的主页上只有一个文本框，这个文本框就是输入搜索关键字的位置，将关键字输入到该文本框并回车即可开始检索相关信息。以检索"javascript"关键字为例，如图 3-28 所示。

图 3-28　信息检索 2

上图搜索结果页面中下部方框中的内容为检索结果，单击结果标题即可跳转到相应页面。

下部方框部分为检索分类，可以选择在不同的类别中检索信息。在顶部的搜索框中可以输入新的关键字开始新的检索。

3. FTP 传输文件

使用 FTP 传输文件需要登录 FTP 服务器。登录 FTP 服务器可以通过 IE 浏览器来完成，以武汉电信测速用的 FTP 服务器为例，地址为：ftp://202.103.37.14，用户名为：m10，密码为：WhDxKdCs!。

首先打开 IE 浏览器，然后输入 FTP 服务器地址并按回车键，如图 3-29 所示。

图 3-29　使用 FTP

在弹出的对话框中输入用户名和密码并单击"登录"按钮。登录完成后即可以看到图 3-30。

图 3-30　使用 FTP

该页面显示列表即为 FTP 服务器上可供下载的文件，单击文件名即可开始下载文件。

按照上图页面中的提示可以在 Windows 资源管理器中打开 FTP 站点，重新输入用户名和密码后即可成功登录，如图 3-31 所示。

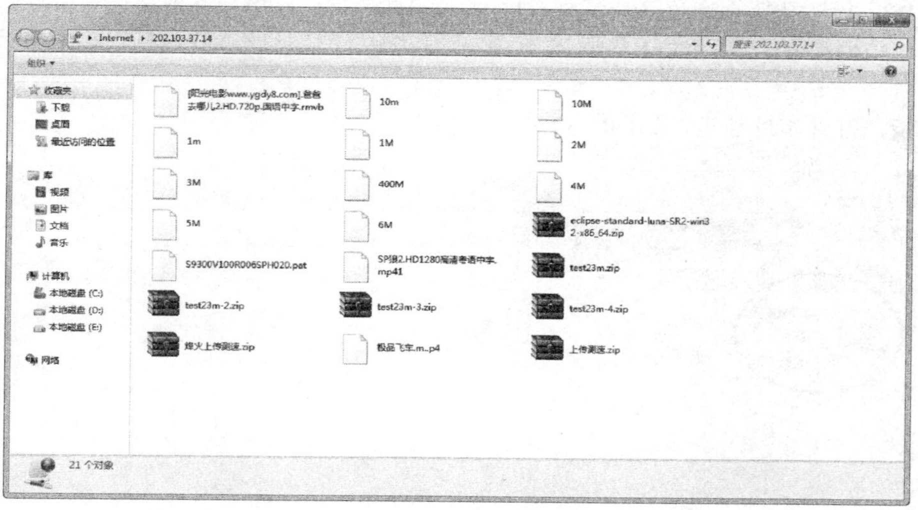

图 3-31　FTP 上传文件

如果该 FTP 服务器开放了文件上传的权限的话，将本地计算机中的文件拖放到上图所示的窗口中即可将文件上传到 FTP 服务器。

4. 组建局域网

局域网（Local Area Network，LAN）是指在某一区域内由多台计算机互联成的计算机组。局域网可以实现文件管理、应用软件共享、打印机共享、工作组内的日程安排、电子邮件和传真通信服务等功能。局域网是封闭型的，可以由办公室内的两台计算机组成，也可以由一个公司内的上千台计算机组成。

（1）制作与安装网线

准备好压线钳、水晶头（也叫 RJ45）、测试仪及根据设置之间的距离情况制作若干根网线；网线在连接设备时要先通过测试仪测试网线的连通性。

网线的接头（也叫水晶头、RJ45）常用两种做法：

568A

把网线剥开，从左到右的排列顺序为：白绿、绿、白橙、蓝、白蓝、橙、白棕、棕。

568B

把网线剥开，从左到右的排列顺序为：白橙、橙、白绿、蓝、白蓝、绿、白棕、棕。

现在基本所有设备都能自动识别布线方式，所以做成哪一种都可以，保证两端做法一致即可。

网线做好后，请用网线将 ADSL（标准叫调制解调器）的 LINE 口与路由器的 WLAN 口相连接，路由器与集线器的 LAN 口连接起来，集线器与电脑网卡接口连接起来。

（2）设置 IP 地址

IP 地址有两种分配方式：动态地址分配与静态地址分配，目前用动态地址分配的方式最多，动态地址分配只要设置好路由器就可以了，所以这步就不需要再操作。

静态地址分配方法：在局域网中一般静态 IP 地址的推荐范围是"192.168.1.1～

192.168.1.254"，每台计算机需要分配一个唯一的 IP 地址，子网掩码为"255.255.255.0"，DNS 为"192.168.1.1"，其他各项按默认处理。IP 地址配置路径：右击"本地连接"，进入"本地连接属性"对话框，双击"Internet 协议版本 4（TCP/IP）"，打开设置对话框，输入 IP 地址和子网掩码。

第一步，打开本地连接，如图 3-32 所示。

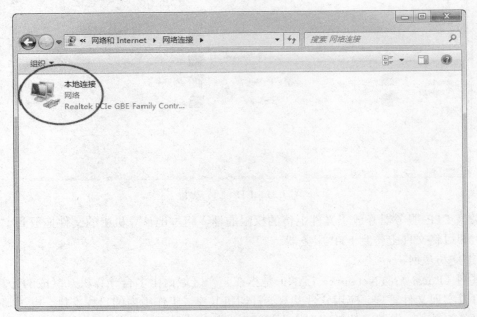

图 3-32　打开本地连接

第二步，单击"属性"按钮，如图 3-33 所示。

图 3-33　打开属性

第三步，选中"Internet 协议版本 4"，单击"属性"按钮，如图 3-34 所示。

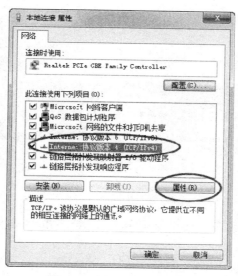

图 3-34　打开"IPv4"属性

第四步，填写 IP 地址，单击"确定"按钮，如图 3-35 所示。

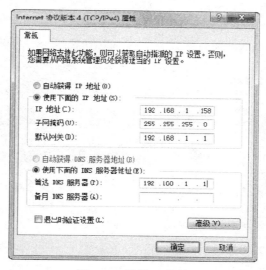

图 3-35　设置 IP 地址

（3）设置网络资源共享

在 Win7 系统中，首先需要打开"网络共享中心"，然后单击进入"更改共享设置"，接下来确认关闭密码访问，下一步确认在公用组也关闭密码共享，打开"资源管理器"，在 D 盘中建立一个新的文件夹，命名为"共享文件夹"，右击新建的文件夹，并在快捷菜单中选择"共享与安全"，在弹出的对话框中选择"在网络上共享这个文件夹"，共享名为"共享文件夹"，确定后，文件夹上会出现被手托住的图标，表示该文件夹已设为网络共享。

5．聊天软件使用

（1）下载、安装、设置即时通信软件

目前最流行的即时通信软件是腾讯公司的 QQ，QQ 可以在腾讯公司的官方网站上下载，网址为 http://im.qq.com/download/，如图 3-36 所示。

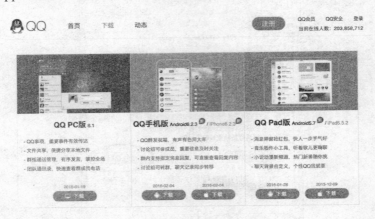

图 3-36　QQ 下载页面

下载完成后，双击下载好的文件即可安装，在安装过程中可根据软件提示单击"下一步"按钮直到安装完成。

（2）申请注册即时通信软件账号

用浏览器打开网址 http://zc.qq.com/chs/index.html 即可注册 QQ 账号，如图 3-37 所示，根据页面提示填好信息即可完成注册。

图 3-37　QQ 下载页面

（3）使用即时通信软件与他人进行即时交流

打开 QQ，在弹出的登录窗口中输入上一步注册完成的 QQ 号和密码即可登录 QQ，登录成功后即可与他人即时交流。

（4）通过远程控制进行远程协助

打开 QQ 的聊天窗口后，可以单击上面的"远程桌面"按钮，在弹出的菜单中选择"请求控制对方电脑"或"邀请对方远程协作"来远程协作对方计算机或请对方远程协作自己的计算机，远程协助需要有对方同意才能开始，如图 3-38 和图 3-39 所示。

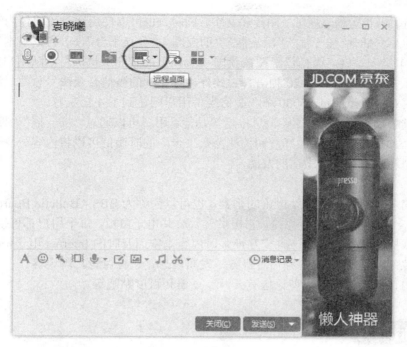

图 3-38　远程协助 1

图 3-39　远程协助 2

6. 微信

微信（WeChat）是腾讯公司于 2011 年 1 月 21 日推出的一个为智能终端提供即时通信服务的免费应用程序，微信支持跨通信运营商、跨操作系统平台通过网络快速发送免费（需消耗少量网络流量）语音短信、视频、图片和文字，同时，也可以使用通过流媒体内容共享的资料和基于位置的社交插件"摇一摇""漂流瓶""朋友圈""公众平台""语音记事本"等服务插件。截止到 2015 年第一季度，微信已经覆盖我国 90%以上的智能手机，月活跃用户达到 5.49 亿，用户覆盖 200 多个国家、超过 20 种语言。此外，各品牌的微信公众账号总数已经超过 800 万个，移动应用对接数量超过 85000 个，微信支付用户则达到了 4 亿左右。

微信提供公众平台、朋友圈、消息推送等功能，用户可以通过"摇一摇""搜索号码""附近的人"、扫二维码等方式添加好友和关注公众平台，同时微信可以将内容分享给好友以及将用户看到的精彩内容分享到微信朋友圈。

7. 论坛

论坛可简单理解为发帖回帖讨论的平台，也可以简称为 BBS（Bulletin Board System），是 Internet 上的一种电子信息服务系统。它提供一块公共电子白板，每个用户都可以在上面书写，可发布信息或提出看法。它是一种交互性强，内容丰富而及时的 Internet 电子信息服务系统，用户在 BBS 站点上可以获得各种信息服务，发布信息，进行讨论，聊天等。

目前国内访问量较高的大型论坛有天涯、豆瓣和百度贴吧等。

1. 浏览 Web 的软件称为____。
　　A．HTML 解释器　　　　　　　　　B．Web 浏览器
　　C．Explorer　　　　　　　　　　　D．Netscape Navigator
2. 从网上下载软件时，使用的网络服务类型是____。
　　A．文件传输　　　　　　　　　　　B．远程登录
　　C．信息浏览　　　　　　　　　　　D．电子邮件
3. Http 是____。
　　A．网址　　　　　　　　　　　　　B．域名
　　C．高级语言　　　　　　　　　　　D．超文本传输协议
4. 能保存网址的文件夹是____。
　　A．收件箱　　　　B．公文包　　　　C．我的文档　　　　D．收藏夹
5. FTP 是因特网中____。
　　A．用于传送文件的一种服务　　　　B．发送电子邮件的软件
　　C．浏览网页的工具　　　　　　　　D．一种聊天工具
6. Internet 基本操作题

某模拟网站的主页地址是：HTTP://LOCALHOST/index.htm，打开此主页，浏览"在计算机上保存网页"页面，并将它的内容以文本文件的格式保存到考生文件夹下，命名为"tkzz.txt"。

7. Internet 基本操作题

打开 http://localhost/show.htm 页面浏览，在考生文件夹下新建文本文件，命名为"剧情介绍.txt"，将页面中剧情介绍部分的文字复制到文本文件中，保存，并将电影海报照片保存到考生文件夹下，命名为"电影海报.jpg"。

8. Internet 基本操作题

浏览 http://localhost/show.htm 页面，并将当前网页以"test1.htm"保存在考生文件夹下。

任务 4　收发电子邮件

任务描述

通过本任务的学习了解什么是电子邮件，掌握如何通过浏览器和 Outlook 收发电子邮件。

任务实施

1. 电子邮件概述和基本原理

（1）基本原理

电子邮件（electronic mail，简称 E-mail）又称电子信箱、电子邮政，它是一种用电子手段提供信息交换的通信方式，是 Internet 应用最广的服务。通过网络的电子邮件系统，用户可以以非常快速的方式（几秒钟之内可以发送到世界上任何指定的目的地），与世界上任何一个角落的网络用户联系，这些电子邮件可以是文字、图像、声音等各种方式。电子邮件是整个网间网以及所有其他网络系统中直接面向人与人之间信息交流的系统，它的数据发送方和接收方都是人，所以极大地满足了大量存在的人与人之间通信的需求。

电子邮件的工作过程遵循客户/服务器模式。每份电子邮件的发送都要涉及到发送方与接收方，发送方构成客户端，而接收方构成服务器，服务器含有众多用户的电子信箱。发送方通过邮件客户程序，将编辑好的电子邮件向邮局服务器（SMTP 服务器）发送。邮局服务器识别接收方的地址，并向管理该地址的邮件服务器（POP3 服务器）发送消息。邮件服务器将消息存放在接收方的电子信箱内，并告知接收方有新邮件到来。接收方通过邮件客户程序连接到服务器后，就会看到服务器的通知，进而打开自己的电子信箱来查收邮件。

通常 Internet 上的个人用户不能直接接收电子邮件，而是通过申请 ISP 主机的一个电子信箱，由 ISP 主机负责电子邮件的接收。一旦有用户的电子邮件到来，ISP 主机就将邮件移到用户的电子信箱内，并通知用户有新邮件。因此，当发送一封电子邮件给另一个客户时，电子邮件首先从用户计算机发送到 ISP 主机，再到 Internet，再到收件人的 ISP 主机，最后到收件人的个人计算机。

ISP 主机起着"邮局"的作用，管理着众多用户的电子信箱。每个用户的电子信箱实际上就是用户所申请的账号名。每个用户的电子邮件信箱都要占用 ISP 主机一定容量的硬盘空间，由于这一空间是有限的，因此用户要定期查收和阅读电子信箱中的邮件，以便腾出空间来接收新的邮件。

（2）电子邮件地址

以 USER@163.com 为例，电子邮件地址的格式由三部分组成，第一部分"USER"代表用户信箱的账号，对于同一个邮件接收服务器来说，这个账号必须是唯一的；第二部分"@"是分隔符；第三部分是用户信箱的邮件接收服务器域名，用以标志其所在的位置。

（3）电子邮件格式

邮件是传递信息最详细、最快捷的方式，但如果使用不当反而会弄巧成拙。掌握写邮件的技巧，把信息完整地表达出来，让领导、同事都能从邮件里面看到自己对工作的努力和突出的表现。

一封邮件的基本内容通常分为三部分：收件人、主题、正文。

收件人。收件人为传递信息或发布任务的对象。除了收件人之外还可以同时抄送给其他人，抄送对象要看邮件重要程度而定。

主题。主题要突出邮件的主旨，要让别人一看到这个主题就能大概知道想传递的是什么事情，如：关于"……"的安排，或者针对"……"的建议。意思明确，引人注目。

正文。首先是尊称，如：尊敬的领导、亲爱的同事等，如果是领导或者长辈就说"您好"，如果是一般的同事就说"你好"。礼貌是最重要的，不管是对领导还是对同事。然后就是正文的内容，要分主次，先总体表达要传递的意思，再用"第一/第二/第三/……"的格式详细描述，别人读来也会觉得思路清晰、主次清晰。最后以祝福语结尾，再注明写邮件日期和写邮件的人。

附件。如果想要表达的信息或者材料内容较多，也可以作为附件添加进去。在正文里面说的太多，反而让别人不容易抓住重点，对于工作繁忙的人来说，更没时间去慢慢看了。

（4）电子邮件协议

SMTP（Simple Mail Transfer Protocol）：主要负责底层的邮件系统如何将邮件从一台机器传至另一台机器。

POP（Post Office Protocol）：目前的版本为POP3，POP是把邮件从电子邮箱中传输到本地计算机的协议。

IMAP（Internet Message Access Protocol）：目前的版本为IMAP4，是POP3的一种替代协议，提供了邮件检索和邮件处理的新功能，这样用户可以完全不必下载邮件正文就可以看到邮件的标题摘要，从邮件客户端软件就可以对服务器上的邮件和文件夹目录等进行操作。IMAP增强了电子邮件的灵活性，同时也减少了垃圾邮件对本地系统的直接危害，同时相对节省了用户查看电子邮件的时间。除此之外，IMAP可以记忆用户在脱机状态下对邮件的操作（例如移动邮件、删除邮件等），在下一次打开网络连接的时候会自动执行。

当前的两种邮件接收协议和一种邮件发送协议都支持安全的服务器连接。在大多数流行的电子邮件客户端程序里面都集成了对SSL（Secure Sockets Layer，安全套接层）连接的支持。

除此之外，很多加密技术也应用到电子邮件的发送接受和阅读过程中。它们可以提供128～2048位不等的加密强度。无论是单向加密还是对称密钥加密都得到广泛支持。

（5）申请电子邮箱

目前国内各大门户网站都有提供免费的电子邮件服务，无论是谁只要能够连上因特网就能注册使用电子邮件。以注册网易（http://www.163.com）的邮箱为例，打开网站首页后单击"注册免费邮箱"链接即可进入邮箱注册页面，如图3-40所示。

在邮箱注册页面可选择注册字母邮箱、手机号邮箱或VIP邮箱，填好信息后单击"立即注册"即可，如图3-41所示。

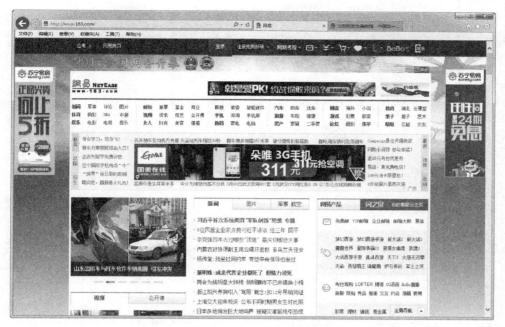

图 3-40　注册电子邮件 1

图 3-41　注册电子邮件 2

在注册成功页面单击"跳过这一步直接进入邮箱"链接即可进入新注册的邮箱，如图 3-42、图 3-43 所示。

图 3-42　注册电子邮件 3

图 3-43　注册电子邮件 4

2. 通过 IE 收发电子邮件

现在绝大多数的电子邮件都是可以通过浏览器接收和发出的，以微软公司提供的 hotmail 邮件服务为例，成功登录后即可进入邮箱主页。单击左侧的收件箱链接即可查看所有收到的邮件，单击右侧的邮件标题即可查看邮件具体内容，如图 3-44 所示。

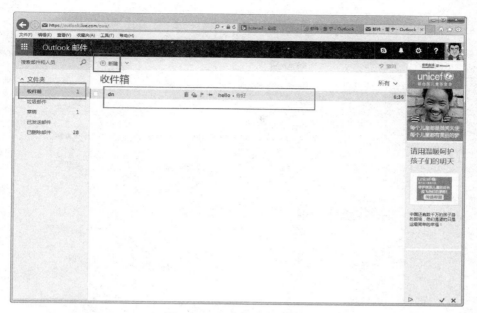

图 3-44　IE 收发电子邮件 1

　　单击"新建"按钮可以进入到新邮件编写页面,填好"收件人""主题"和"邮件正文"后单击"发送"按钮即可将邮件发出,如图 3-45 所示。

图 3-45　IE 收发电子邮件 2

3. Outlook 2010 的使用

(1)账号设置

　　Outlook 2010 是微软公司开发的电子邮件收发客户端,在使用前需要用一个已有的电子邮件账户登录,具体步骤如下:

首先打开 Outlook 2010，单击"文件"→"信息"，如图 3-46 所示。

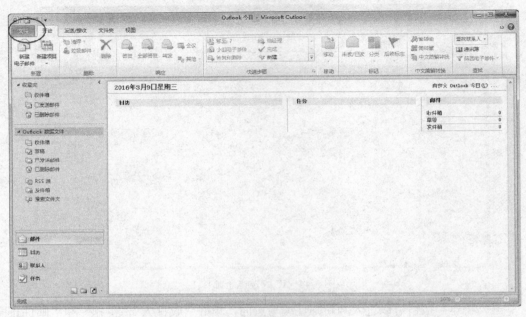

图 3-46　账户设置 1

下一步，单击"账户信息"下面的"账户设置"，如图 3-47 所示。

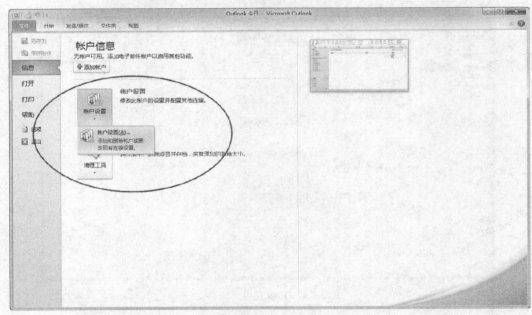

图 3-47　账户设置 2

在打开的"账户设置"对话框中单击"新建"，如图 3-48 所示。

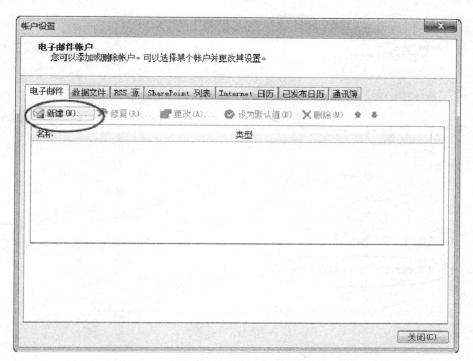

图 3-48　账户设置 3

接下来，选择"电子邮件账户"，单击"下一步"，如图 3-49 所示。

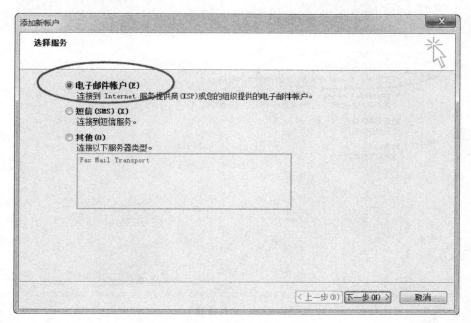

图 3-49　账户设置 4

接下来，选择"手动配置服务器设置或其他服务器类型"，单击"下一步"，如图 3-50 所示。

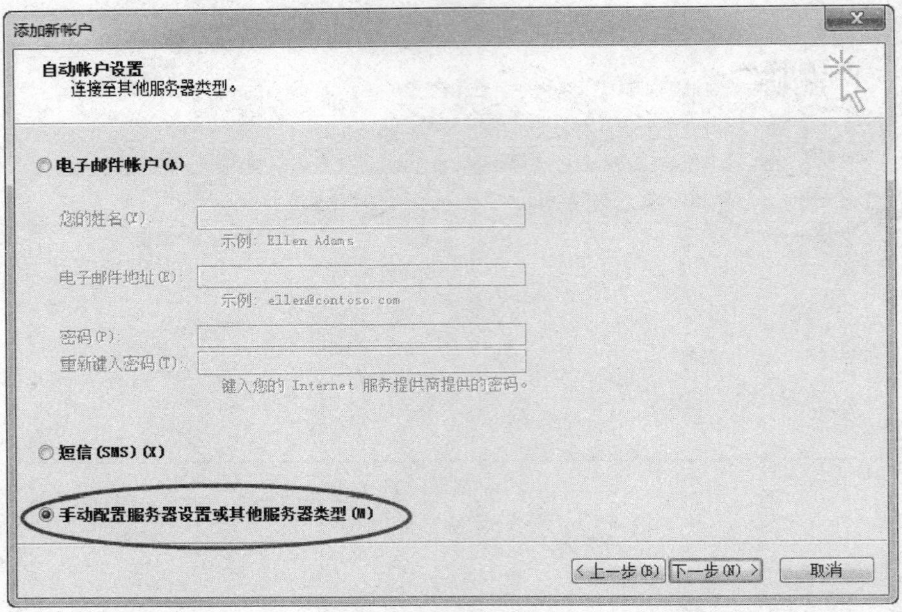

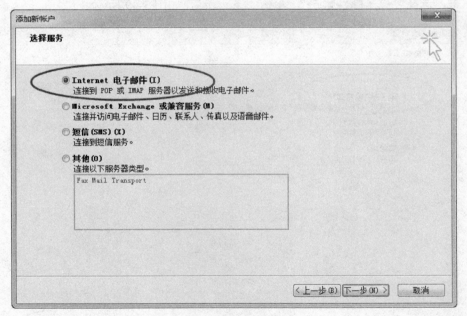

图 3-50　账户设置 5

接下来，选择"Internet 电子邮件"，单击"下一步"，如图 3-51 所示。

图 3-51　账户设置 6

进入"Internet 电子邮件设置"对话框后填入如图 3-52 所示的信息。

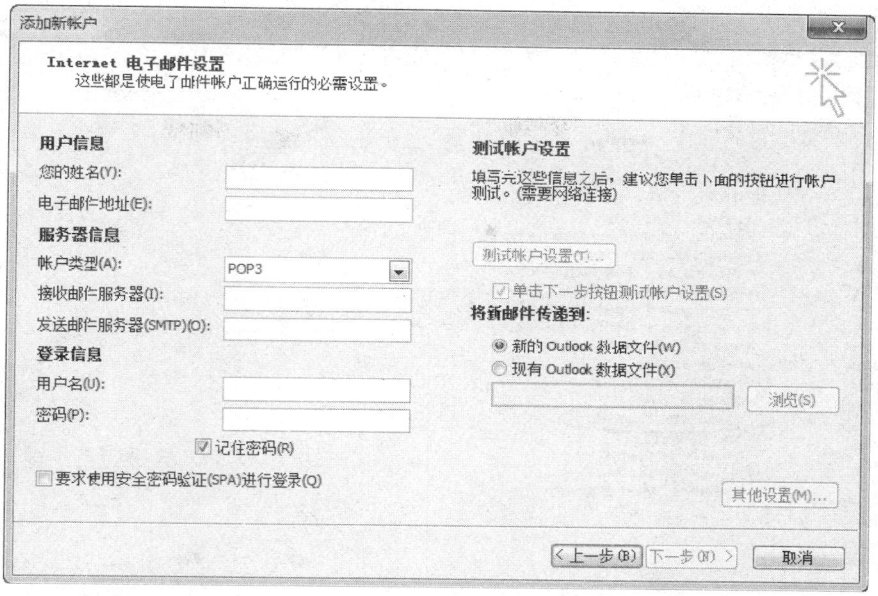

图 3-52　账户设置 7

电子邮件地址：填写完整的邮件地址，@后面的部分也要，如：123456789@qq.com；

账户类型：目前常用的是 IMAP；

接收邮件服务器和发送邮件服务器：一般在申请的邮箱的帮助中心可以查到具体地址，以 QQ 邮箱为例，进入其帮助中心页面（http://service.mail.qq.com/），在"客户端设置"栏中可以找到需要的信息，如图 3-53 至图 3-55 所示。

图 3-53　账户设置 8

图 3-54　账户设置 9

图 3-55　账户设置 10

用户名：一般填写@前面的部分就可以了。

密码：电子邮件账户对应的密码。

下一步，单击"其他设置"，在打开的"高级"选项卡中，按图 3-56 所示填入服务器端口号和选择加密连接类型。

图 3-56　账户设置 11

确定后单击"下一步"即可完成账号设置。

（2）发送邮件

完成账号设置后即可使用 Outlook 2010 发送邮件。启动 Outlook 2010 后可以单击"新建电子邮件"打开邮件编写窗口，如图 3-57 所示。

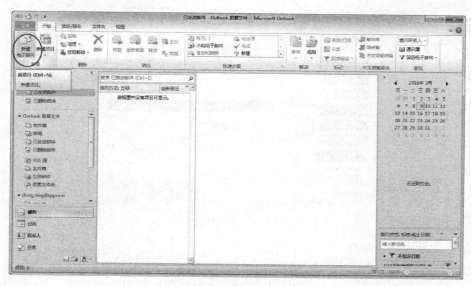

图 3-57　发送邮件 1

在邮件编写窗口填好收件人邮件地址、邮件主题和邮件正文后单击"发送"按钮即可完成邮件发送，如图 3-58 所示。

（3）接收和阅读邮件

Outlook 2010 启动后会自动接收设置的邮箱账号的邮件，在左侧的导航栏找到设置好的邮箱账号下对应的"收件箱"并选中，如图 3-59 所示，此时窗口第二栏会显示所有收到的邮件，选中想要查看的邮件的标题即可在窗口第三栏显示邮件正文。

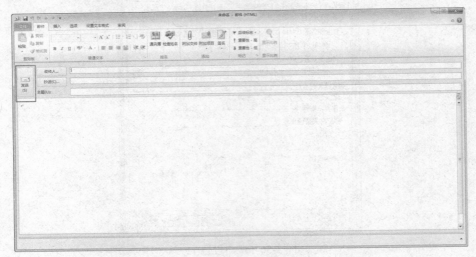

图 3-58　发送邮件 2

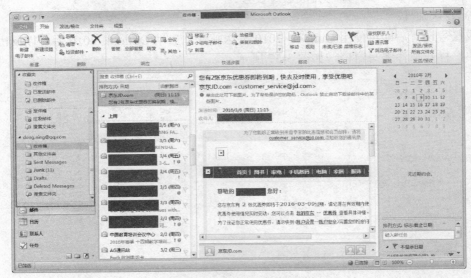

图 3-59　接收和阅读邮件

（4）在邮件中插入附件

启动 Outlook 2010 后可以单击"新建电子邮件"打开邮件编写窗口，单击"附加文件"，如图 3-60 所示，即可打开"插入文件"对话框，选择将要作为附件的文件，单击"插入"即可为当前邮件添加附件，如图 3-61 所示。

（5）密件抄送

启动 Outlook 2010 后可以单击"新建电子邮件"打开邮件编写窗口，单击"抄送"，如图 3-62 所示，即可打开"选择联系人"对话框，在"密件抄送"文本框里填入需要密件抄送的邮件地址，如图 3-63 所示，单击"确定"按钮，即可为当前邮件添加一个密件抄送地址，如图 3-64 所示。

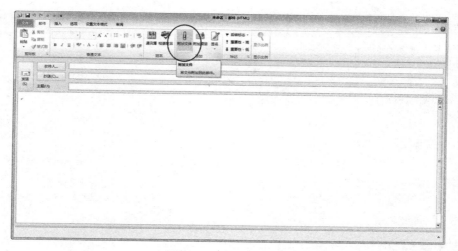

图 3-60　插入附件 1

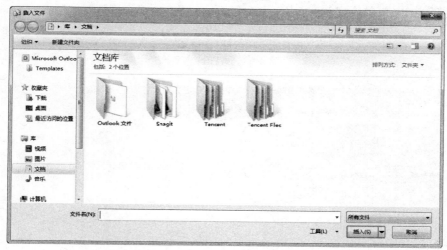

图 3-61　插入附件 2

图 3-62　密件抄送 1

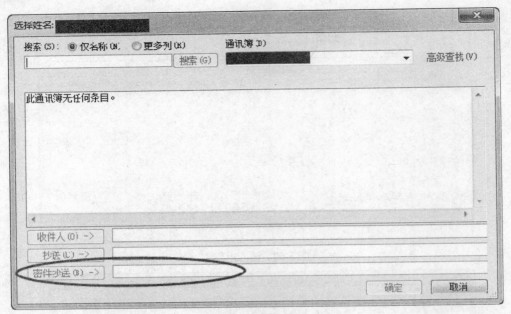

图 3-63　密件抄送 2

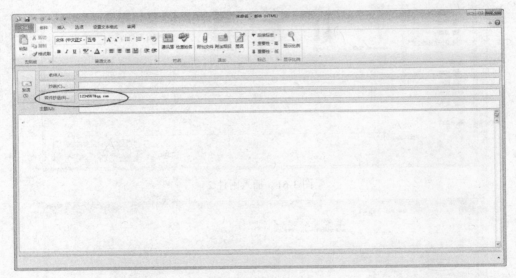

图 3-64　密件抄送 3

（6）保存邮件

启动 Outlook 2010 后可以单击"新建电子邮件"打开邮件编写窗口，单击"保存"按钮，如图 3-65 所示，即可将当前邮件存入草稿箱，如图 3-66 所示，双击保存的邮件即可打开邮件编写窗口继续编写邮件。

（7）回复和转发邮件

启动 Outlook 2010 后进入收件箱，在中间邮件列表栏选中需要回复的邮件，单击"答复"按钮即可回复邮件，单击"转发"按钮即可转发邮件，如图 3-67 所示。

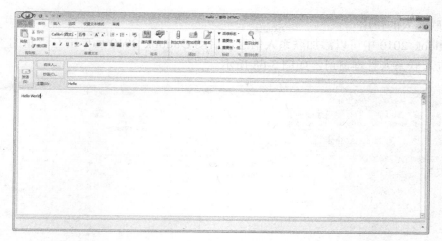

图 3-65　保存邮件 1

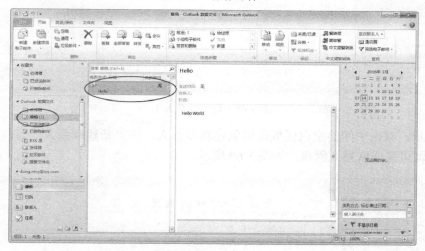

图 3-66　保存邮件 2

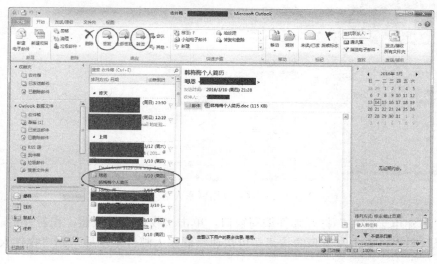

图 3-67　回复和转发邮件

（8）联系人的使用

在 Outlook 2010 中可以添加联系人信息，启动 Outlook 2010 后单击左下角的"联系人"图标即可进入联系人管理窗口，如图 3-68 所示。

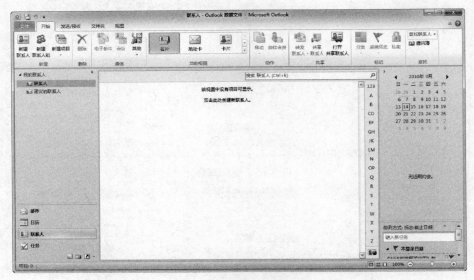

图 3-68　使用联系人 1

根据提示，双击中间的空白区域即可创建新联系人，在"新建联系人"窗口填好联系人信息并保存即可完成联系人创建，如图 3-69 所示。

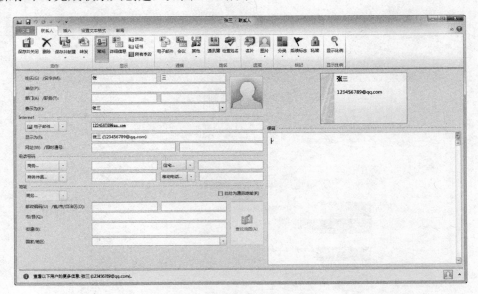

图 3-69　使用联系人 2

单击"新建电子邮件"打开邮件编写窗口，单击"收件人"按钮，在打开的联系人选择窗口中选择联系人，单击左下角的按钮即可快速将联系人邮件地址插入到"收件人""抄送"或"秘密抄送"中。

例题 3-4　E-mail 基本操作题

（操作视频请扫旁边二维码）

例题 3-4

接收并阅读由 xuexq@mail.neea.edu.cn 发来的 E-mail，并立即转发给王国强。

王国强的 E-mail 地址为：wanggq@mail.home.net。

操作方法：

①打开 Outlook 2010。

②单击"工具栏"上的"发送/接收"按钮下的"发送/接收所有文件夹"。

③右键单击要转发的邮件，选择"转发"。

④在收件人中输入：wanggq@mail.home.net。

⑤单击"发送"按钮，单击"工具栏"上的"发送/接收"按钮下的"发送/接收所有文件夹"，完成发送。

知识点：

使用 Outlook 2010 接收与转发邮件。

注意事项：

①接收邮件必须单击"发送/接收所有文件夹"，才能正确接收；并不能从考生文件夹直接打开文件，否则此处将无分；

②如果发送的邮件停留在发件箱内，则发送邮件必须单击"发送/接收所有文件夹"，才能正确发送，否则邮件只是保存到发件箱内，并没有发送出去。

例题 3-5　E-mail 基本操作题

（操作视频请扫旁边二维码）

例题 3-5

接收并阅读由 guoj@sina.com 发来的 E-mail，并立即回复，回复内容："使用 Office XP 软件可以在 Windows NT 下使用。"。

操作方法：

①打开 Outlook 2010；

②单击"工具栏"上的"发送/接收"按钮下的"发送/接收所有文件夹"；

③在邮件列表中单击该邮件；

④单击"开始"菜单下的"答复"按钮；

⑤在回复邮件窗口中输入回复的文字"使用 Office XP 软件可以在 Windows NT 下使用。"；

⑥单击"发送"按钮，单击"工具栏"上的"发送/接收"按钮下的"发送/接收所有文件夹"，完成发送。

知识点：

使用 Outlook 2010 回复邮件。

注意事项：

　　操作时，注意输入文字需要包括文字中的所有标点符号，否则无分。

例题 3-6　E-mail 基本操作题

（操作视频请扫旁边二维码）

　　接收并阅读由 xuexq@mail.neea.edu.cn 发来的 E-mail，并将随信发来的附件以文件名 jsz.txt 保存到考生文件夹下。

　　操作方法：

①打开 Outlook 2010；

②单击"工具栏"上的"发送/接收"按钮下的"发送/接收所有文件夹"；

③双击来自 xuexq@mail.neea.edu.cn 的邮件，右击附件，单击"另存为"命令；

④选择路径为考生文件夹；

⑤输入"文件名"为"jsz.txt"，单击"保存"按钮；完成题目要求操作。

例题 3-6

知识点：

　　使用 Outlook 2010 接收邮件并保存。

注意事项：

　　操作时，注意选择正确的邮件，保存附件时文件名不要拼错。

例题 3-7　E-mail 基本操作题

（操作视频请扫旁边二维码）

　　接收并阅读由 xuexq@mail.neea.edu.cn 发来的 E-mail，将来信内容以文本文件 exin.txt 保存在考生文件夹下。

　　操作方法：

①打开 Outlook 2010；

②单击"工具栏"上的"发送/接收"按钮下的"发送/接收所有文件夹"；

③在邮件列表中单击该邮件；

④在"文件"菜单下单击"另存为"命令；

⑤选择"保存在"下拉列表框中的路径为考生文件夹；

⑥选择保存类型为"文本文件"，输入"文件名"为"exin.txt"，单击"保存"按钮；完成题目要求操作。

例题 3-7

知识点：

　　使用 Outlook 2010 接收邮件并保存。

注意事项：

　　操作时，注意选择正确的邮件，保存时文件名不要拼错。

例题 3-8　E-mail 基本操作题

（操作视频请扫旁边二维码）

向老同学发一个 E-mail，邀请他来参加母校 50 周年校庆。

具体如下：

例题 3-8

【收件人】Hangwg@mail.home.com

【主题】邀请参加校庆

【邮件内容】今年 8 月 26 日是母校 50 周年，邀请你来母校共同庆祝。

操作方法：

①打开 Outlook 2010；

②单击"工具栏"上的"新建电子邮件"按钮；

③在收件人中输入"Hangwg@mail.home.com"，在主题文本框中输入"邀请参加校庆"；

④按题目要求输入邮件内容；

⑤单击"发送"按钮，单击"工具栏"上的"发送/接收"按钮下的"发送/接收所有文件夹"，完成发送。

知识点：

使用 Outlook 2010 发送邮件。

注意事项：

操作时，注意收件地址、邮件标题和邮件正文不要写错。

---

4. 博客

博客，为音译，英文名为 Blog 或 Weblog，为 Web Log 的混成词。它的正式名称为网络日志；又音译为部落格或部落阁等，是一种通常由个人管理、不定期张贴新的文章的网站。许多博客专注在特定的课题上提供评论或新闻，其他则被作为比较私人的日记。一个典型的博客结合了文字、图像、其他博客或网站的链接及其他与主题相关的媒体，能够让读者以互动的方式留下意见，是许多博客的重要要素。大部分的博客内容以文字为主，仍有一些博客专注在艺术、摄影、视频、音乐、播客等各种主题。博客是社会媒体网络的一部分。比较著名的有新浪、网易等博客。

博客是一个网页，通常由简短且经常更新的帖子构成，这些帖子一般是按照年份和日期倒序排列的。而作为博客的内容，可以是纯粹个人的想法和心得，包括对时事新闻、国家大事的个人看法，或者对一日三餐、服饰打扮的精心料理等，也可以是在基于某一主题的情况下或是在某一共同领域内由一群人集体创作的内容。

博客并不等同于"网络日记"。作为网络日记是带有很明显的私人性质的，而博客则是私人性和公共性的有效结合，它绝不仅仅是纯粹个人思想的表达和日常琐事的记录，它所提供的内容可以用来进行交流和为他人提供帮助，是可以包容整个互联网的，具有极高的共享精神和价值。一个博客就是一个网页，它通常由简短且经常更新的帖子所构成；这些张贴的文章都按照年份和日期排列。博客的内容和目的有很大的不同，从简单的对其他网站的超链接和评论，有关公司、个人、构想的新闻，到日记、照片、诗歌、散文，甚至科幻小说的发表或张贴都有。

许多博客是个人心中所想之事的发表，其他博客则是一群人基于某个特定主题或共同利益领域的集体创作。

随着博客快速扩张，它的目的与最初的浏览网页心得已相去甚远。网络上数以千计的博主发表和张贴博客的目的有很大的差异。不过，由于沟通方式比电子邮件、讨论群组更简单和容易，博客已成为家庭、公司、部门和团队之间越来越盛行的沟通工具，因此它也逐渐被应用在企业内部网络中。

 课后练习

1. 下列说法正确的是____。

   A．若想使用电子邮件，必须具有 ISP 提供的电子邮件账号

   B．电子邮件只能传送文本文件

   C．若想使用电子邮件，你的计算机必须拥自己的 IP 地址

   D．在发送电子邮件时，必须与收件人使用的计算机建立实时连接

2. 下列四项中合法的电子邮件地址是____。

   A．wang-em.hxing.com.cn

   B．em.hxing.com.cn-wang

   C．em.hxing.com.cn@wang

   D．wang@em.hxing.com.cn

3. 下列关于电子邮件的叙述中，正确的是____。

   A．如果收件人的计算机没有打开时，发件人发来的电子邮件将丢失

   B．如果收件人的计算机没有打开时，发件人发来的电子邮件将退回

   C．如果收件人的计算机没有打开时，当收件人的计算机打开时再重发

   D．发件人发来的电子邮件保存在收件人的电子邮箱中，收件人可随时接收

4. 下列关于电子邮件的说法，正确的是____。

   A．收件人必须有 E-mail 账号，发件人可以没有 E-mail 账号

   B．发件人必须有 E-mail 账号，收件人可以没有 E-mail 账号

   C．发件人和收件人均必须有 E-mail 账号

   D．发件人必须知道收件人的邮政编码

5. 写邮件时，除了发件人地址之外，另一个必须要填写的是____。

   A．信件内容　　　B．收件人地址　　　C．主题　　　　　D．抄送

6. 通常网络用户使用的电子邮箱建在____。

   A．用户的计算机上　　　　　　　　B．发件人的计算机上

   C．ISP 的邮件服务器上　　　　　　D．收件人的计算机上

7. E-mail 基本操作题

向课题组成员小赵和小李分别发 E-mail，主题为"紧急通知"，具体内容为："本周二下午一时，在学院会议室进行课题讨论，请勿迟到缺席！"。

发送地址分别是：zhaoguoli@cuc.edu.cn 和 lijianguo@cuc.edu.cn。

8. E-mail 基本操作题

接收并阅读由 jingsb@371.net 发来的 E-mail，并将随信发来的附件以文件名 yxhj.txt 保存到考生文件夹下。

9．E-mail 基本操作题

向部门经理王强发送一封电子邮件，并将考生文件夹下的一个 Word 文档 plan.docx 作为附件一起发出，同时抄送给总经理。

具体如下：

【收件人】wangq@bj163.com

【抄送】liuy@263.net.cn

【主题】工作计划

【函件内容】发去全年工作计划草案，请审阅。具体计划见附件。

10．E-mail 基本操作题

接收并阅读由 zhangsf@263.net 发来的 E-mail，并立即回复，回复内容："您所要索取物品已寄出。"。

任务 5　网络和信息安全

了解信息安全的定义，掌握如何预防计算机病毒和保护计算机的信息安全，掌握 Windows 7 系统安全功能的使用。了解无线网络的安全和掌握安全的网上购物方法。

1．计算机病毒的特征和分类

（1）计算机病毒

计算机病毒（Computer Virus）是编制者在计算机程序中插入的破坏计算机功能或者数据的代码，能影响计算机使用，能自我复制的一组计算机指令或者程序代码。

计算机病毒具有传播性、隐蔽性、感染性、潜伏性、可激发性、表现性或破坏性。计算机病毒的生命周期：开发期→传染期→潜伏期→发作期→发现期→消化期→消亡期。

计算机病毒是一个程序，一段可执行代码。就像生物病毒一样，具有自我繁殖、互相传染以及激活再生等生物病毒特征。计算机病毒有独特的复制能力，它们能够快速蔓延，又常常难以根除。它们能把自身附着在各种类型的文件上，当文件被复制或从一个用户传送到另一个用户时，就随同文件一起蔓延开来。

（2）计算机病毒的分类

按破坏性分：

● 良性病毒

● 恶性病毒

● 极恶性病毒

- 灾难性病毒

按传染方式分：

- 引导区型病毒。引导区型病毒主要通过软盘在操作系统中传播，感染引导区，蔓延到硬盘，并能感染到硬盘中的"主引导记录"。
- 文件型病毒。文件型病毒是文件感染者，也称为寄生病毒。它运行在计算机存储器中，通常感染扩展名为 COM、EXE、SYS 等的文件。
- 混合型病毒。混合型病毒具有引导区型病毒和文件型病毒两者的特点。
- 宏病毒。宏病毒是指用 BASIC 语言编写的病毒程序，通常寄存在 Office 文档上的宏代码中。宏病毒会影响对文档的各种操作。

按连接方式分：

- 源码型病毒。它攻击高级语言编写的源程序，在源程序编译之前插入其中，并随源程序一起编译、连接成可执行文件。源码型病毒较为少见，亦难以编写。
- 入侵型病毒。入侵型病毒可用自身代替正常程序中的部分模块或堆栈区。因此这类病毒只攻击某些特定程序，针对性强。一般情况下也难以被发现，清除起来也较困难。
- 操作系统型病毒。操作系统型病毒可用其自身部分加入或替代操作系统的部分功能。因其直接感染操作系统，这类病毒的危害性也较大。
- 外壳型病毒。外壳型病毒通常将自身附着在正常程序的开头或结尾，相当于给正常程序加了个外壳。大部分的文件型病毒都属于这一类。

（3）计算机感染病毒的常见症状

从目前发现的病毒来看，主要症状有：

- 由于病毒程序把自己或操作系统的一部分用坏簇隐起来，磁盘坏簇莫名其妙地增多。
- 由于病毒程序附加在可执行程序头尾或插在中间，使可执行程序容量增大。
- 由于病毒程序把自己的某个特殊标志作为标签，使接触到的磁盘出现特别标签。
- 由于病毒本身或其复制品不断侵占系统空间，使可用系统空间变小。
- 由于病毒程序的异常活动，造成异常的磁盘访问。
- 由于病毒程序附加或占用引导部分，使系统引导变慢。
- 丢失数据和程序。
- 中断向量发生变化。
- 打印出现问题。
- 死机现象增多。
- 生成不可见的表格文件或特定文件。
- 系统出现异常动作，例如：突然死机，又在无任何外界介入下，自行起动。
- 出现一些无意义的画面问候语等显示。
- 程序运行出现异常现象或不合理的结果。
- 磁盘的卷标名发生变化。
- 系统不认识磁盘或硬盘不能引导系统等。
- 在系统内装有汉字库且汉字库正常的情况下不能调用汉字库或不能打印汉字。
- 在使用写保护的软盘时屏幕上出现软盘写保护的提示。
- 异常要求用户输入口令。

（4）计算机病毒的清除

即使是电脑专家，要想在不借助任何工具的情况下清除计算机病毒也是一项相当艰巨的工作。有些病毒和其他恶意软件（包括间谍软件）在被发现并删除掉之后，甚至会自动重新安装。可以通过及时更新计算机并使用有免费试用的或价格低廉的防病毒工具，可以永久删除（或防止）这些有害软件。删除病毒的步骤为：访问 Microsoft Update，并且安装最新的安全更新。如果您目前正在使用一款防病毒软件，请访问该防毒软件制造商的官方网站，并更新软件，然后全面扫描您的计算机。如果您没有使用防病毒软件，请立即安装，并扫描您的计算机。为什么有些时候防病毒软件不发挥作用？保持防病毒软件随时更新到最新版本是至关重要的，这有利于帮助工具识别并清除最新的病毒威胁。此外，并不是所有的防病毒工具的功效都是一样的，当发现使用的防病毒软件其实并不能满足需要时，应该研究一下，并尝试更换其他防毒软件。

2. 计算机病毒的预防

计算机病毒是一个程序，一段可执行代码。就像生物病毒一样，计算机病毒有独特的复制能力。计算机病毒可以很快地蔓延，又常常难以根除。它们能把自身附着在各种类型的文件上。当文件被复制或从一个用户传送到另一个用户时，它们就随同文件一起蔓延开来。除复制能力外，某些计算机病毒还有其他一些共同特性：一个被污染的程序能够传送病毒载体。当看到病毒载体似乎仅仅表现在文字和图像上时，它们可能已毁坏了文件、格式化了硬盘驱动或引发了其他类型的灾害。若是病毒并不寄生于一个污染程序，它仍然能通过占据存储空间带来麻烦，并降低计算机的全部性能。例如，某些病毒会大量释放垃圾文件，占用硬盘资源。还有的病毒会运行多个进程，使中毒电脑运行变得非常慢。它能够对计算机系统进行各种破坏，同时能够自我复制，具有传染性。

为了保证上网无后患之忧，阻止任何一种木马病毒或者流氓软件进入系统以及恶意代码修改注册表，建议采取以下预防措施。

- 不要随便浏览陌生的网站，目前在许多网站中，总是存在有各种各样的弹出窗口，如：网络电视广告或者网站联盟中的一些广告条。
- 安装最新的杀毒软件，能在一定的范围内处理常见的恶意网页代码，还要记得及时对杀毒软件升级，以保证您的计算机受到持续地保护。
- 安装防火墙，有些人认为安装了杀毒软件就高枕无忧了，其实，并不完全是这样的，现在的网络安全威胁主要来自病毒、木马、黑客攻击以及间谍软件攻击。防火墙是根据连接网络的数据包来进行监控的，也就是说，防火墙就相当于一个严格的门卫，掌管系统的各扇门（端口），它负责对进出的人进行身份核实，每个人都需要得到最高长官的许可才可以出入，而这个最高长官，就是你自己了。每当有不明的程序想要进入系统，或者连出网络，防火墙都会在第一时间拦截，并检查身份，如果是经过许可放行的（比如在应用规则设置中允许了某一个程序连接网络），则防火墙会放行该程序发出的所有数据包，如果检测到这个程序并没有被许可放行，则自动报警，并发出提示询问是否允许这个程序放行，这时候就需要"最高统帅"做出判断了。防火墙则可以把系统的每个端口都隐藏起来，让黑客找不到入口，自然也就保证了系统的安全。
- 及时更新系统漏洞补丁，有经验的用户一定会打开 Windows 系统自带的 Windows Update 菜单功能对计算机安全进行在线更新操作系统。

- 不要轻易打开陌生的电子邮件附件，如果要打开的话，请以纯文本方式阅读信件，现在的邮件病毒也很猖狂，所以要格外的注意，更加不要随便回复陌生人的邮件。收到电子邮件时要先进行病毒扫描，不要随便打开不明电子邮件里携带的附件。
- 对公用软件和共享软件要谨慎使用，使用 U 盘时要先杀毒，以防 U 盘携带病毒传染计算机。
- 从网上下载任何文件后，一定要先扫描杀毒再运行。
- 对重要的文件要做备份，以免遭到病毒侵害时不能立即恢复，造成不必要的损失。
- 对已经感染病毒的计算机，可以下载最新的防病毒软件进行清除。

3. 信息安全

（1）信息安全的基本要素和惯例

可用性（Availability）：得到授权的实体在需要时可访问资源和服务。可用性是指无论何时，只要用户需要，信息系统必须是可用的，也就是说信息系统不能拒绝服务。网络最基本的功能是向用户提供所需的信息和通信服务，而用户的通信要求是随机的、多方面的（话音、数据、文字和图像等），有时还要求时效性。网络必须能够随时满足用户通信的要求。攻击者通常采用占用资源的手段阻碍授权者的工作。可以使用访问控制机制，阻止非授权用户进入网络，从而保证网络系统的可用性。增强可用性还包括如何有效地避免因各种灾害（战争、地震等）造成的系统失效。

可靠性（Reliability）：可靠性是指系统在规定条件下和规定时间内、完成规定功能的概率。可靠性是网络安全最基本的要求之一，网络不可靠，事故不断，也就谈不上网络的安全。目前，对于网络可靠性的研究基本上偏重于硬件可靠性方面。研制高可靠性元器件设备，采取合理的冗余备份措施仍是最基本的可靠性对策，然而，有许多故障和事故，则与软件可靠性、人员可靠性和环境可靠性有关。

完整性（Integrity）：信息不被偶然或蓄意地删除、修改、伪造、乱序、重放、插入等破坏的特性。只有得到允许的人才能修改实体或进程，并且能够判别出实体或进程是否已被篡改。即信息的内容不能为未授权的第三方修改。信息在存储或传输时不被修改、破坏，不出现信息包的丢失、乱序等。

保密性（Confidentiality）：保密性是指确保信息不暴露给未授权的实体或进程。即信息的内容不会被未授权的第三方所知。这里所指的信息不但包括国家秘密，而且包括各种社会团体、企业组织的工作秘密及商业秘密，个人的秘密和个人私密（如浏览习惯、购物习惯）。防止信息失窃和泄露的保障技术称为保密技术。

不可抵赖性（Non-Repudiation）：也称作不可否认性。不可抵赖性是面向通信双方（人、实体或进程）信息真实同一的安全要求，它包括收、发双方均不可抵赖。一是源发证明，它提供给信息接收者以证据，这将使发送者谎称未发送过这些信息或者否认它的内容的企图不能得逞；二是交付证明，它提供给信息发送者以证明，这将使接收者谎称未接收过这些信息或者否认它的内容的企图不能得逞。

（2）良好的安全习惯

互联网的多元化与复杂化在给生活带来丰富和便利的同时，也可能带来危害，下面整理了几个日常操作技巧知识。

1）使用安全的电脑

<个人电脑>

- 设置操作系统登录密码，并开启系统防火墙。
- 安装杀毒软件并及时更新病毒特征库。
- 尽量不转借个人电脑。

<公共电脑>

- 不在未安装杀毒软件的电脑上登录个人账户。
- 尽量不在公共电脑登录网上银行等敏感账户。
- 不在公共电脑保存个人资料和账号信息。
- 尽量使用软键盘输入密码。
- 离开前注意退出所有已登录的账户。

2）使用安全的软件

- 只使用正版软件。
- 开启操作系统及其他软件的自动更新设置，及时修复系统漏洞和第三方软件漏洞。
- 非正规渠道获取的软件在运行前须进行病毒扫描。
- 定期全盘扫描病毒等可疑程序。
- 定期清理未知可疑插件和临时文件。

3）访问安全的网站

- 尽量访问正规的大型网站。
- 不访问包含不良信息的网站。
- 对于网站意外弹出的下载文件或安装插件等请求应拒绝或询问专业人士。
- 登录网上银行等重要账户时，要注意网站地址是否和服务商提供的网址一致。
- 不轻信网站中发布的诸如"幸运中奖"等信息，更不要轻易向陌生账户汇款。
- 收到来历不明的电子邮件，在确认来源可靠前，不要打开附件或内容中的网站地址。
- 网上购物时，应避免在收到货物前直接付款到对方账户（应尽可能使用"支付宝"等支付平台购物，付款有保障）。
- 发现恶意网站，应及时举报。

4）交流中注意保护隐私

- 不在网络中透露银行账号、个人账户密码等敏感内容。
- 不在交谈、个人资料以及论坛留言中轻易泄露真实姓名、个人照片、身份证号码或家庭电话等任何能够识别身份的信息。
- 不随意在不知底细的网站注册会员或向其提供个人资料。
- 对包含隐私内容的个人网站（如博客）应设置访问密码。
- 谨慎开放计算机共享文件和共享资源。

（3）计算机犯罪的特点和手段

计算机犯罪是一种新的社会犯罪现象，它总是与计算机和信息紧密联系在一起，与常规犯罪有很大区别，因而形成了其自身固有的明显特点：

- 掌握计算机技术知识，从事数据处理活动的人占多数。
- 作案者多采用高技术犯罪手段，有时多种手段并用。
- 作案工具一般是具有强大功能的计算机信息系统。

- 作案范围一般不受地点限制，在全国和世界联网的情况下，可在网络的一点上实施对任一点的犯罪目的。
- 犯罪客体往往是无形的电子数据或信息。
- 作案时间短，按计算机时间算，计算机执行一项犯罪指令，有的只需百分之几毫秒或几微秒。
- 作案后可以不留痕迹，不易被人发现，不易侦破，即便是他正在作案，可能还以为他在工作呢。
- 危害大、损失严重、影响面广。
- 作案者所冒风险小而获益大，只要轻轻按几下键盘，就可以获得成千上万，乃至几十万、几千万，甚至上亿的款项。

尽管与计算机有关的犯罪活动的形式和手法是多种多样的，但一般来说可以分为两大类：即暴力的和非暴力的。暴力手段是指对计算机资产实施物理破坏，如使用武器摧毁系统、设备和设施，炸毁计算机中心等活动；而非暴力手段是指用计算机技术知识及其他技术进行犯罪活动。后者称高技术犯罪或智能犯罪，而且这部分最为常见。

所谓计算机犯罪是因为犯罪者使用了下列技术手段：

- 数据欺骗：非法篡改数据或输入假数据。
- 特洛伊木马术：非法装入秘密指令或程序，由计算机执行犯罪活动。
- 香肠术：利用计算机从金融机构信息系统上一点一点窃取存款，如窃取储户名下的利息尾数，积少成多。
- 逻辑炸弹：输入犯罪指令，以便在指定的时间或条件下抹除数据文卷，或者破坏系统功能。
- 线路截收：从系统通信线路上截取信息。
- 陷阱术：利用程序中用于调试或修改、增加程序功能而特设的断点，插入犯罪指令，或在硬件中相应的地方增设某种供犯罪用的装置，总之是利用软件和硬件的某些断点或接口插入犯罪指令或装置。
- 寄生术：用某种方式紧跟授有特权的用户打入系统，或者在系统中装入"寄生虫"。
- 超级冲杀：用共享程序突破系统防护，进行非法存取或破坏数据及系统功能。
- 异步攻击：将犯罪指令掺杂在正常作业程序中，以获取数据文件。
- 废品利用：从废弃资料、磁带、磁盘中提取有用的信息或可供进一步进行犯罪活动的密码等。
- 截获电磁波辐射信息：用必要的接收设备接收计算机设备和通信线路辐射出来的信息。
- 电脑病毒：将具有破坏系统功能和系统服务与破坏或抹除数据文卷的犯罪程序装入系统某个功能程序中，让系统在运行期间将犯罪程序自动拷贝给其他系统，这就好像传染性病毒一样四处蔓延。
- 伪造证件：如伪造他人的信用卡、磁卡、存折等。

以上是目前国际上计算机犯罪的一些主要和常见的高技术犯罪手段。随着计算机的日益普及和发展，还会有其他新的犯罪手段不断出现。由于这种犯罪危害性大、破坏性强，且作案手段又比较隐蔽，因此，必须引起高度警惕和重视。

4. Windows 7 系统安全

（1）安装系统安全

UAC（User Account Control），中文翻译为用户账户控制，是微软在 Windows Vista 和 Windows 7 中引入的新技术，主要功能是在进行一些会影响系统安全的操作时，会自动触发 UAC，用户确认后才能执行。因为大部分的恶意软件、木马病毒、广告插件在进入计算机时都会有将文件复制到 Windows 或 Program Files 等目录，安装驱动、安装 ActiveX 等操作，而这些操作都会触发 UAC，用户就可以在 UAC 提示时来禁止这些程序的运行。

在 Vista 出现 UAC 功能时外界就争论不休，这种方式在安全性提高的同时却降低了用户体验。由此在 Windows 7 中，微软开始让用户选择 UAC 的通知等级，另外还改进了用户界面以提升体验。Windows 7 中 UAC 最大的改进就是在控制面板中提供了更多的控制选项，用户能根据自己的需要选择适当的 UAC 级别。

在"开始"菜单搜索框中输入"Secpol.msc"后回车，打开本地安全策略编辑器，选择"本地策略"→"安全选项"，然后在右侧列表中找到"用户账户控制：管理员批准模式中管理员的提升权限提示的行为"属性，用户可以看到"本地安全设置"下拉列表中共有六种选择，分别是：不提示，直接提升；在安全桌面上提示凭据；在安全桌面上同意提示；提示凭据；同意提示；非 Windows 二进制文件的同意提示，如图 3-70 所示。这里有必要提一下"非 Windows 二进制文件的同意提示"，该选项可以很好地将 Windows 系统性文件过滤掉而直接对应用程序使用 UAC 功能，这是 Windows 7 的亮点所在。

图 3-70　Windows 7 系统安全 1

另外一种直观的修改方法是进入控制面板的"用户账户更改"界面，单击"更改用户账户控制设置"，Windows 7 下的 UAC 设置提供了一个滑块允许用户设置通知的等级，可以选择四种方式，如图 3-71 所示，但显然没有上面的方法灵活。

（2）系统账户安全

Windows 7 系统虽然已经很稳定很安全，但也并不是足够安全，同样有时也会被黑客攻击，比如，管理员账户没有设定密码，那么他人就可以在你的电脑上登录管理员账户从而直接控制你的电脑。为了计算机安全，建议用户使用 Win7 标准用户账户来登录使用。

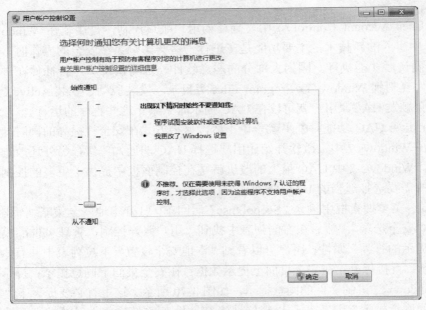

图 3-71　Windows 7 系统安全 2

因为标准账户可以防止用户做出会对该计算机的所有用户造成影响的更改，比如删除计算机工作所需要的文件，达到保护自己电脑的目的。当用户使用标准账户登录到 Windows 7 时，用户可以执行管理员账户下几乎所有的操作，但如果用户要执行安装软件或更改安全设置等影响该计算机其他用户的操作时，Windows 7 可能要求用户提供管理员账户密码。在 Win7 标准账户下，当软件程序要对系统进行修改时，需要通过批准才行，故提高了系统的安全性。Win7 标准账户设置的具体步骤如下：

1）为 Windows 7 标准用户创建密码。这样，别人就不能查看你的电脑了（见图 3-72）。

图 3-72　Windows 7 系统账户安全 1

2）如果你的电脑不是公用电脑，那么就把 Guest 账户禁用掉，这样你的系统更安全些，禁用方法是：右击 Guest 账户选择"属性"，在属性窗口中勾选"账户已禁用"（见图 3-73）。

图 3-73　Windows 7 系统帐户安全 2

通过以上简单的 Windows 7 标准账户的设置，就能让 Windows 7 系统更安全。

（3）安全策略

1）Win7 本地安全策略的定义

Win7 本地安全策略对登录到电脑的账号可定义为安全设置，比如：限制用户密码设置的规范、通过锁定账户策略避免他人登录计算机、指派用户权限、通过账户策略设置账户安全性等。

2）Win7 本地安全策略的打开方法

单击"开始→控制面板→管理工具→本地安全策略"，便可进入"本地安全策略"主界面，如图 3-74 所示。利用菜单栏上的命令可以设置各种安全策略，通过查看方式，还可以进行导出列表及导入策略等操作。

图 3-74　Windows 7 安全策略

3）Win7 本地安全策略的一些实用功能

使系统账户更安全：

通过 Win7 本地安全策略禁止枚举账号的设置，让系统账户更安全，具体操作步骤如下：

在"本地安全策略"左侧列表的"安全设置"目录中，逐层展开"本地策略——安全选项"。在策略右侧列表中找到并右击"网络访问：不允许 SAM 账户和共享的匿名枚举"，选择"属性"，然后在弹出的对话框中，激活"已启用"选项，单击"应用"按钮使设置生效。

另外，还可防止入侵者利用漏洞登录机器，Win7 本地安全策略重命名系统管理员账户名称及禁用来宾账户。具体设置步骤为：在"本地策略→安全选项"分支中，找到并右击"账户：来宾账户状态"策略，选择"属性"，在弹出的属性对话框中设置其状态为"已停用"，最后单击"确定"保存退出即可。

Win7 本地安全策略加强密码安全：

在"安全设置"中，先定位于"账户策略→密码策略"，设置比较强大的密码策略，并让 Win7 系统定时要求更改密码来加强密码保护与安全。

另外，还可通过"本地安全设置"，设置"审核对象访问"，跟踪用于访问文件或其他对象的用户账户、登录尝试、系统关闭或重新启动以及类似的事件。

5. 无线网络的安全

随着科技时代的不断进步，越来越多的无线产品正在投入使用，无线安全的概念也不是风声大雨点小，不论是咖啡店、机场的无线网络，还是自家用的无线路由都已经成为黑客进攻的目标。那么如何才能保证自己的无线安全呢？可以通过做到以下几点来提高无线网络的安全性。

● 正确放置网络的接入点设备

在网络配置中，要确保无线接入点放置在防火墙范围之外。

● 利用 MAC 地址绑定阻止黑客攻击

利用基于 MAC 地址的 ACL（访问控制表）确保只有经过注册的设备才能进入网络。MAC 过滤技术就如同给系统的前门再加一把锁，设置的障碍越多，越会使黑客知难而退，不得不转而寻求其他低安全性的网络。

● 无线网络的 ID

所有无线局域网都有一个缺省的 SSID（服务标识符）或网络名。立即更改这个名字，用文字和数字符号来表示。如果企业具有网络管理能力，应该定期更改 SSID。不要到处使用这个名字：即取消 SSID 自动播放功能。

● WEP 协议

WEP 是 802.11b 无线局域网的标准网络安全协议。在传输信息时，WEP 可以通过加密无线传输数据来提供类似有线传输的保护。在简便的安装和启动之后，应立即更改 WEP 密钥的缺省值。最理想的方式是 WEP 的密匙能够在用户登录后进行动态改变，这样，黑客想要获得无线网络的数据就需要不断跟踪这种变化。基于会话和用户的 WEP 密钥管理技术能够实现最优保护，为网络增加另外一层防范，确保无线安全。

● VPN 是最好的网络安全技术之一

如果每一项安全措施都是阻挡黑客进入网络前门的门锁，如 SSID 的变化、MAC 地址的过滤功能和动态改变的 WEP 密码，那么，虚拟专用网（VPN）则是保护网络后门安全的关键。VPN 具有比 WEP 协议更高层的网络安全性（第三层），能够支持用户和网络间端到端的安全隧道连接。

● 提高已有的 RADIUS 服务

大公司的远程用户常常通过 RADIUS（远程用户拨号认证服务）实现网络认证登录。企业的 IT 网络管理员能够将无线局域网集成到已经存在的 RADIUS 架构内来简化对用户的管理。这样不仅能实现无线网络的认证，而且能保证无线用户与远程用户使用同样的认证方法和账号。

● 简化网络安全管理：集成无线和有线网络安全策略

无线网络安全不是单独的网络架构，它需要各种不同的程序和协议。制定结合有线和无线网络安全的策略能够提高管理水平，降低管理成本。例如，不论用户是通过有线还是无线方式进入网络时，都采用集成化的单一用户 ID 和密码。

● 不能让非网络工程师人员构建无线网络

尽管现在无线局域网的构建已经相当方便，非专业人员也可以在自己的办公室安装无线路由器和接入点设备，但是，他们在安装过程中很少考虑到网络的安全性，只要通过网络探测工具扫描网络就能够给黑客留下攻击的后门。因而，在没有专业系统管理员同意和参与的情况下，要限制无线网络的构建，这样才能保证无线安全。大公司的远程用户常常通过 RADIUS（远程用户拨号认证服务）实现网络认证登录。企业的 IT 网络管理员能够将无线局域网集成到已经存在的 RADIUS 架构内来简化对用户的管理。这样不仅能实现无线网络的认证，而且能保证无线用户与远程用户使用同样的认证方法和账号。

6．网上购物安全

（1）使用网上银行支付

现在越来越多的人会使用网上银行进行网上的转账、汇款等。确实，网上银行让生活越来越便利，但是可能有不少的人还不会使用网上银行。这里以建设银行卡为例简单说明一下如何使用网上银行支付。

首先需要去中国建设银行的网点开办一张中国建设银行的银行卡，来为接下来的网上支付做准备。在这里需要提醒一下，如果之前已经有中国建设银行的银行卡，且开通过网上银行业务，则新卡想要开网银必须将旧卡带着，否则只能将旧卡挂失补办出来。

开通网银之后，就可以通过家里的电脑来登录中国建设银行的网上银行了。首先需要登录中国建设银行的首页，如图 3-75 所示。选择"个人网上银行登录"，进入如图 3-76 所示的登录界面。在这里输入用户名、密码，验证码就能成功登录网上银行了。如果是使用网银 U 盾的顾客，则需要先根据提醒下载"E 陆护航"安全组件。如果是首次登录，则需要先设置网上银行的登录密码，根据提示一步步来就可以。

图 3-75　网上银行支付 1

欢迎使用个人网上银行

◀ 最新公告　　　　　　关于防范网络钓鱼风险的提示

证件号码或用户名：

登录密码：

附加码：　　　　　　　　　　a.amrh

登录

首次登录

图 3-76　网上银行支付 2

登录网上银行之后，可以看到很多的选项，例如我的账户、转账汇款、缴费支付等，如图 3-77 和图 3-78 所示。这时候，就能通过中国建设银行的网上银行来进行查询账户余额，转账汇款，缴费支付，购买理财产品等多种业务的办理，就省去了到银行办理业务的麻烦。中国建设银行的客服电话是 95533，如果有什么不明白完全可以打客服电话。

图 3-77　网上银行支付 3

图 3-78　网上银行支付 4

接下来就通过淘宝网来演示如何通过中国建设银行的网上银行来进行支付。

选择好想要购买的商品，单击付款之后，会进入到如图 3-79 所示的界面。单击"选择其他"。然后在出现的界面中选择"中国建设银行"再单击"下一步"，如图 3-80 所示。

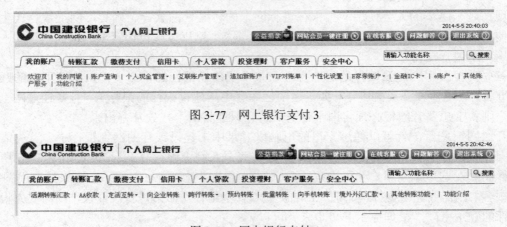

图 3-79　网上银行支付 5

图 3-80　网上银行支付 6

接下来单击"登录到网上银行付款"，系统就会自动跳转到中国建设银行的网上银行登录界面，如图 3-81 所示。输入用户名，密码，验证码后进入网上银行，根据提醒即可支付成功，如图 3-82 所示。

图 3-81　网上银行支付 7

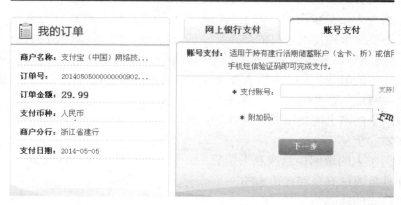

图 3-82　网上银行支付 8

网上银行方便了生活，但同时也存在着很多隐患。一定要通过中国建设银行的官方网站来登录网银，而不要随意登录一些不安全的网站，从而泄露了自己的账号与密码，给自己的资金造成损失。

（2）在网络购物平台上安全地购买商品

网上购物一般都是比较安全的，只要按照正确的步骤做，谨慎点是没问题的。最好是在自己家里的电脑登录，并且注意杀毒软件和防火墙的开启保护及更新，选择第三方支付方式，如支付宝、财付通、百付宝等，这个要商家支持，对于太便宜而且要预支付的话就最好不要轻信。

在网上购物最怕的就是遇到黑心卖家或被骗取钱财。那么在网购时就需要针对这两点多加注意了。首先要在一些知名的大型购物网站上选择商品。卖家的联系方式都会有，要针对所需要的产品进行咨询，一定要问清楚后再决定购买否，千万不要自己想当然的认为差不多。决定买之后，最好是通过支付宝、安付通之类的能保护买家利益的第三方支付平台。初次网购，最好不要从银行直接汇款，还有就是要保存证据、图片或是聊天资料等，以免日后有问题处理起来麻烦。

结合多发的网上购物投诉，总结出网上购物存在的四大陷阱：

陷阱一：低价诱惑。在网站上，如果许多产品以市场价的半价甚至更低的价格出现，这时就要提高警惕性，想想为什么它会这么便宜，特别是名牌产品，因为知名品牌产品除了二手货或次品货，正规渠道进货的名牌是不可能和市场价相差那么远的。

陷阱二：高额奖品。有些不法网站、网页，往往利用巨额奖金或奖品诱惑吸引消费者浏览网页，并购买其产品。

陷阱三：虚假广告。有些网站提供的产品说明夸大甚至虚假宣传，消费者单击进入之后，购买到的实物与网上看到的样品不一致。在许多投诉案例中，消费者都反映货到后与样品不相符。有的网上商店把钱骗到手后就把服务器关掉，然后再开一个新的网站继续故技重施。

陷阱四：设置格式条款。买货容易退货难，一些网站的购买合同采取格式化条款，对网上售出的商品不承担"三包"责任、没有退换货说明等。消费者购买了质量不好的产品，想换货或者维修时，就无计可施了。

对于网购，检察机关也专门对利用网购实施犯罪案件进行分析，总结出三大"网购陷阱"，并作出相应提示。

陷阱一：山寨网站骗钱财。检察官提醒网购需练就"火眼金睛"，认清网址。此外，网购时消费者应只接受货到付款或安全的第三方支付方式。

陷阱二：骗个人信息猜密码。网上购物时不要轻易向卖家泄露个人详细资料，在设置账户密码时尽量不要简单地使用自己的个人身份信息。

陷阱三："网络钓鱼"盗信息。不要随意打开聊天工具中发送过来的陌生网址，不要打开陌生邮件和邮件中的附件，及时更新杀毒软件。一旦遇到需要输入账号、密码的环节，交易前一定要仔细核实网址是否准确无误，再进行填写。

一般来说安全的网上购物需要注意以下几点：

● 连接要安全

在提交任何个人的敏感信息或私人信息——尤其是信用卡号——之前，一定要确认数据已经加密，并且是通过安全连接传输的。

● 保护自己的密码

不要使用任何容易破解的信息作为密码，比如生日、电话号码等。密码最好是一串比较独特的组合，至少包含 5 个数字、字母或其他符号。

● 保护自己的隐私

尽量少暴露私人信息，填在线表格时要格外小心，不是必填的信息就不要主动提供。永远不要透露父母的姓名这样的信息，有人可能会使用它来非法窃取账号。各种免费或收费的Web 服务可以匿名浏览和购物。

- 使用安全的支付方法

使用信用卡和借记卡在线购物不但方便，而且很安全，因为通过它们进行的交易都受到有关法律的保护，可以对提款提出质疑，并在质疑得到解决之前拒绝付账。

- 检查证书和标志

网站的证书可以分为很多种，一般分为安全认证证书，支付许可证书，其他性质证书。在看到网站的证书时要留心，因为一般的证书，比如支付宝特约商家证书，虽然很多网站都会贴出这个图标，但是只有部分是真正签约的特约商家。真正的证书可以单击进去并查看具体的内容，而且这个页面一般不是原来的网站的页面，而是第三方的页面。例如支付宝特约商家图标点进去之后是支付宝的页面。这点可以在网址中看出来。

- 检查销售条款

著名的在线零售商都会出示有关的销售条款，包括商品质量保证、责任限度，以及有关退货和退款的规定等。有些站点要求客户在购物前必须选择"同意这些协议"，有些站点则把这些条款放在一个链接后面。

- 税款和运费

仔细阅读运送和处理等费用的有关说明，不同的送货方式费用差别可能会很大。找一些提供低成本配送方式的公司，或在定购量大时可以免费送货的站点。另外，很多国家和地区对网上购物是收税的。

- 再检查一遍订单

在发送购物订单之前，再慎重地检查一遍。输入错误（比如把 2 写成了 22）会导致很严重的后果。如果收货地址和发出订单的地址不同，就需要做出特别说明，并仔细检查。另外，必须确定看到的价格正是该物品当前的价格，而不是上次访问该站点时浏览器保存在计算机中的临时网页文件上的过时价格。

- 估计送货日期

销售商应该会告诉一个大概的送货日期。如果销售商没有指定货物送达日期，必须通知客户不能按时送货，并提出撤消订单，退回货款。

- 提出控诉

如果在网上购物过程中碰到了问题，应该立即通知这个商务公司。在他们的站点上找到免费服务的电话号码、邮件地址或指向客户服务的链接。如果该公司自己不解决有关的问题，就应该与有关主管部门联系了。

 课后练习

1. 计算机感染病毒的可能途径之一是_____。
   A. 从键盘上输入数据　　　　　　B. 通过电源线
   C. 所使用的软盘表面不清洁　　　D. 随意打开不明来历的电子邮件
2. 下列关于计算机病毒的叙述中，错误的一条是_____。
   A. 计算机病毒具有潜伏性

　　B．计算机病毒具有传染性

　　C．感染过计算机病毒的计算机具有对该病毒的免疫性

　　D．计算机病毒是一个特殊的寄生程序

3．计算机病毒主要造成____。

　　A．磁盘片的损坏　　　　　　　　　　B．磁盘驱动器的破坏

　　C．CPU 的破坏　　　　　　　　　　 D．程序和数据的破坏

4．计算机病毒有两种状态，即静态病毒和动态病毒，动态病毒是指____。

　　A．处于未加载状态下，但随时可能执行病毒的传染或破坏作用的病毒

　　B．病毒的传染或破坏已经起作用后，通过病毒的表现模块显现的病毒

　　C．处于未加载状态下，但随时可能执行病毒的传染或破坏作用的病毒

　　D．处于已加载状态下，但是不能执行病毒的传染或破坏作用的病毒

5．当系统已感染上病毒时，应及时采取清除病毒的措施，此时____。

　　A．直接执行硬盘上某一可消除该病毒的软件，彻底清除病毒

　　B．直接执行（没有感染病毒的）软盘上某一可消除该病毒的软件，彻底清除病毒

　　C．应重新启动机器，然后用某一可消除该病毒的软件，彻底清除病毒

　　D．用没有感染病毒的引导盘重新引导机器，然后用一可消除该病毒的软件，彻底清除病毒

6．____是破坏性程序和计算机病毒的根本差异。

　　A．传播性　　　　 B．寄生性　　　　 C．破坏性　　　　 D．潜伏性

7．病毒程序的加载过程分三个步骤：____、窃取控制权、恢复系统功能。

　　A．加载内存　　　　　　　　　　　　B．替代系统功能

　　C．破坏引导程序　　　　　　　　　　D．自我复制

8．下列四项中，不属于计算机病毒特征的是____。

　　A．潜伏性　　　　 B．传染性　　　　 C．激发性　　　　 D．免疫性

9．通常所说的"宏病毒"感染的文件类型是____。

　　A．COM　　　　　 B．DOC　　　　　 C．EXE　　　　　 D．TXT

10．当计算机病毒发作时，主要造成的破坏是____。

　　A．对磁盘片的物理损坏

　　B．对磁盘驱动器的损坏

　　C．对 CPU 的损坏

　　D．对存储在磁盘上的程序、数据甚至系统的破坏

11．为防止计算机硬件的突然故障或病毒入侵的破坏，对于重要的数据文件和工作资料在每次工作结束后，通常应____。

　　A．保存在硬盘之中　　　　　　　　　B．复制到软盘中作为备份保存

　　C．全部打印出来　　　　　　　　　　D．压缩后保存到硬盘中

12．目前使用的防病毒软件的主要作用是____。

　　A．检查计算机是否感染病毒，消除已被感染的任何病毒

　　B．杜绝病毒对计算机的侵害

　　C．查出计算机中已感染的任何病毒，清除其中一部分病毒

D．检查计算机是否被已知病毒感染，并清除该病毒

13．下列何种操作最能保证 PC 机中没有病毒____。

    A．使用 KV3000 杀毒软件未发现病毒

    B．使用"CHI 终结者"，未发现计算机病毒

    C．计算机系统能正常使用

    D．用最新版的查毒软件，对 PC 进行检查未发现病毒

14．下列比较著名的国外杀毒软件是____。

    A．瑞星杀毒   B．KV3000   C．金山毒霸   D．诺顿

15．对计算机病毒的防治也应以"预防为主"。下列各项措施中，错误的预防措施是____。

    A．将重要数据文件及时备份到移动存储设备上

    B．用杀病毒软件定期检查计算机

    C．不要随便打开/阅读身份不明的发件人发来的电子邮件

    D．在硬盘中再备份一份

单元小结

本单元共由五个任务组成，通过本章的学习使读者能够了解计算机网络基础和 Internet 相关知识和操作方法。

第一个任务由七个部分组成。分别介绍了计算机网络、数据通信的概念；计算机网络的形成与分类；网络拓扑结构；网络硬件、软件和无线局域网。

第二个任务由五个部分组成。通过学习，能了解并掌握 Internet 的概念、TCP/IP 协议、C/S 结构、IP 地址的分类、接入网络的方法。

第三个任务由七个部分组成。通过学习，能了解如何上网、信息检索的方法、FTP 传送文件、如何组建网络、聊天软件的使用、微信及论坛的使用。

第四个任务由四个部分组成。通过学习，能了解电子邮件的概念；学会使用 IE 及 Outlook 2010 收发邮件的方法。

第五个任务由六个部分组成。通过学习，能了解计算机病毒的危害及如何预防；上网的安全。

● 目的、要求

（1）计算机网络与 Internet 的基本概念、网络分类。

（2）IP 地址与域名、统一资源定位器 URL 以及 E-mail 地址的概念。

（3）Internet 常用软件的简单应用、IE 浏览器、电子邮件收发、搜索引擎、远程登录 Telnet、文件传输 FTP 等。

（4）计算机病毒的危害与预防，网络安全。

● 重点、难点

重点：计算机网络的基本概念、Internet 常用软件的简单应用。IP 地址与域名、统一资源定位器 URL 以及 E-mail 地址的概念。

难点：IE 浏览器的使用、Outlook 2010 收发邮件。

单元 4　Word 2010 文字处理软件

任务 1　Word 2010 基本操作

任务描述

使用 Word 进行文档处理是一项最基础、最重要的工作，这里面涉及到文档的建立、文字录入、特殊符号选择、选定、移动及保存等基础性知识点。掌握良好的操作方法和操作习惯对完成录入工作有很大帮助，同时也为进一步的处理奠定基础。本任务主要介绍 Word 2010，掌握 Word 2010 的特点和基本操作功能。

任务实施

1．Word 2010 的启动和退出

（1）Word 2010 的启动

Word 2010 常用的启动方法有以下几种：

1）使用"开始"菜单打开 Word 2010

若要使用 Word，请在"开始"菜单中查找 Word 图标并单击该图标，依次单击"开始"按钮，选择"所有程序"，找到"Microsoft Office"条目，在弹出的下级菜单中选择"Microsoft Word 2010"条目后单击或回车即可启动 Word 2010 程序，如图 4-1 所示。

图 4-1　"开始"菜单启动

2）运行快捷方式打开 Word 2010

在桌面上，双击安装的 Word 2010 快捷方式，可以启动 Word 2010 程序，同时打开一个空白的 Word 文档，如图 4-2 所示。

图 4-2　桌面快捷方式启动

3）运行已经建立好的 Word 文档打开 Word 2010

当我们在电脑中选择任意一个后缀名为.doc 或.docx 的文档并双击时，也会启动 Word 2010 程序，同时打开该文档。

4）通过任务栏快速启动

在任务栏上如果锁定了 Word 2010 的程序，也可以通过在任务栏上 Word 2010 的图标上单击右键选择"Microsoft Word 2010"启动，如图 4-3 所示。

（2）Word 2010 的退出

1）单击 Word 窗口右上角的 ▨ 按钮。

2）如果对文档进行了任何更改（无论多么细微的更改）并单击"保存"按钮，则会出现类似于图 4-4 的消息框。

图 4-3　任务栏启动

图 4-4　Word 2010 的退出

若要保存更改，请单击"保存"，若要退出而不保存更改，请单击"不保存"，如果错误地单击了按钮，请单击"取消"。

2. Word 2010 的界面

Word 2010 的界面环境比较简单，利用图形编辑界面，能友好地编辑文字以及图片的版式，其窗口界面如图 4-5 所示。

Word 2010 窗口界面主要由标题栏、功能区、标尺、编辑区、滚动条、状态栏等组成。

（1）标题栏

位于 Word 2010 操作界面的最顶端，其中显示了当前编辑的文档名称及程序名称。标题栏的最右侧有三个窗口控制按钮，分别用于对 Word 2010 的窗口执行最小化、最大化/还原和关闭操作。

● 窗口控制按钮："最小化"按钮，单击此按钮可以将窗口最小化，缩小成一个小按钮显示在任务栏上。"最大化"按钮和"还原"按钮，这两个按钮不可以同时出现。当窗口不是最大化时，可以看到"最大化"按钮，单击它可以使窗口最大化，占满整个屏幕；当窗口是最大化时，可以看到"还原"，单击它可以使窗口恢复到原来的大小。"关闭"按钮，单击它可以退出整个 Word 2010 应用程序。

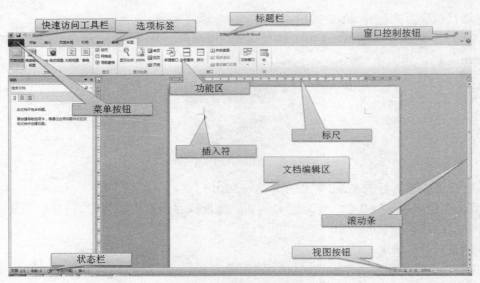

图 4-5　Word 2010 的界面

- 控制图标 W ：位于窗口左上角，单击此按钮会弹出一个下拉菜单，相关的命令用于控制窗口的大小、位置及关闭窗口。单击控制图标可出现相应的菜单，双击控制图标可关闭窗口、在控制图标上单击右键可出现相应的快捷菜单。

（2）快速访问工具栏

用于放置一些使用频率较高的工具。默认情况下，该工具栏包含了"保存""撤消"和"恢复"按钮。若用户要自定义快速访问工具栏中包含的工具按钮，可单击该工具栏右侧的 按钮，在展开的列表中选择要向其中添加或删除的工具按钮。

（3）功能区

位于标题栏的下方，它用选项卡的方式分类存放着编排文档时所需要的工具。单击功能区中的选项卡标签，可切换功能区中显示的工具，在每一个选项卡中，工具又被分类放置在不同的组中。功能区由选项卡、组和命令三部分组成。

- 标签页面：单击某一标签页面会产生相关选项，执行任务时会产生新的标签页面。
- 组：每个标签页面会有多个组，单击组右下角的小箭头 可以启动相关组对话框。
  - ➢ "开始"功能区中包括剪贴板、字体、段落、样式和编辑等五个组。
  - ➢ "插入"功能区包括页、表格、插图、链接、页眉和页脚、文本、符号和特殊符号几个组。
  - ➢ "页面布局"功能区包括主题、页面设置、稿纸、页面背景、段落、排列几个组。
  - ➢ "引用"功能区包括目录、脚注、引文与书目、题注、索引和引文目录几个组。
  - ➢ "邮件"功能区包括创建、开始邮件合并、编写和插入域、预览结果和完成几个组。
  - ➢ "审阅"功能区包括校对、语言、中文简繁转换、批注、修订、更改、比较和保护几个组。
  - ➢ "视图"功能区只包括文档视图、显示、显示比例、窗口和宏几个组。

➢ "加载项"功能区只包括菜单命令一个分组。

（4）标尺

标尺包括水平标尺和垂直标尺两种，标尺上有刻度，用于对文本位置进行定位。利用标尺可以设置页边距、字符缩进和制表位。标尺中部白色部分表示版面的实际宽度，两端浅蓝色部分表示版面与页面四边的空白宽度。在"显示"组中选中"标尺"复选框，将标尺显示在文档编辑区，但是微软允许用户自己隐藏或显示 Word 2010 的标尺。Word 2010 界面中屏幕右侧滚动条上方有一个按钮，这个按钮就是 Word 2010 的标尺开关，用户可以使用这个按钮来决定是否显示 Word 2010 的标尺。

（5）编辑区

编辑区显示的是正在编辑的文档。文档编辑区是用来输入和编辑文字的区域，在 Word 2010 中，不断闪烁的插入点光标"｜"表示用户当前的编辑位置。

要修改某个文本，就必须先移动插入点光标，具体操作方法如下：

● 按键↑、↓、←、→，可分别将光标上、下、左、右移一个字符；
● 按键 PgUp、PgDn，可分别将光标上移、下移一页；
● 按键 Home、End，可分别将光标移至当前行首、行末；
● 按键 Ctrl+Home、Ctrl+End，可分别将光标移至文件头和文件尾；
● 按键 Ctrl+→、Ctrl+←、Ctrl+↑、Ctrl+↓，可分别使光标右移、左移、上移、下移一个字或一个单词。

（6）滚动条

主要起到缓冲数据区的作用，更大范围地显示数据区域，可分为水平滚动条和垂直滚动条，两个滚动条都可以显示或隐藏。将鼠标指针放置于分隔框处双击，可将工作区分为上下两个区域，双击可收回。单击水平滚动条可显示区域中最左一列的列标；单击水平滚动条左侧或右侧的按钮可分别将工作区向左或向右移动一列；单击水平滚动条左侧移动按钮可扩大或缩小水平滚动条，双击可回到默认状态下；拖动水平滚动框可快速移动区域。

（7）状态栏

状态栏用来显示当前文档的工作状态或者额外信息。通过单击"+"号或"-"号可调整工作区的显示比例，通过拖动调整按钮也可以扩大或缩小工作区的显示比例。在状态栏上右击可以设置相关选项；在右下角也可以设置五种视图方式。

● 页面视图：按照文档的打印效果显示文档，具有"所见即所得"的效果，在页面视图中，可以直接看到文档的外观、图形、文字、页眉、页脚等在页面的位置，这样，在屏幕上就可以看到文档打印在纸上的样子，常用于对文本、段落、版面或者文档的外观进行修改。
● 阅读版式视图：适合用户查阅文档，用模拟书本阅读的方式让人感觉在翻阅书籍。
● 大纲视图：用于显示、修改或创建文档的大纲，它将所有的标题分级显示出来，层次分明，特别适合多层次文档，使得查看文档的结构变得很容易。
● Web 版式视图：以网页的形式来显示文档中内容。
● 草稿视图：草稿视图只显示了字体、字号、字形、段落及行间距等最基本的格式，但是将页面的布局简化，适合于快速键入或编辑文字并编排文字的格式。

切换视图方式有以下两种：

- 选择"视图"选项卡，在"文档视图"组中单击需要的视图模式按钮。
- 分别单击视图栏中视图快捷方式图标，即可选择相应的视图模式。

除了以上五种视图以外，Word 2010 还提供了导航窗格视图。该视图是一个独立的窗格，能显示文档的标题列表，使用导航视图可以方便用户对文档结构进行快速浏览。在"视图"选项卡的"显示"组中选中"导航窗格"复选框，将打开导航窗格视图。

（8）文件选项卡

文件选项卡和其他选项卡的结构、布局和功能有所不同。单击"文件"菜单，打开如图 4-6 所示的文件下拉菜单和相应的操作界面。左窗格为下拉菜单命令按钮，右窗格显示选择不同命令后的结果。利用该选项卡，可对文件进行各种操作及设置。

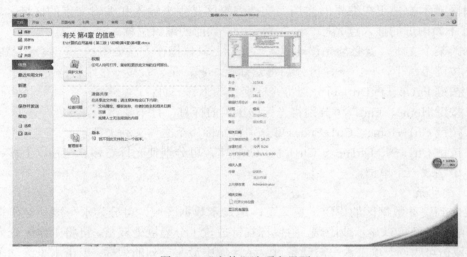

图 4-6 "文件"选项卡界面

"文件"选项卡中包括"保存""另存为""打开""关闭""信息""最近所有文件""新建""打印""保存并发送""帮助""选项""退出"等常用命令。

1）"信息"命令面板：打开"信息"命令面板，可以进行保护文档（包含设置 Word 文档密码）、检查问题和管理自动保存的版本。

2）"最近所有文件"命令面板：单击"最近所有文件"命令，面板右侧可以查看最近使用的 Word 文档列表，用户可以通过该面板快速打开使用的 Word 文档。

3）"新建"命令面板：单击"新建"命令，打开如图 4-7 所示的命令面板，可以看到丰富的 Word 2010 文档类型，包括"空白文档""博客文章""书法字帖"等 Word 2010 内置的文档类型。用户还可以通过 Office.com 提供的模板新建诸如"报表""标签""表单表格""费用报表""会议日程""证书""奖状""小册子"等实用 Word 文档。

4）"打印"命令面板：单击"打印"命令，可以详细设置多种打印参数，例如双面打印、指定打印页等参数，从而有效控制 Word 2010 文档的打印结果。

5）"保存并发送"命令面板：单击"保存并发送"命令，可以在面板中将 Word 2010 文档发送到博客文章、发送电子邮件或创建 PDF 文档。

6）"选项"命令：单击"选项"命令，可以打开"Word 选项"对话框，在"Word 选项"对话框中可以开启或关闭 Word 2010 中的许多功能或设置参数。

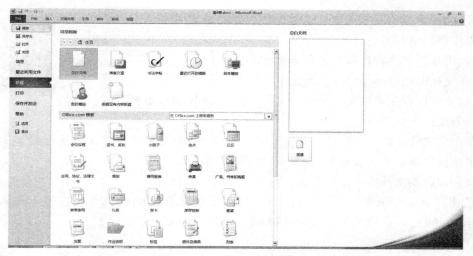

图 4-7　"新建"命令面板

3. 文档的创建、保存

单击"开始"菜单，选择"所有程序"，单击"Microsoft Office"找到"Microsoft Word 2010"命令，启动 Word 2010 的同时会新建一个空白文档。

保存文档有以下几种方法：

- 单击"文件"选项卡→"保存"命令。
- 单击快速访问工具栏上"保存"按钮。
- 按下组合键 Ctrl+S 保存。

对于从未保存过的 Word 文档，执行保存操作后会弹出一个"另存为"对话框，如图 4-8 所示。在"保存位置"下拉列表框中选择文件保存的目标位置，在"文件名"文本框中输入需保存的文件名，然后单击"保存"按钮保存文档。

图 4-8　文档的保存

例题 4-1

（操作视频请扫旁边二维码）

1）利用模板"典雅型备忘录"新建 Word 文档。

2）在文档的最后另起一行输入文字"作者：李林"。

3）将文档保存在考生文件夹中，文件名为"GJWord35.docx"。

例题 4-1

操作方法：

①单击"文件"菜单，选择"新建"，在"Office.com 模板"中单击"备忘录"，在搜索到的模板中选择"备忘录（典雅型主题)"，单击"下载"；

②在创建好的文件中单击回车键，输入"作者：李林"；

③单击"保存"按钮，在"另存为"对话框中选择正确的文件夹位置，输入文件名"GJWord35.docx"，选择文件类型为"Word 文档（*.docx）"。

知识点：

①利用模板创建文件；

②文件的保存；

③内容的输入。

注意事项：

①使用模板新建文档时，注意题目给出的模板类型。本题中使用的 Office.com 网站上下载的模板，其中模板大类属于"备忘录"；

②保存文档时，如果是第一次保存需要注意文档保存的位置，对于一般安装的 Office 来说，默认文件的保存位置都是"文档库"；

③文档命名时需要注意本环境中扩展名是否显示，如果没有显示出来，在命名过程中，极易出现命名错误，比如本题中文件名可能就会被错误地命名为"GJWord35.docx.docx"，其中，第一个".docx"不是文件扩展名。

---

4. 文档的编辑

（1）光标的定位

光标的定位即是光标插入点的位置，文字录入和文本选定等操作是从光标插入点开始的。在 Word 中，只要在指定位置单击即可改变光标的定位（但前提是该位置必须已存在字符，包括空格）。在空行中双击鼠标也可定位光标。

（2）文本的选定

如果要复制和移动文本的某一部分，则首先应选定这部分文本。可以用鼠标或键盘来实现选定文本的操作。

当鼠标指针移到文档编辑区左侧的空白区时，鼠标指针变成向右上方指的箭头↗，这个空白区称为文档选定区，文档选定区可以用于快速选定文本。

1）用鼠标选定文本

根据所选定文本区域的不同情况，分别有：

● 选定任意大小的文本区。将光标置于开始位置，拖动鼠标直到所选定的文本区的最后一个文字并松开鼠标左键，将以反白形式显示出来。文本选定区域可以是一个字符或标点，也可以是整篇文档。

- 选定大块文本。首先用鼠标指针单击选定区域的开始处，然后按住 Shift 键，再配合滚动条将文本翻到选定区域的末尾，再单击选定区域的末尾，则两次单击范围中包括的文本就被选定。
- 选定一个句子。按住 Ctrl 键，将鼠标光标移到要选句子的任意处单击一下。
- 选定一个段落。将鼠标指针移到所要选定段落的任意行处连击三下。或者将鼠标指针移到所要选定段落左侧选定区，当鼠标指针变成向右上方指的箭头时双击之。
- 选定整个文档。按住 Ctrl 键，将鼠标指针移到文档左侧的选定区单击一下。或者将鼠标指针移到文档左侧的选定区并连续快速三击鼠标左键。也可以单击"开始"选项卡"编辑"组中"选择"下的"全选"命令或直接按快捷键 Ctrl+A 选定全文。

2）用键盘选定文档

当用键盘选定文本时，注意应首先将插入点移到所选文本区的开始处，然后再选用如表 4-1 所示的组合键。

表 4-1　常用选定文本的组合键

组合键	选定功能
Shift + →	选定当前光标右边的一个字符或汉字
Shift + ←	选定当前光标左边的一个字符或汉字
Shift + ↑	选定到上一行同一位置之间的所有字符或汉字
Shift + ↓	选定到下一行同一位置之间的所有字符或汉字
Shift + Home	从插入点选定到它所在行的开头
Shift + End	从插入点选定到它所在行的末尾
Shift + Page Up	选定上一屏
Shift + Page Down	选定下一屏
Ctrl + Shift + Home	选定从当前光标到文档首
Ctrl + Shift + End	选定从当前光标到文档尾
Ctrl + A	选定整个文档

（3）文本的输入

新建一个空白文档后，就可以输入文本了。输入文本时，插入点自动后移。

Word 有自动换行的功能，当输入到每行的末尾时不必按 Enter 键，Word 就会自动换行，只有单设一个新段落时才按 Enter 键。按 Enter 键标识一个段落的结束，新段落的开始。中文 Word 既可输入汉字，又可输入英文。输入英文单词时一般有三种书写格式：第一个字母大写其余小写、全部大写或全部小写。

在输入时应注意如下几方面问题：

1）空格

空格在文档中占的宽度不但与字体和字号大小有关，也与"半角"或"全角"输入方式有关。"半角"方式下空格占一个字符位置，"全角"方式下空格占两个字符位置。

2）段落的调整

自然段落之间用"回车符"分隔。两个自然段落的合并只需删除它们之间的"回车符"即可。操作步骤是：光标移到前一段落的段尾，按 Del 键可删除光标后面的回车符，使后一段落与前一段落合并。一个段落要分成两个段落，只需要在分段处键入回车键就可以了。

例题 4-2

（操作视频请扫旁边二维码）

打开考生文件夹中的"GJWord4.docx"文件，完成下列操作。

1）在正文第三段"在 FOXBASE 的提示符……显示执行结果。"的下面另起一段，输入文字"二、程序执行方式"，作为正文第四段。

2）将正文第六段"所谓数据库……较高的独立性。"和第七段"对数   例题 4-2 据库……统一控制的方法。"合并为一段。

3）保存文档。

操作方法：

①双击考生文件夹中的"GJWord4.docx"文件，打开本文件；将插入点光标放置到第三段的最后，按回车键，新建一个段落；在新的段落中输入文字"二、程序执行方式"；

②将插入点光标放置到第六段的最后，选择最后的"回车符"，按 Del 键，删除掉回车符；

③单击"保存"按钮，关闭掉文档。

知识点：

①文字的输入；

②段落的合并。

注意事项：

段落在合并时，只需选择两段之间的"回车符"，并将其删除即可。

（4）文本的插入和删除

1）插入

在文本的某一位置中插入一段新的文本的操作是非常简单的。唯一要注意的是：确认当前文档是处在"插入"方式还是"改写"方式，如果状态栏中的相应信息项是"插入"，则表示当前处于"插入"方式下；否则是在"改写"方式下。

在插入方式下，只要将插入点移到需要插入文本的位置，输入新文本就可以了。插入时，插入点右边的字符和文字随着新的文字的输入逐一向右移动。在改写方式下，则插入点右边的字符或文字将被新输入的字符或文字所替代。

2）删除

删除一个字符或汉字的最简单的方法是：将插入点移到此字符或汉字的左边，然后按 Delete 键；或者将插入点移到此字符或汉字的右边，然后按 Backspace 键。删除几行或一大块文本的快速方法是：首先选定要删除的该块文本，然后按 Delete 键。

（5）文本的移动

在编辑文档的时候，经常需要将某些文本从一个位置移到另一个位置，以调整文档的结构。移动文本的步骤如下：

①选定所要移动的文本。

②单击右键，选择"剪切"命令，或按快捷键 Ctrl+X，此时所选定的文本被剪切掉并保存在剪贴板之中。

③将插入点移到文本拟要移动到的新位置。此新位置可以是在当前文档中，也可以是在其他文档中。

④单击右键，选择"粘贴"命令，或按快捷键 Ctrl+V，所选定的文本便移动到指定的新位置上。

（6）文本的复制

有时，常常需要重复输入一些前面已经输入过的文本，使用复制操作可以减少键入错误，提高效率。复制文本是一个常用操作，与移动文本的操作类似，复制文本的步骤如下：

①选定所要复制的文本。

②单击右键，选择"复制"命令，或按快捷键 Ctrl+C，此时所选定文本的副本被临时保存在剪贴板中。

③将插入点移到文本拟要复制到的新位置。与移动文本操作相同，此新位置也可以在另一个文档中。

④单击右键，选择"粘贴"命令，或按快捷键 Ctrl+V，则所选定文本的副本被复制到指定的新位置上。

（7）文本的粘贴

我们将从 Word 2010 以外的程序复制的文本粘贴到 Word 2010 文档时，可以在"从其他程序粘贴"选项中设置"保留源格式""合并格式"和"仅保留文本"
三种粘贴格式之一，如图 4-9 所示。

（8）文本的撤消与恢复

1）撤消

Word 2010 的撤消功能可以对之前的操作进行多步撤消。撤消操作有以下几种方法：

图 4-9　粘贴选项

- 单击快速访问工具栏中的"撤消"按钮。
- 按下组合键 Ctrl+Z 进行撤消。
- 要撤消多次操作，可单击快速访问工具栏中"撤消"按钮右侧的下拉箭头，在弹出的下拉菜单中选择要撤消的操作步骤即可。

2）恢复

使用了"撤消"命令后，还可以使用"恢复"命令还原撤消操作。恢复操作有以下几种方法：

- 单击快速访问工具栏中的"恢复"按钮。
- 使用组合键 Ctrl+Y 进行恢复。
- 要恢复多次操作，可单击快速访问工具栏中"恢复"按钮右侧的下拉箭头，在弹出的下拉菜单中选择要恢复的操作步骤。

（9）符号的输入

在输入文本时，可能要输入（或插入）一些键盘上没有的特殊的符号（如俄、日、希腊文字符，数学符号，图形符号等），除了利用汉字输入法的软键盘外，Word 还提供"插入符号"的功能。具体操作步骤如下：

①把插入点移至要插入符号的位置。

②执行"插入"选项卡"符号"分组中的"符号"命令，单击"其他符号"按钮，打开如图 4-10 所示的"符号"对话框。

③在"符号"选项卡"字体"下拉列表中选择适当的字体，在符号列表框中选定所需插入的符号，再单击"插入"按钮就可将所选择的符号插入到文档的插入点处。

④单击"关闭"按钮，关闭"符号"对话框。

图 4-10 插入符号

（10）日期和时间的输入

在 Word 文档中可以执行"插入"→"文本"→"日期和时间"命令来插入日期和时间。具体步骤如下：

①将插入点移到要插入日期和时间的位置处。

②执行"插入"→"文本"→"日期和时间"命令，打开如图 4-11 所示的"日期和时间"对话框。

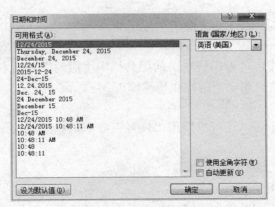

图 4-11 插入日期和时间

③在"语言"下拉列表框中选定"中文（中国）"或"英语（美国）"，在"可用格式"列表框中选定所需的格式。如果选中"自动更新"复选框，则所插入的日期和时间会自动更新，

否则只保持插入时的日期和时间。

④单击"确定"按钮，即可在插入点处插入当前的日期和时间。

（11）域的插入

1）把鼠标放在要插入域的位置，单击"插入"选项卡，选择"文本"组中的"文档部件"按钮，打开下拉列表，从中选择"域"，打开"域"对话框，如图4-12所示。

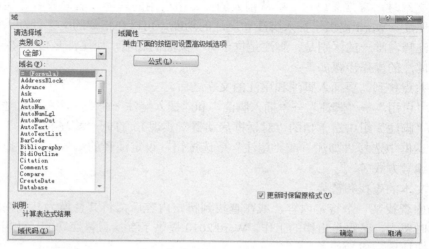

图 4-12　插入域

2）选择类别，然后在域名中选择正确的内容，单击"确定"按钮。

例题 4-3

（操作视频请扫旁边二维码）

1）新建空白文档。

2）在新建文档的第一行输入文字"日期："，并在其后插入域中的日期和时间（Date），格式为"yyyy 年 m 月 d 日星期 w"。

3）在日期后面另起一行，输入如样张所示的公式。

4）将文档保存在考生文件夹中，文件名为"GJWord3.docx"。

例题 4-3

操作方法：

①单击"开始"菜单，选择"所有程序"，单击"Microsoft Office"找到"Microsoft Word 2010"命令，启动 Word 2010 的同时新建一个空白文档；

②在文档开头输入"日期："；单击"插入"选项卡，选择"文本"组中的"文档部件"按钮，打开下拉列表，从中选择"域"；在"类别"中选择"日期和时间"，"日期格式"中选择"yyyy 年 m 月 d 日星期 w"，单击"确定"按钮

③单击回车键，新建一个段落；在新的段落中输入样张所示文字。

知识点：
　　①新建文件；
　　②插入域；
　　③上标下标的使用。

注意事项:

　　样张所示的文字是使用上标下标做出的,而不是使用公式编辑器。

---

　　(12)脚注和尾注的插入

　　在编写文章时,常常需要对一些从别人的文章中引用的内容、名词或事件加以注释,这称为脚注或尾注。Word 提供了插入脚注和尾注的功能,可以在指定的文字处插入注释。脚注和尾注都是注释,唯一的区别是:脚注是位于每一页面的底端,而尾注是位于文档的结尾处。插入脚注和尾注的操作步骤如下:

　　①将插入点移到需要插入脚注和尾注的文字之后。

　　②执行"引用"→"脚注"→"插入脚注"和"插入尾注"命令(注:也可通过单击"引用"选项卡"脚注"组中右下角的"对话框启动器"实现),打开"脚注和尾注"对话框。

　　③在对话框中选择"脚注"或"尾注"单选按钮,设定注释的编号格式、自定义标记、起始编号和编号方式等。

　　(13)文本的查找和替换

　　在文档中查找某一个特定内容,或在查找到特定内容后,将其替换为其他内容,可以说是一项既费时费力,又容易出错的工作。Word 2010 提供了查找与替换功能,使用该功能可以非常轻松、快捷地完成操作。

　　单击"开始"选项卡"编辑"组中的"查找"命令,在出现的对话框中输入查找的内容,单击"查找下一处"按钮,可进行反复查找,注意查找的字符不得超过 255 个字符;单击"替换"标签,可以进行文本的替换,在"查找"中输入被替的词,在"替换为"中输入替换成的词,单击"替换"按钮,可以完成指定内容的替换,单击"全部替换"按钮,将完成所有的替换。

　　1)查找

　　● 简单查找

　　操作如下:

　　①单击"开始"选项卡"编辑"组中的"替换"按钮,打开"查找和替换"对话框。

　　②单击"查找"选项卡,得到如图 4-13 所示的"查找和替换"对话框。在"查找内容"框中键入要查找的文本。

图 4-13　查找和替换

　　③单击"查找下一处"按钮开始查找。当查找到后,就将该文本移入到窗口工作区内,并反白显示所找到的文本。

　　④如果此时单击"取消"按钮,那么关闭"查找和替换"对话框,插入点停留在当前查

找到的文本处；如果还需继续查找下一个的话，那么可单击"查找下一处"按钮，直到整个文档查找完毕为止。

● 高级查找

在图4-13所示的"查找和替换"对话框中，单击"更多"按钮，就会出现如图4-14所示的"查找和替换"对话框。

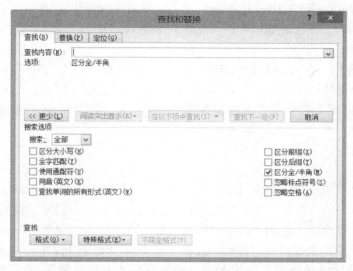

图4-14　高级查找和替换

几个选项的功能介绍如下：

➤ 查找内容：在"查找内容"框中键入要查找的文本。
➤ 搜索：在"搜索"下拉列表框中有"全部""向上"和"向下"三个搜索方向选项。
➤ "区分大小写"和"全字匹配"复选框：主要用于高级查找英文单词。
➤ 使用通配符：选择此复选框可在要查找的文本中键入通配符实现模糊查找。
➤ 区分全/半角：选择此复选框，可区分全角或半角的英文字符和数字，否则不予区分。
➤ 特殊格式字符：如要查找特殊字符，则可单击"特殊格式"按钮，打开"特殊格式"列表，从中选择所需要的特殊格式字符。
➤ "格式"按钮：可设置所要查找的指定的文本的格式。
➤ "更少"按钮：单击"更少"按钮可返回常规查找方式。

2）替换

有时，需要将文档中多次出现的某个字（或词）替换为另一个字词，例如将"计算机"替换成"电脑"等，就可以利用"查找和替换"功能实现。"替换"操作与"查找"操作类似，具体步骤如下：

①单击"开始→编辑→替换"按钮，打开"查找和替换"对话框，并单击"替换"选项卡，得到"查找和替换"对话框的"替换"选项卡。

②在"查找内容"框中键入要查找的内容。

③在"替换为"框中键入要替换的内容。

④在输入要查找和要替换的文本和格式后，可根据情况单击"替换"按钮，或"全部替换"按钮，或"查找下一处"按钮。"替换"操作不但可以将查找到的内容替换为指定的内容，也可以替换为指定的格式。

例题 4-4

（操作视频请扫旁边二维码）

例题 4-4

打开考生文件夹中的"GJWord2.docx"文件，完成下列操作。

1）将正文第二段"在这种结构中……工作站中使用。"中的"服务器"全部替换为"Server"。

2）将正文第三段"面向服务器……操作系统类型。"和第四段"面向服务器的应用……支持一个网络用户。"合并为一段。

3）将合并后的正文第三段"面向服务器……支持一个网络用户。"移动到文档的开头，作为文档的第一段。

4）保存文档。

操作方法：

①双击考生文件夹中的"GJWord2.docx"文件，打开本文件；将插入点光标放置到第二段的开头，选择第二段；单击"开始"选项卡"编辑"组中的"替换"按钮，打开"查找和替换"对话框；单击"查找"选项卡，在"查找内容"框中键入"服务器"，在"替换为"栏中输入"Server"；单击"全部替换"按钮，在弹出对话框中单击"否"；

②将插入点光标放置到第三段的最后，选择最后的"回车符"，单击 Del 键，删除掉回车符；

③全选当前的第三段，单击鼠标右键选择"剪切"；将插入点光标放置到文档的最开始，单击鼠标右键选择"粘贴"。

知识点：

①替换；

②段落的合并；

③文档的移动。

注意事项：

本题的替换是在文档中选择部分内容替换，因此在打开"查找和替换"对话框时，需要提前选择需要查找的文档，在替换完成后弹出的对话框中会让选择是否搜索未选的文档部分，一定要选择"否"，否则就会在整篇文章里面进行替换了。

例题 4-2（续）

（操作视频请扫旁边二维码）

例题 4-2

打开考生文件夹中的"GJWord4.docx"文件，完成下列操作。

1）将正文最后一段"数据库系统……数据库管理员四部分组成。"中的内容"数据库管理系统、"删除。

2）保存文档。

操作方法：

①双击考生文件夹中的"GJWord4.docx"文件，选择文件最后一段；单击"开始"选项卡"编辑"组中的"替换"按钮，打开"查找和替换"对话框；单击"查找"选项卡，在"查找内容"框中键入"数据库管理系统、"，"替换为"框中保持全空；单击"全部替换"按钮，在弹出对话框中单击"否"；

②单击"保存"按钮，关闭掉文档。

知识点：

替换。

注意事项：

本题并不是要求在操作时将需要删除的内容一个一个去手动查找，而是使用替换完成。

（14）文件的插入

在 Word 文档中插入其他文件中的文字，其实就是实现了两个文件的关联，操作步骤如下所示：

①在 word 文档中，将光标放置到需要插入其他文件的地方；

②在"插入"选项卡中，单击"文本"组中的"对象"按钮，打开下拉列表，选择"文件中的文字"；

③在打开的对话框中选择正确的需要插入的文件，单击"插入"按钮。

例题 4-5

（操作视频请扫旁边二维码）

1）新建空白文档。

2）在新建文档中插入考生文件夹下的文件"GJWord6A.docx"。

3）将文档保存在考生文件夹中，文件名为"GJWord6.docx"。

例题 4-5

操作方法：

①单击"开始"→"程序"→"Microsoft Office"→"Microsoft Word 2010"命令，启动 Word 2010 的同时新建一个空白文档；

②在"插入"选项卡中，单击"文本"组中的"对象"按钮，打开下拉列表，选择"文件中的文字"；选择考生文件夹中的"GJWord6A.docx"文件，单击"插入"按钮；

③保存文件到考生文件夹中，命名为"GJWord6.docx"。

知识点：

①新建文件；

②插入文件中的文字；

注意事项：

本题如果实在不会操作，也可以打开需要插入的文件，全选所有内容后复制，然后在"GJWord6.docx"中粘贴也可以得到正确的答案。

课后练习

1. 打开考生文件夹中的"GJWord1.docx"文件，完成下列操作。

（1）在文档的开头插入一空行，并输入"《网络通信》栏目介绍"作为文档的标题。

（2）在正文第二段"作为计算机用户……遥远的梦想。"中的文字"计算机连到"与"网络之中"之间插入文字"四通八达的"。

（3）将文档中的"网络"全部替换为"NETWORK"。

（4）保存文档。

2. 在考生文件夹中，完成下列操作。

（1）在考生文件夹下新建一个 Word 文档，文件名为"Word1.docx"，保存文档在考生文件夹下。

（2）在新建的文档中输入"下马饮君酒，问君何所之。君言不得意，归卧南山陲。但去莫复闻，白云无尽时。"。

（3）选中输入的文字，拷贝 3 次（各为一段）。

（4）保存文档。

3. 打开考生文件夹中的"word4.docx"文件，完成下列操作。

（1）在文档中插入标题段"最有价值的金人"。

（2）将文档中的所有"今人"替换为"金人"。

（3）删除正文第三段中的文字"解决"。

（4）保存文档并退出。

任务 2　Word 2010 排版技术

任务描述

文档经过编辑、修改后，通常还需进行排版，才能使之成为一篇图文并茂、赏心悦目的文章。

Word 提供了丰富的排版功能，本任务中主要介绍排版技术中的字体设置、段落设置、样式设置、页面布局设置、页眉页脚设置等常用技术。

任务实施

1. 字体格式设置

文字的格式主要指的是字体、字形和字号。此外，还可以给文字设置颜色、边框、加下划线或者着重号和改变文字间距等。设置文字格式的方法有两种：一种是用"开始"选项卡"字体"组中的"字体""字号""加粗""倾斜""下划线""字符边框""字符底纹"和"字体颜色"等按钮来设置文字的格式；另一种是在文本编辑区的任意位置单击右键，在随之打开的快捷菜单中选择"字体",打开"字体"对话框来设置文字的格式。

（1）字体基本设置

选中文本后，选择"开始"选项卡中"字体"组，在"字体"下拉列表框中可以设置字体、字形、字号、颜色、下划线，如图4-15所示。

图4-15　字体设置

也可以通过"开始"选项卡中"字体"组，打开"字体"对话框去设置，如图4-16所示。

图4-16　"字体"对话框

　①着重号的设置只能在"字体"对话框中进行；

②上标、下标的设置在"字体"组中更方便；

③在设置下划线的时候需要看清楚每种线型的名字。

例题 4-6

（操作视频请扫旁边二维码）

打开考生文件夹中的"WDA9_83.docx"文件，完成下列操作。

例题 4-6

1）将标题段"分析：超越 Linux、Windows 之争"的文字设置为三号、标准色黄色、加粗，其中的英文文字设置为 Arial Black 字体、中文文字设置为黑体。

2）将正文各段文字"对于微软官员……，它就难于反映在统计数据中。"设置为五号、楷体。

3）保存文档。

操作方法：

①双击考生文件夹中的"WDA9_83.docx"文件，选择标题文字，单击"开始"选项卡中"字体"组，打开"字体"对话框；在"中文字体"中选择"黑体"，在"西文字体"中选择"Arial Black"；在"字形"中选择"加粗"，在"字号"中选择"三号"；

②选择正文所有文字，选择"开始"选项卡中"字体"组，在"字体"下拉列表框设置"字号"为"五号"，"字体"为"楷体"；

③单击"保存"按钮。

知识点：

字体设置。

注意事项：

①设置本题标题文字时，需要分开中文字体和西文字体去设置，最好的设置方法是打开"字体"对话框，在对话框中分开西文和中文去设置；

②设置颜色时，需要让鼠标悬停看到颜色名称后再选择，题目中出现的颜色不是指的一个种类而是具体某个颜色名称。

（2）字体高级设置

对字符间距的设置，是指加宽或紧缩所有选定的字符的横向间距。选定要进行设置的文字，在"字体"对话框中选择"高级"选项卡，打开如图 4-17 所示的"高级"字体对话框，在"字符间距"栏的"间距"框设置加宽或紧缩，并选择需要设置的参数后单击"确定"按钮。

图 4-17　字体高级设置

字体缩放是指把字体按比例增大或缩小。选定要进行缩放的文本，在图 4-17 中"缩放"下拉列表框选择不同的百分比可以调节字符缩放比例。

（3）文字效果

当需要设置比较特殊的文字效果时，可以通过"字体"对话框中的文字效果来完成，如图4-18所示。

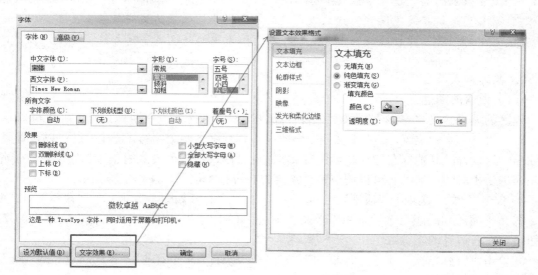

图4-18　文字效果

例题 4-7

（操作视频请扫右边二维码）

打开考生文件夹中的"word6.docx"文件，完成下列操作。

1）设置标题的字体为华文行楷，字号为小二，字形加粗。

2）设置标题的文字效果为"红日西斜"，字符间距加宽2磅。

3）保存文档并退出。

例题 4-7

操作方法：

①双击考生文件夹中的"word6.docx"文件，选择标题文字，单击"开始"选项卡中"字体"组，打开"字体"对话框；在"中文字体"中选择"华文行楷"；在"字形"中选择"加粗"，在"字号"中选择"小二"；

②在"字体"对话框中单击"文字效果"按钮，打开"设置文本效果格式"对话框，在"文本填充"选项卡中选择"渐变填充"，在"预设颜色"中选择第一个效果"红日西斜"，设置完成单击"关闭"；回到"字体"对话框中，单击"高级"选项卡，在"间距"中选择"加宽"，"磅值"中选择"2磅"；

③单击"保存"按钮。

知识点：

　①字体基本设置；

　②文字效果设置；

　③字体高级设置。

注意事项：

①字体高级设置因为使用得较少，比较容易忘记设置的位置；

②文字效果的渐变填充中预设了 24 种颜色，每种颜色都有一个名字，在设置的时候很多题目只会直接说将文字设置为什么效果，而不会提示该效果为文字效果，更不会提示是渐变填充中的一种，此种题目的出现需要对渐变填充中的颜色名字有大致了解。

2．段落格式设置

（1）段落的缩进

段落的缩进包括"左侧""右侧""首行缩进"和"悬挂缩进"四种。首行缩进可以设置段落首行第一个字的位置，在中文文档中一般段落首行缩进两个字符。悬挂缩进可以设置段落中除第一行以外的其他行左边的起始位置。左缩进可以调整整个段落的左边起始位置。右缩进和左缩进是相对的，拖动它可以调整整个段落的右边起始位置。操作步骤如下：

①单击"开始"选项卡"段落"组的"段落"按钮，打开如图 4-19 所示的"段落"对话框。

②在"缩进和间距"选项卡中，单击"缩进"栏下的"左侧"或"右侧"文本框的增减按钮设定左右边界的字符数。

③单击"特殊格式"下拉列表框的下拉按钮，选择"首行缩进""悬挂缩进"或"无"，确定段落首行的格式。

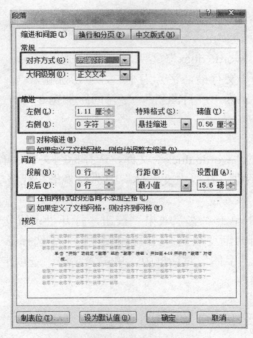

图 4-19　段落设置对话框

（2）段落的对齐方式

段落对齐方式有"两端对齐""左对齐""右对齐""居中"和"分散对齐"五种。可以用"开始"选项卡"段落"组中各功能按钮和"段落"对话框来设置段落的对齐方式。

1）用"开始"选项卡"段落"组中各功能按钮设置对齐方式

在"开始"选项卡"段落"组中，提供了"文本左对齐""居中""文本右对齐""两端对齐"和"分散对齐"五个对齐按钮。Word默认的对齐方式是"两端对齐"。如果希望把文档中某些段落设置为"居中"对齐，那么只要选定这些段落，然后单击"段落"组中的"居中"按钮即可。总之，设置段落对齐方式的步骤是：先选定要设置对齐方式的段落，然后单击"段落"组中相应的对齐方式按钮即可。

2）用"段落"对话框来设置对齐方式的具体步骤如下：

①选定拟设置对齐方式的段落。

②单击"开始"选项卡"段落"组的"段落"按钮，打开"段落"对话框。

③在"缩进和间距"选项卡中，单击"对齐方式"下拉列表框的下拉按钮，在对齐方式列表中选定相应的对齐方式。

（3）段落间距和行距

行距是指两行的距离，而不是两行之间的距离。即指当前行底端和上一行底端的距离，而不是当前行顶端和上一行底端的距离。段间距是两段之间的距离。行距、段间距的单位可以是厘米、磅和当前行距的倍数。

1）行距

①选定要设置行距的段落。

②单击"开始→段落→段落"按钮，打开"段落"对话框。

③单击"行距"下拉列表框下拉按钮，选择所需的行距选项。

④在"设置值"框中键入具体的设置值。

⑤在"预览"框中查看，确认排版效果满意后，单击"确定"按钮；若排版效果不理想，则可单击"取消"按钮取消本次设置。

2）段间距

在"开始"选项卡的"段落"组中打开"段落"对话框，可以设置"段前"和"段后"两种段间距。

（4）边框和底纹

在"开始"选项卡的"段落"组中单击"边框"下拉按钮，并在打开的菜单中选择"边框和底纹"命令，如图4-20所示。

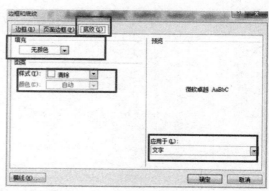

图4-20　边框和底纹

①边框在设置的时候首先必须选择设置哪种框，如果选择的是"无"，后面所有的设置都是无效的。

注意

②设置边框和底纹的时候，最后都要选择应用范围是"段落"还是"文字"。

③底纹中的设置有两种：一种是填充，里面选择的是颜色；另一种是图案，首先选择样式，然后也可以选择颜色。

（5）项目符号和编号

在 Word 中，可以在键入时自动给段落创建编号或项目符号，也可以给已键入的各段文本添加编号或项目符号。

1）键入项目符号和编号

在键入文本时自动创建段落编号的方法是：在键入文本时，先输入如"1."、"（1）"、"一、"、"第一、"、"A."等格式的起始编号，然后输入文本。当按 Enter 键时，在新的一段开头处就会根据上一段的编号格式自动创建编号。重复上述步骤，可以对键入的各段建立一系列的段落编号。如果要结束自动创建编号，可以按 Backspace 键删除插入点前的编号，或再按一次 Enter 键即可。在这些建立了编号的段落中，删除或插入某一段落时，其余的段落编号会自动修改，不必人工干预。

对已键入的各段文本添加项目符号或编号可以使用"开始"选项卡"段落"组中的"项目符号"和"编号"按钮。其操作步骤如下：

①选定要添加项目符号（或编号）的各段落。

②在"开始"选项卡"段落"组中单击"项目符号"按钮（或"编号"按钮）的下拉按钮，打开如图 4-21 所示的"项目符号"列表框（或"编号"列表框）。

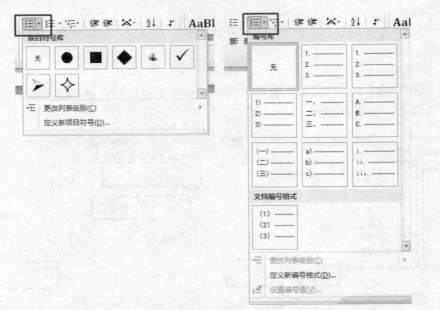

图 4-21　项目符号和编号

③在"项目符号"（或"编号"）列表中，选定所需要的项目符号（或编号）。

④如果"项目符号"（或"编号"）列表中没有所需要的项目符号（或编号），可以单击"定义新项目符号"（或"定义新编号格式"）命令，在打开的"定义新项目符号"（或"定义新编号格式"）对话框中，选定或设置所需要的"符号项目"（或"编号"），再单击"确定"按钮。

2）定义新项目符号

在 Word 2010 中内置有多种项目符号，我们可以在 Word 2010 中选择合适的项目符号，也可以根据实际需要定义新项目符号，使其更具有个性化特征（例如将公司的 Logo 作为项目符号）。在 Word 2010 中定义新项目符号的步骤如下：

①打开 Word 2010 文档窗口，在"开始"选项卡的"段落"组中单击"项目符号"下拉按钮。在打开的"项目符号"下拉列表中选择"定义新项目符号"选项。

②在打开的"定义新项目符号"对话框中，可以单击"符号"按钮或"图片"按钮来选择项目符号的属性。首先单击"符号"按钮，如图 4-22 所示。

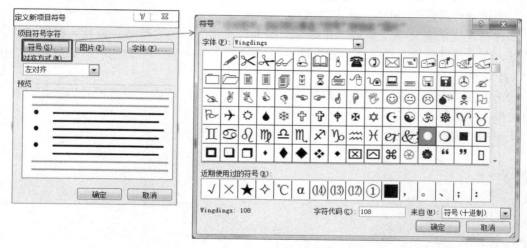

图 4-22　定义新项目符号

③打开"符号"对话框，在"字体"下拉列表框中可以选择字符集，然后在字符列表中选择合适的字符，并单击"确定"按钮。

④返回"定义新项目符号"对话框，如果继续定义图片项目符号，则单击"图片"按钮。

⑤打开"图片项目符号"对话框，在图片列表中含有多种适合做项目符号的小图片，可以从中选择一种图片。如果需要使用自定义的图片，则需要单击"导入"按钮。

⑥在打开的"将剪辑添加到管理器"对话框中查找并选中自定义的图片，并单击"添加"按钮。

⑦返回"图片项目符号"对话框，在图片符号列表中选择添加的自定义图片，并单击"确定"按钮。

⑧返回"定义新项目符号"对话框，可以根据需要设置对齐方式，最后单击"确定"按钮。

例题 4-6（续）

（操作视频请扫旁边二维码）

打开考生文件夹中的"WDA9_83.docx"文件，完成下列操作。

例题 4-6

1）将标题段"分析：超越 Linux、Windows 之争"的文字设置为居中并填充颜色为标准色蓝色的底纹（应用于段落）。

2）将正文各段文字"对于微软官员……，它就难于反映在统计数据中。"设置为首行缩进 2 字符，段前间距 1 行。

3）为正文最后一段添加项目符号，项目符号样式为"✧"型（字符代码：Wingdings，178）。

4）保存文档。

操作方法：

①双击考生文件夹中的"WDA9_83.docx"文件，选择标题文字，单击"开始"选项卡中"段落"组，在"对齐方式"中设置为"居中"；单击"边框"下拉按钮，并在打开的菜单中选择"边框和底纹"命令，在"底纹"选项卡中选择"填充"中的颜色"标准色蓝色"，在"应用于"中选择"段落"，单击"确定"按钮；

②选择正文所有文字，单击"开始"选项卡"段落"组的"段落"按钮，打开"段落"对话框，在"特殊格式"中选择"首行缩进"，在"磅值"中输入"2 字符"；在"段前"中选择"1 行"；

③选择正文最后一段，在"开始"选项卡"段落"组中单击"项目符号"按钮，在"项目符号库"中选择"✧"；

④单击"保存"按钮。

知识点：
  ①段落对齐方式；
  ②段落底纹；
  ③段落缩进；
  ④段落间距；
  ⑤项目符号。

注意事项：
  ①在设置边框和底纹的时候最容易犯的错误就是应用范围的错误；
  ②项目符号设置和插入符号的操作有很大区别，在设置时需要区分。

例题 4-7（续）

（操作视频请扫旁边二维码）

打开考生文件夹中的"word6.docx"文件，完成下列操作。

1）设置标题的字体居中对齐。

2）为第一段中的文字"荆楚岁时记"添加填充颜色为标准色蓝色的底纹。

3）设置正文所有段落首行缩进 2 字符，2 倍行距。

4）保存文档并退出。

操作方法：

①双击考生文件夹中的"word6.docx"文件，选择标题文字，单击"开始"选项卡中"段

例题 4-7

落"组，将"对齐方式"设置为"居中"；

②选择第一段中的文字"荆楚岁时记"，单击"边框"下拉按钮，并在打开的菜单中选择"边框和底纹"命令，在"底纹"选项卡中选择"填充"中的颜色"标准色蓝色"，在"应用于"中选择"文字"，单击"确定"按钮；

③选择正文所有文字，单击"开始"选项卡"段落"组的"段落"按钮，打开"段落"对话框，在"特殊格式"中选择"首行缩进"，在"磅值"中输入"2 字符"；在"行距"中选择"2 倍行距"；

④单击"保存"按钮。

> **知识点：**
> ①段落对齐方式；
> ②文字底纹；
> ③段落缩进；
> ④段落行距。

例题 4-8

（操作视频请扫旁边二维码）

打开考生文件夹中的"WD14.docx"文件，完成下列操作。

1）将标题设置为三号、楷体、标准色蓝色、倾斜、居中并添加填充为标准色黄色的底纹（应用于文字），并设置段后间距为 1 行。

2）将正文第一段和第二段合并成一段，并将合并后的段落首行缩进0.8 厘米，段落左右各缩进 1 厘米，行距为 2 倍行距。

例题 4-8

3）保存文档。

操作方法：

①双击考生文件夹中的"WD14.docx"文件，选择标题文字，单击"开始"选项卡"段落"组的"段落"按钮，打开"段落"对话框，将"对齐方式"设置为"居中"，在"段后"中选择"1行"；单击"边框"下拉按钮，并在打开的菜单中选择"边框和底纹"命令，在"底纹"选项卡中选择"填充"中的颜色"标准色黄色"，在"应用于"中选择"文字"，单击"确定"按钮；单击"开始"选项卡中"字体"组，打开"字体"对话框；在"中文字体"中选择"楷体"，在"字形"中选择"倾斜"，在"字号"中选择"三号"，在"字体颜色"中选择"标准色蓝色"；

②将插入点光标放置到第一段的最后，选择最后的"回车符"，按 Del 键，删除掉回车符；选择文字，单击"开始"选项卡"段落"组的"段落"按钮，打开"段落"对话框，在"特殊格式"中选择"首行缩进"，在"磅值"中输入"0.8 厘米"；在"左侧"和"右侧"中选择"1厘米"，在"行距"中选择"2 倍行距"；

③单击"保存"按钮。

> **知识点：**
> ①字体设置；
> ②段落设置。

> **注意事项：**
>
> 　　在 Office 设置中数据单位都有相应默认单位，凡是数据单位显示的和题目要求不一致的时候可以通过输入正确的单位来改变默认值。

　　3．页面布局设置

　　在制作文档之前，通常需要对文档的页面属性如纸张大小、方向、页边距等进行设置。页面设置中的功能大多来自于"页面布局"选项卡。

　　（1）页面设置

　　1）设置纸张大小

　　纸张的设置是指用什么样的纸张大小来编辑、打印文档。设置纸张大小的方法是：单击"页面布局"选项卡，在"页面设置"组中单击"纸张大小"按钮，打开如图 4-23 所示的"纸张大小"下拉列表，在列表中选择合适的纸张类型。或者在"页面布局"选项卡中单击"页面设置"组的"对话框启动器"，打开如图 4-23 所示的"页面设置"对话框，单击"纸张"选项卡，选择合适的纸张类型。

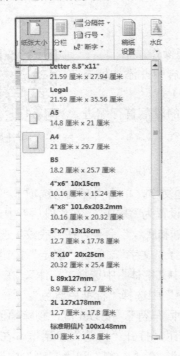
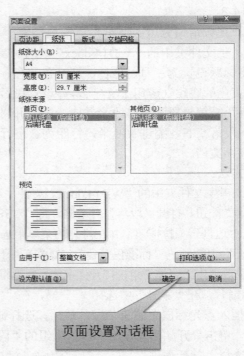

图 4-23　纸张大小

　　2）设置纸张方向

　　Word 2010 中的纸张方向分为横向和纵向两种，在输出 Word 文档时，默认的纸张方向为纵向。在"页面布局"选项卡中，单击"页面设置"组的"纸张方向"按钮。或者在"页面布局"选项卡中单击"页面设置"组中的"对话框启动器"，打开如图 4-24 所示的"页面设置"对话框，单击"页边距"选项卡，选择合适的纸张方向。

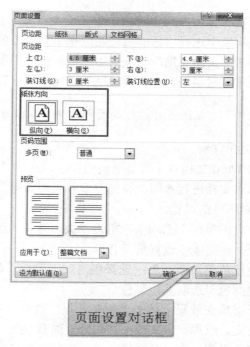

页面设置对话框

图 4-24 纸张方向

3）设置页边距

页边距是指对于一张给定大小的纸张，相对于上、下、左、右四个边界分别留出的边界尺寸。设置页边距有以下两种方法（效果如图 4-25 所示）：

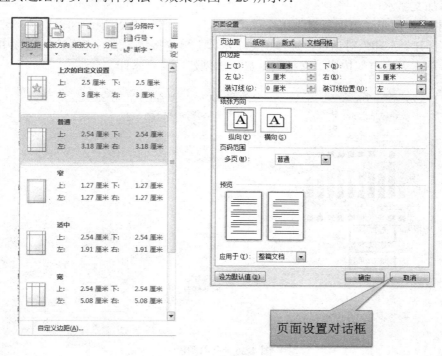

页面设置对话框

图 4-25 页边距

- 单击"页面布局"选项卡中"页面设置"组中的"页边距"按钮，打开下拉列表，在列表中选择合适的页边距或单击列表中的"自定义边距"。
- 单击"页面布局"选项卡中"页面设置"组右下角的"对话框启动器"，打开"页面设置"对话框，在"页边框"选项卡中设置。

注意　在设置页边距的两种方法中，只有"页面设置"对话框中可以设置装订线。

（2）页面背景

新建的 Word 文档背景都是单调的白色，通过"页面布局"选项卡中"页面背景"组中的按钮，可以对文档进行水印、页面颜色和页面边框背景等的设置。

1）页面颜色的设置

选择"页面布局"选项卡，单击"页面背景"组中的"页面颜色"按钮，打开如图 4-26 所示的面板，在面板中设置页面背景。

- 设置单色页面颜色：选择所需页面颜色，如果列出的颜色不符合要求，可单击"其他颜色"选取其他颜色。
- 设置填充效果：单击"填充效果"命令，弹出"填充效果"对话框，在这里可添加渐变、纹理、图案或图片作为页面背景。
- 删除设置：在"页面颜色"下拉列表中选择"无颜色"命令即可删除页面颜色。

2）水印设置

水印用来在文档文本的后面打印文字或图形。水印是透明的，因此任何打印在水印上的文字或插入对象都是清晰可见的。

- 添加文字水印

在如图 4-26 所示"页面背景"组中单击"水印"按钮，在出现的面板中选择"自定义水印"命令，打开"水印"对话框，选择"文字水印"单选按钮，然后在对应的选项中完成相关信息输入，单击"确定"按钮。文档页上显示出创建的文字水印。

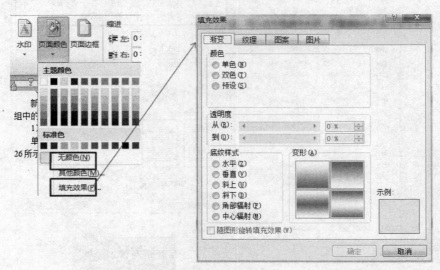

图 4-26　页面颜色

● 添加图片水印

在"水印"对话框中，选择"图片水印"单选按钮，然后单击"选择图片"按钮，浏览并选择所需的图片，单击"插入"，再在"缩放"框中，选择"自动"选项，选中"冲蚀"复选框，单击"确定"按钮，如图 4-27 所示。这样文档页上显示出创建的图片水印。

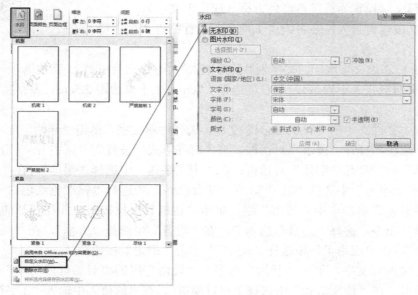

图 4-27　水印设置

● 删除水印

在"水印"对话框中，选择"无水印"单选按钮，单击"确定"按钮，或在"水印"下拉列表中，选择"删除水印"命令，即可删除文档页上创建的水印。

3）页面边框

在"页面布局"选项卡中，选择"页面背景"组，单击"页面边框"按钮，将打开如图4-28 所示的"边框和底纹"对话框，然后打开"页面边框"选项卡，选择合适的边框类型、线的样式、颜色和大小后单击"确定"按钮即可。若要删除页面边框，在"边框和底纹"对话框的"设置"栏中选择"无"，单击"确定"按钮即可。

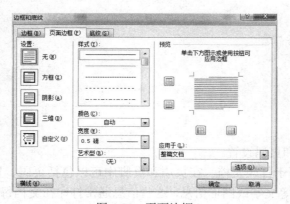

图 4-28　页面边框

例题 4-9

（操作视频请扫旁边二维码）

例题 4-9

打开考生文件夹中的"WD8.docx"文件，完成下列操作。

1）将标题设置为三号黑体、标准色红色、加粗、居中。

2）将标题文字设置为标准色红色方框（应用于文字）。

3）将正文段落设置为左右各缩进 1 厘米、首行缩进 2 个字符，段后间距设置为 1 行。

4）当前文档添加文字水印，文字为"公司绝密"（不包括双引号），其他选项保持缺省值。

5）设置页面纸张大小为 A4，左右页边距 1.9cm，上下页边距 2.5cm。保存文档。

操作方法：

①双击考生文件夹中的"WD8.docx"文件，选择标题文字，单击"开始"选项卡"段落"组的"段落"按钮，打开"段落"对话框，将"对齐方式"设置为"居中"；单击"开始"选项卡中"字体"组，打开"字体"对话框；在"中文字体"中选择"黑体"，在"字形"中选择"加粗"，在"字号"中选择"三号"，在"字体颜色"中选择"标准色红色"；

②单击"开始"选项卡中"段落"组，单击"边框"下拉按钮，并在打开的菜单中选择"边框和底纹"命令，选择"边框"选项卡，在"设置"中选择"方框"，在"颜色"中选择"标准色红色"，在"应用于"中选择"文字"，单击"确定"按钮；

③选择正文所有文字，单击"开始"选项卡"段落"组的"对话框启动器"按钮，打开"段落"对话框，在"特殊格式"中选择"首行缩进"，在"磅值"中输入"2 字符"；在"段后"中选择"1 行"，"左侧"和"右侧"各选择"1 厘米"；

④在"页面布局"选项卡中选择"页面背景"组，单击"水印"按钮，在出现的菜单中选择"自定义水印"命令，打开"水印"对话框，选择"文字水印"单选按钮，然后在"文字"中输入"公司绝密"，单击"确定"按钮；

⑤在"页面布局"选项卡中单击"页面设置"命令组中的"对话框启动器"按钮，打开"页面设置"对话框，单击"纸张"选项卡，在"纸张大小"中选择"A4"；选择"页边距"选项卡，在"左"和"右"中输入"1.9 厘米"，在"上"和"下"中输入"2.5 厘米"；单击"保存"按钮。

知识点：

①字体设置；

②段落设置；

③文字水印设置；

④纸张大小设置；

⑤页边距设置。

---

4. 其他设置

（1）页眉、页脚和页码设置

页眉和页脚通常用于打印文档。在页眉和页脚中可以包括页码、日期、公司徽标、文档标题、文件名或作者名等文字或图形信息，这些信息通常打印在文档每页的顶部或底部。页眉打印在上页边距中，而页脚打印在下页边距中。

在文档中可以自始至终用同一个页眉或页脚，也可以在文档的不同部分用不同的页眉和页脚。例如，可以在首页上使用与众不同的页眉或页脚或者不使用页眉和页脚，还可以在奇数页和偶数页上使用不同的页眉和页脚，而且文档不同部分的页眉和页脚也可以不同。

1）添加页码

页码是页眉和页脚中的一部分，可以放在页眉或页脚中。对于一个长文档，页码是必不可少的，因此为了方便，Word 单独设立了"插入页码"功能。

如果用户希望每个页面都显示页码，并且不希望包含任何其他信息（例如，文档标题或文件位置），可以快速添加库中的页码，也可以创建自定义页码。

单击"插入"选项卡中的"页眉和页脚"组中的"页码"按钮，打开页码下拉菜单，如图 4-29 所示，在下拉菜单中选择所需的页码位置，然后滚动浏览其他选项，单击所需的页码格式即可。若要返回至文档正文，只要单击"页眉和页脚工具|设计"选项卡的"关闭页眉和页脚"按钮即可。

若要更改编号格式，单击"页眉和页脚"组中的"页码"按钮，在"页码"下拉菜单中单击"页码格式"命令即可。单击"页眉和页脚工具\设计"选项卡的"关闭页眉和页脚"按钮即可返回至文档正文，如图 4-30 所示。

图 4-29　页码设置

图 4-30　页码格式

> **注意**　在页眉页脚设置中，首先必须检查页码格式，然后将光标定位在需要插入页码的地方，选择插入。

2）添加页眉或页脚

单击"插入"选项卡，在"页眉和页脚"组中单击"页眉"或"页脚"按钮，在打开的下拉菜单中选择"编辑页眉"或"编辑页脚"命令，定位到文档中的位置。单击"页眉和页脚工具|设计"选项卡的"关闭页眉和页脚"按钮即可返回至文档正文。

可以只向文档的某一部分添加页码，也可以在文档的不同部分中使用不同的编号格式。此外，还可以在奇数页和偶数页上采用不同的页眉或页脚。

- 双击页眉区域或页脚区域，将打开"页眉和页脚工具|设计"选项卡，在"选项"组中选中"奇偶页不同"复选框。
- 在其中一个奇数页上，添加要在奇数页上显示的页眉、页脚或页码编号。
- 在其中一个偶数页上，添加要在偶数页上显示的页眉、页脚或页码编号。
- 若要返回至文档正文，单击"设计"选项卡上的"关闭页眉和页脚"按钮。

3）删除页码、页眉和页脚

双击页眉、页脚或页码，然后选择页眉、页脚或页码，再按 Delete 键。若具有不同页眉、页脚或页码，在每个分区中重复上面步骤即可。

（2）分栏设置

设定分栏的方法是在页面视图模式下，选定要设置为分栏格式的文本，单击"页面布局"选项卡，选择"页面设置"组，单击"分栏"按钮；在打开的下拉列表中选择"更多分栏"命令，打开如图 4-31 所示的"分栏"对话框；设置所需的栏数、栏宽和栏间距等内容，单击"确定"按钮，则对选定的文本区域完成分栏。

删除分栏的方法是重复执行分栏设定中的操作，在如图 4-31 所示的对话框中，选取"一栏"后单击"确定"按钮，则可取消分栏。

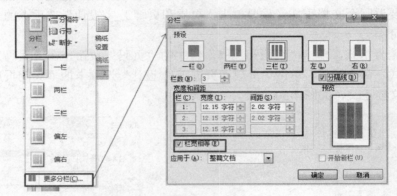

图 4-31　分栏

①在设置分栏时，一定要选择"更多分栏"，否则在"分栏"按钮的下拉列表中只能选择栏数，其他如栏数、栏宽和栏间距、分隔线等无法设置。

②在分栏选择设置对象时，一定不能将"回车符"选进去，否则分栏文字显示将只在一边。

例题 4-10

（操作视频请扫旁边二维码）

打开考生文件夹中的"WD6.docx"文件，完成下列操作。

1）将标题设置为三号、黑体、标准色红色、加粗、居中。

2）将正文段落设置为左右各缩进 1 厘米、首行缩进 2 个字符、段后间距设置为 1 行。

例题 4-10

3）将正文最后一段分为两栏，栏宽为 6 厘米。加分隔线。

4）插入页眉页脚：在页脚插入页码，页码设为 A,B,C……，页眉输入"多媒体技术"，并设置为小五号字、黑体、居中。

5）保存文档。

操作方法：

①双击考生文件夹中的"WD6.docx"文件，选择标题文字，单击"开始"选项卡"段落"组的"段落"按钮，打开"段落"对话框，将"对齐方式"设置为"居中"；单击"开始"选

项卡中"字体"组，打开"字体"对话框；在"中文字体"中选择"黑体"，在"字形"中选择"加粗"，在"字号"中选择"三号"，在"字体颜色"中选择"标准色红色"。

②选择正文所有文字，单击"开始"选项卡"段落"组的"段落"按钮，打开"段落"对话框，在"特殊格式"选择"首行缩进"，在"磅值"中输入"2字符"；在"段后"选择"1行"，"左侧"和"右侧"各选择"1厘米"。

③单击"页面布局"选项卡，选择"页面设置"组，单击"分栏"按钮；在打开的下拉列表中选择"更多分栏"命令，打开"分栏"对话框；在"预设"中选择"两栏"，在"加分隔线"复选框前打勾，在"栏宽"中输入"6厘米"，单击"确定"按钮。

④单击"插入"选项卡中的"页眉和页脚"组的"页码"按钮，打开页码设置下拉菜单，单击"设置页码格式"按钮，打开"页码格式"对话框，在"编号格式"中选择"A,B,C……"单击"确定"按钮；再次单击"页码"按钮，打开页码设置下拉菜单，在下拉菜单中选择"页面底端"，选择"普通数字1"；单击"插入"选项卡，在"页眉和页脚"组中单击"页眉"按钮，在打开的下拉菜单中选择"编辑页眉"按钮，定位到文档中的位置，输入"多媒体技术"；单击"开始"选项卡中"字体"组，打开"字体"对话框；在"中文字体"中选择"黑体"，在"字号"中选择"小五"；单击"开始"选项卡"段落"组的"段落"按钮，打开"段落"对话框，在"对齐方式"中选择"居中"；单击"页眉和页脚工具"选项卡的"设计"选项卡的"关闭页眉和页脚"按钮返回至文档正文。

⑤单击"保存"按钮。

知识点：
①字体设置；
②段落设置；
③分栏设置；
④页眉、页脚、页码设置。

注意事项：
①分栏设置时，必须打开"分栏"对话框，按照题目要求设置；
②页眉页脚页码设置顺序为：先设置页码格式，然后在页面顶端或底端插入设置好的页码。
③本题页眉设置完成后需要回到"开始"选项卡中的"字体""段落"组中去设置字体和对齐方式，此处很容易忘记。

（3）设置分节、分页

分隔符是文档中分隔页或节的符号。

- 分页符：分页符是分隔相邻页之间的文档内容的符号。
- 分节符：Word中可以将文档分为多个节，不同的节可以有不同的页格式。通过将文档分隔为多个节，我们可以在一篇文档的不同部分设置不同的页格式（如页面边框、纸张方向等）。

插入分页符后整个Word文档还是一个统一的整体，只是在一页内容没书写满时将光标跳至下一页；而插入分节符就相当于把一个 Word 文档分成了几个部分，每个部分可以单独地编排页码、设置页边距、设置页眉页脚、选择纸张大小与方向等。但它们都可以在视觉效果上达到跳跃至下一页的目的。

设置方法为选择"页面布局"选项卡，在"页面设置"组单击"分隔符"，如图 4-32 所示。

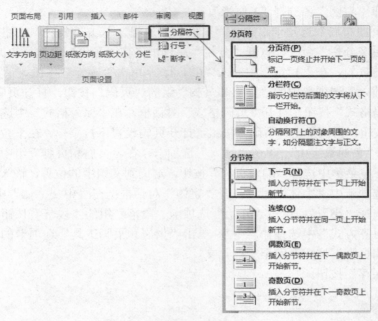

图 4-32　分隔符

（4）首字下沉

为了让文字更加美观与个性化，可以使用"首字下沉"功能让段落的首个文字放大或者更换字体。

将插入点移至要设置的段落中，切换到"插入"选项卡，在"文本"组中单击"首字下沉"按钮，从下拉菜单中选择"下沉"或"悬挂"。或者选择下拉菜单中的"首字下沉选项"命令，在打开的"首字下沉"对话框中进行自定义处理，如图 4-33 所示。

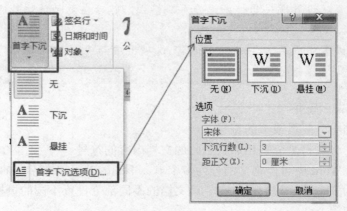

图 4-33　首字下沉

例题 4-11

（操作视频请扫旁边二维码）

打开考生文件夹中的"KSWORD1.docx"文件，完成下列操作。

例题 4-11

1）将正文第一段分为等宽的两栏，栏间距 0.5 厘米。

2）将第二段文字加波浪下划线，添加图案样式为 25% 的底纹（应用范围为文字）。

3）将第三段前两字设置为首字下沉，下沉行数为 2，距正文 0.3 厘米。

4）为文档添加页眉"加速度"。在文档的页脚部分插入居中页码，格式为"A、B、C"。

5）保存文档。

操作方法：

①双击考生文件夹中的"KSWORD1.docx"文件，选择第一段，单击"页面布局"选项卡中，单击"页面设置"组中的"分栏"按钮；在打开的下拉列表中选择"更多分栏"命令，打开"分栏"对话框；在"预设"中选择"两栏"，在"栏间距"中输入"0.5 厘米"，单击"确定"按钮；

②选择第二段文字，选择"开始"选项卡中的"字体"组，单击"字体"按钮，打开"字体"对话框，在"下划线"中选择"波浪下划线"；单击"边框"下拉按钮，并在打开的菜单中选择"边框和底纹"命令，在"底纹"选项卡中选择"图案"中的"样式"中的"25%"，在"应用于"中选择"文字"，单击"确定"按钮；

③选择第三段前两个字，选择"插入"选项卡，在"文本"组中单击"首字下沉"按钮，从下拉菜单中选择"下沉"；在"下沉行数"中输入"2"，"距正文距离"中输入"0.3 厘米"；

④单击"插入"选项卡中的"页眉和页脚"组中的"页码"按钮，打开页码设置下拉菜单，单击"设置页码格式"按钮，打开"页码格式"对话框，在"编号格式"中选择"A,B,C……"，单击"确定"按钮；再次单击"页码"按钮，打开页码设置下拉菜单，在下拉菜单中选择"页面底端"，选择"普通数字 2"；单击"插入"选项卡，在"页眉和页脚"组中单击"页眉"按钮，在打开的下拉菜单中选择"编辑页眉"按钮，定位到文档中的位置，输入"加速度"；单击"页眉和页脚工具"功能区的"设计"选项卡的"关闭页眉和页脚"按钮返回至文档正文；

⑤单击"保存"按钮。

知识点：

①分栏设置；

②字体设置；

③段落设置；

④首字下沉；

⑤页眉页脚页码设置。

注意事项：

①分栏时，段落最后的"回车符"不能选进去；

②设置下划线时，一定要将鼠标悬停确认下划线的名称是否和题目相符。

（5）样式设置

样式是应用于文本的一系列格式特征，利用它可以快速地改变文本的外观。当应用样式时，只需执行一步操作就可应用一系列的格式。

单击"开始"选项卡，单击"样式"组右下角按钮，打开如图 4-34 所示的"样式"窗格。利用此窗格可以浏览、应用、编辑、定义和管理样式。

图 4-34　样式

样式应用的方法：选定段落，在"样式"窗格中，单击样式名，或者单击"开始"选项卡中"样式"组中的样式按钮，即可将该样式的格式集一次应用到选定段落上。

在"样式"窗格中，单击"新建样式"按钮，弹出如图 4-35 所示的"创建新样式"对话框，然后在"名称"框中输入新样式名，在"样式类型"框中的"字符"或"段落"选项中选择所需其他选项，单击"格式"按钮设置样式属性，最后单击"确定"按钮即可创建一个新的样式。

在如图 4-36 所示"样式"窗格中，右击样式列表中显示的样式，选择"修改"命令，将弹出"修改样式"对话框，单击"格式"按钮即可修改样式格式。

在"样式"窗格中，右击样式列表中的样式，在弹出的快捷菜单中单击"删除"命令即可将选定的样式删除。

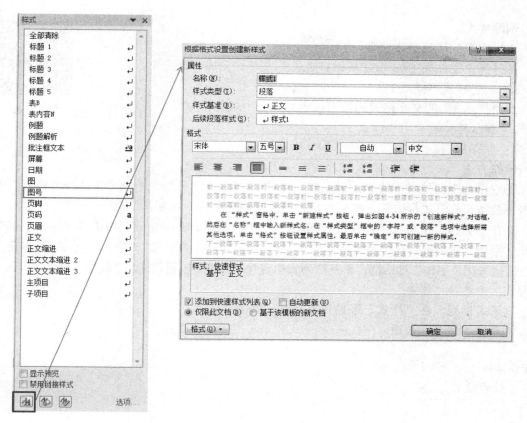

图 4-35　新建样式

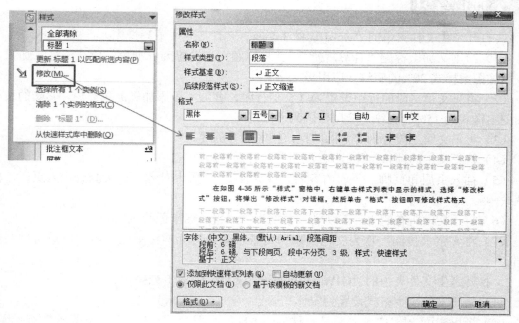

图 4-36　修改样式

例题 4-12

（操作视频请扫旁边二维码）

例题 4-12

打开考生文件夹中的"GJWord37.docx"文件，完成下列操作。

1）新建样式"样式 1"。

2）"样式 1"的文字格式为隶书，小二，居中对齐。

3）将文档标题应用"样式 1"。

4）保存文档。

操作方法：

①双击考生文件夹中的"GJWord37.docx"文件，在"开始"选项卡中选择"样式"组，单击下拉按钮打开"样式"下拉列表框；单击"新建样式"按钮；

②在"名称"中输入"样式 1"，单击"格式"按钮，在下拉列表中选择"字体"按钮，打开"字体"对话框，在"中文字体"中选择"隶书"，在"字号"中选择"小二"，单击"确定"按钮关闭"字体"对话框；在下拉列表中选择"段落"按钮，打开"段落"对话框，在"对齐方式"中选择"居中"；

③选定标题，在"样式"下拉列表框中，单击"样式 1"；

④单击"保存"按钮。

> 知识点：
>
> 样式设置。

 课后练习

1. 打开考生文件夹中的"word 素材 3.docx"文件，完成下列操作。

（1）给本文加上标题"计算视觉"，并将标题文字设置为标准色红色，三号，加粗，居中；添加图案样式 20%的底纹（应用于文字）。

（2）将正文第二段的行距设置为 1.5 倍行距，并为本段添加标准色红色、1 磅的边框；添加图案样式为 15%的底纹，应用范围为"段落"。

（3）将正文第三段分为等宽的两栏，栏间加分隔线。

（4）将正文中的项目符号改为数字顺序项目编号（1.2.3.…）。

（5）插入页眉和页脚：页眉内容为"计算视觉"，居中对齐。在页脚处插入页码，格式默认。

（6）将正文中所有的"计算视觉"替换为"加粗、标准色蓝色"。

（7）将文字"传阅"作为文档的水印背景，颜色为标准色紫色，最后以原文件名保存文档。

2. 打开考生文件夹中的"GJWord10.docx"文件，完成下列操作。

（1）将正文的文字格式设置为宋体、五号。

（2）将正文第一段（"含羞草是一种……美丽的小羽毛。"）的段落格式设置为首行缩进 2 个字符，左缩进 3 字符、右缩进 3 字符。

（3）设置正文第二段（"含羞草的花……结出一簇小荚果。"）首字下沉，隶书，下沉行数为 2，距正文 0.2 厘米。

（4）为正文第四段（"含羞草为什么……被摧折的危险。"）中的文字"含羞草为什么会有这种奇怪的行为？"添加着重号。

（5）保存文档。

3. 打开考生文件夹中的"GJWord14.docx"文件，完成下列操作。

（1）将正文第四段（"冬天来了……等天亮了搭个窝。"）分为等宽的两栏，加分隔线。

（2）在正文第三段（"夏天是寒号鸟……五光十色的羽毛。"）与图片之间插入分页符。

（3）在页眉中添加文字"寒号鸟的故事"，并设置字体为华文行楷，小四，加粗，右对齐。

（4）在文档的页脚中插入右对齐页码，页码格式为（A，B，C...）。

（5）保存文档。

任务 3　Word 2010 表格制作

任务描述

使用表格可以将复杂的信息简单明了地表达出来，Word 2010 提供了多种创建表格的方法，创建好表格后，还可以很方便地修改表格、移动表格位置或调整表格大小，以及为表格或单元格添加边框和底纹等。此外，还可以对表格中的数据进行排序或简单的计算。本任务中将介绍表格的基本操作、美化、数据操作等方法。

任务实施

1. 插入表格

表格是由水平的行和垂直的列组成的，行与列交叉形成的方框称为单元格。在 Word 2010 中，我们可以使用表格网格或"插入表格"对话框创建表格，还可以手绘表格。

（1）用表格网格创建表格

①打开 Word 2010 文档页面，单击"插入"选项卡。

②在"表格"组中，单击"表格"按钮。

③拖动鼠标选中合适的行和列的数量，释放鼠标即可在页面中插入相应的表格，如图 4-37 所示。

> **注意**
> ①在使用表格网格创建表格时，虽然较简便但也有一定局限性，如行数最多只能有 8 行，列数最多是 10 列；
> ②在表格网格上面会随着鼠标的选择出现数字，如图 4-37 中显示的"5*4"表示的是 5 列 4 行，和我们习惯的"行*列"说法正好相反。

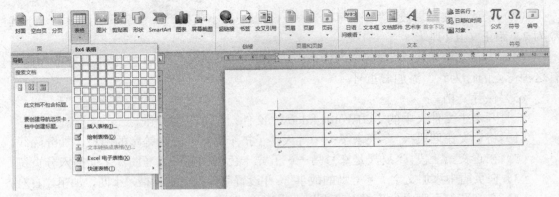

图 4-37　使用表格网格创建表格

（2）用"插入表格"对话框创建表格

用"插入表格"对话框创建表格可以不受行、列数的限制，还可以对表格格式进行简单设置，所以"插入表格"对话框是最常用的创建表格的方法。具体操作如下：

①在"表格"组中单击"表格"按钮，并选择"插入表格"命令，如图 4-38 所示。

②打开"插入表格"对话框。

③在对话框中分别设置表格行数和列数，如果需要的话，可以选择"固定列宽""根据内容调整表格"或"根据窗口调整表格"选项。完成后单击"确定"按钮即可。

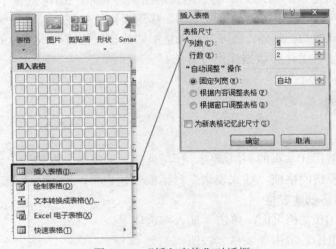

图 4-38　"插入表格"对话框

（3）手工绘制表格

使用绘制表格工具可以非常灵活、方便地绘制那些行高、列宽不规则的复杂表格，或对现有表格进行修改。操作步骤如下：

①选择"插入"选项卡中"表格"组的"绘制表格"，此时鼠标指针变为铅笔状。

②在文档区域拖动鼠标绘制一个表格框，在表格框中向下拖动鼠标画列，向右拖动鼠标画行，对角线拖动鼠标绘制斜线。

③手工绘制表格过程中自动打开"表格工具|设计"选项卡，如图 4-39 所示。在该选项卡的"绘图边框"组可以选择"线型"、线的"粗细"和颜色等，还有"擦除"按钮可以对绘制

过程中的错误进行擦除。

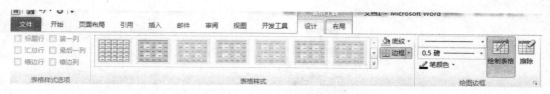

图 4-39 "表格工具|设计"选项卡

（4）绘制斜线表头

①把光标定位在需要斜线的单元格中，然后单击"表格工具|设计"选项卡，在"表格样式"组中选择"边框"按钮，单击打开下拉列表，选择"斜下框线"，一根斜线的表头就绘制好了，如图 4-40 所示。

②依次输入表头的文字，通过空格和回车移动到适当的位置，如图 4-40 所示。

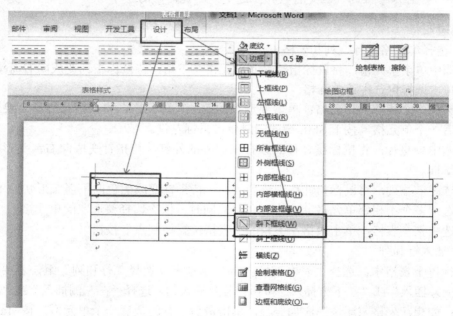

图 4-40 绘制斜线表头

③也可以单击"插入"选项卡上"表格"组中的"表格"按钮，在展开的列表中选择"绘制表格"选项。将鼠标指针移至文档编辑窗口，单击并拖动鼠标，即可绘制斜线。

（5）将文本转换为表格

Word 2010 可以将已经存在的文本转换为表格。要进行转换的文本应该是格式化的文本，即文本中的每一行用段落标记符分开，每一列用分隔符（如空格、逗号或制表符等）分开。其操作方法如下：

①选定添加段落标记和分隔符的文本。

②选择"插入"选项卡，选择"表格"组，单击"文本转换成表格"按钮，弹出"将文字转换成表格"对话框，如图 4-41 所示。Word 能自动识别出文本的分隔符，并计算表格列数，即可得到所需的表格。也可以通过设置分隔位置得到所需的表格。

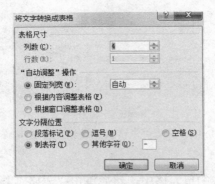

图 4-41　将文字转换成表格

注意　　在将文字转换成表格时，行数和列数是可以自动识别的，对话框中的列数是可以修改的，但是行数一旦选定是不能修改的。

2. 编辑表格

（1）选择单元格、行、列和表格

● 选中单个单元格：将鼠标指针移到单元格左下角，待鼠标指针变成向右箭头形状后，单击鼠标可选中该单元格

● 选择多个相邻的单元格：单击要选择的第一个单元格，将鼠标指针移至要选择的最后一个单元格，按下 Shift 键的同时单击鼠标左键。

● 选中一整行：将鼠标指针移到该行左边界的外侧，待指针变成向右箭头形状后单击鼠标。

● 选中一整列：将鼠标指针移到该列顶端，待指针变成黑色向下箭头形状后单击鼠标。

● 选中多个不相邻单元格：按住 Ctrl 键的同时，依次选择要选取的单元格。

● 选中整个表格：单击表格左上角的"表格位置控制点"按钮。

（2）插入行和列

将光标置于表格中，选择"表格工具|布局"选项卡，选择"行和列"组，若要插入行，选择"在上方插入"或"在下方插入"按钮；若要插入列，选择"在左侧插入"或"在右侧插入"按钮；如想在表格末尾快速添加一行，单击最后一行的最后一个单元格，按 Tab 键即可插入，或将光标置于末行行尾的段落标记前，直接按 Enter 键插入一行，如图 4-42 所示。

图 4-42　插入行和列

（3）插入单元格

将光标置于要插入单元格的位置，选择"表格工具|布局"选项卡，选择"行和列"组中右下角的按钮，弹出"插入单元格"对话框，如图 4-43 所示。选择相应的插入方式后，单击"确定"按钮即可。该操作也可以在选择单元格后，单击右键，在快捷菜单的"插入"菜单中

选择"插入单元格"命令，打开对话框。

（4）删除行和列

把光标定位到要删除的行或列所在的单元格中，或者选定要删除的行或列，在"表格工具|布局"选项卡中选择"行和列"组，单击"删除"按钮，再选择"删除行"或"删除列"菜单命令即可，如图4-44所示。

图4-43　插入单元格

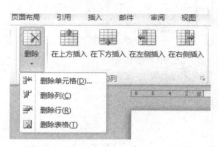

图4-44　删除行和列

（5）删除单元格

把光标移动到要删除的单元格中或选定要删除的单元格，选择"表格工具|布局"选项卡中的"行和列"组，单击"删除"按钮，选择"删除单元格"命令，弹出如图4-45所示的"删除单元格"对话框，选择相应的删除方式，单击"确定"按钮即可。

（6）合并与拆分单元格

合并单元格：将多个单元格合并为一个。选中需要合并的单元格，选择"表格工具|布局"选项卡，单击"合并"组中的"合并单元格"按钮即可。

拆分单元格：将一个单元格拆分为多个。将鼠标置于将要拆分的单元格中，在"表格工具|布局"选项卡中单击"合并"组中的"拆分单元格"按钮，打开"拆分单元格"对话框，如图4-46所示。输入要拆分的列数和行数，单击"确定"按钮即可。

图4-45　删除单元格

图4-46　拆分单元格

（7）调整表格的列宽与行高

创建表格后，可以根据表格内容的需要调整表格的列宽与行高。

1）使用鼠标调整表格的列宽与行高

若要改变列宽或行高，可以将指针停留在要更改其宽度的列的边框线上，直到鼠标指针变为带左右箭头的十字形状时，按住鼠标的左键拖动，达到所需列宽或行高时，松开鼠标即可。

2）使用对话框调整行高与列宽

用鼠标拖动的方法直观但不易精确掌握尺寸，使用功能区中的命令或者表格属性可以精确地设置行高与列宽。将光标置于要改变列宽和行高的表格中，在"表格工具|布局"选项卡中选择"单元格大小"组中的高度和宽度框，输入精确的数值即可。或者在"表格工具|布局"

选项卡，选择"单元格大小"组中单击按钮，打开"表格属性"对话框，如图 4-47 所示。在对话框中选择行或列选项卡，也可设置相应的行高或列宽。

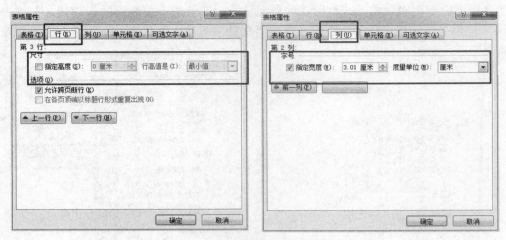

图 4-47　调整表格的列宽与行高

（8）设置对齐方式

表格中的对齐方式有两种，一种是表格作为一个整体在整个文档中的位置，另外一种是表格中的单元格的文字对齐方式。

表格在文档中的对齐方式设置方法：单击表格左上角的"表格位置控制点"按钮全选整张表格，选择"开始"选项卡中的"段落"组，单击相应对齐方式。

表格中单元格文字的对齐方式有两个：一个是水平方向、一个是垂直方向。选择需要设置文本对齐方式的单元格区域，选择"表格工具|布局"选项卡，选择"对齐方式"组中的相应对齐方式。另外也可以选择单元格后，单击右键，选择快捷菜单中的"单元格对齐方式"，如图 4-48 所示。

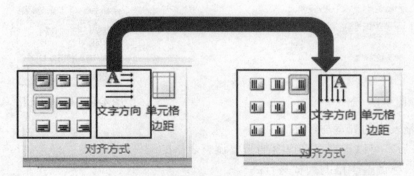

图 4-48　表格中单元格的文字对齐方式

而进行上面的设置时，文字的方向也是可以修改的。选择要调整文字方向的单元格，选择"表格工具|布局"选项卡，选择"对齐方式"组，单击"文字方向"按钮。

 　　　　表格对齐方式在设置时要分清楚是哪种，选择单元格文字对齐方式时，需要悬停鼠标选择正确的名称。

3. 设置边框和底纹

（1）边框和底纹

为美化表格或突出表格的某一部分，可以为表格添加边框和底纹。

选定要设置边框和底纹的单元格，单击"表格工具|布局"选项卡"单元格大小"组右下角的按钮，打开"表格属性"对话框，如图4-49所示，在"表格"选项卡中单击"边框和底纹"按钮，弹出"边框和底纹"对话框。在"边框"选项卡中可以设置边框的样式，选择边框线的类型、颜色和宽度，在"底纹"选项卡中可以设置填充色、底纹的图案和颜色，若是只应用于所选单元格，则在"应用于"框中选择"单元格"。

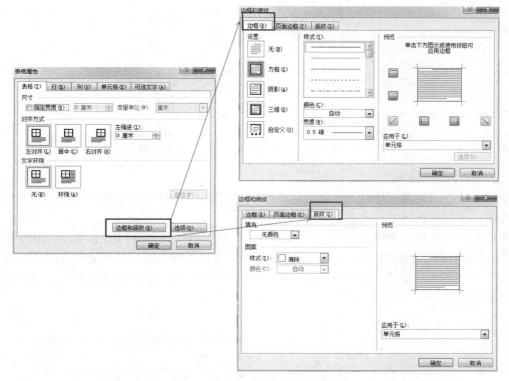

图4-49　边框和底纹

另外可以使用功能区中的命令按钮设置边框和底纹。选定要设置边框和底纹的单元格，选择"表格工具|设计"选项卡，选择"表格样式"组中"边框"下拉列表，在打开的下拉菜单中选择"边框和底纹"，如图4-50所示。

在"设计"选项卡的"绘图边框"组还可以设置线型、线的粗细，以及擦除和绘制表格按钮。

在"边框和底纹"对话框中设置边框时，设置步骤依次为"设置""样式""颜色""宽度"，然后在预览中单击相应线条。其中上下左右分别代表了选定单元格的上下左右边框，而预览中间交叉的线条代表单元格中所有的水平和垂直线条。

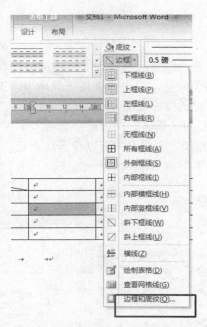

图 4-50 "表格工具|设计"选项卡设置边框和底纹

（2）自动套用格式

使用上述方法设置表格格式，有时比较麻烦，因此，Word 提供了很多现成的表格样式供用户选择，这就是表格的自动套用格式。

选定表格，选择"表格工具|设计"选项卡，在"表格样式"组列出了 Word 2010 自带的常用格式，可以单击右边的上下三角按钮切换样式，也可以单击按钮打开如图 4-51 所示的"样式设置"下拉菜单，在"内置"中选择表格样式。也可单击相关命令，修改样式、清除样式、新建样式等。

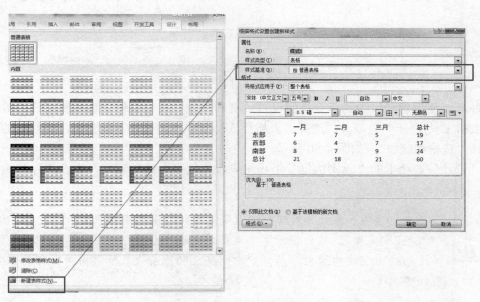

图 4-51 表格自动套用格式

在上面的"内置"样式中只显示了部分的系统样式，如果在设置中没有显示出来需要的样式，可以通过单击"新建表样式"，然后在"样式基准"中选择相应的系统样式即可。

例题 4-13

（操作视频请扫旁边二维码）

打开考生文件夹中的"GJWord23.docx"文件，完成下列操作。

例题 4-13

1）将表格中的第三列和第四列位置互换。

2）删除表格的第六列。

3）设置表格第一列的列宽为 2.5 厘米，第一行的行高为 1 厘米。

4）为表格第一行和第一列添加填充图案样式为"25%"的底纹。

5）保存文档。

操作方法：

①双击考生文件夹中的"GJWord23.docx"文件，选择表格的第三列，单击右键，选择"剪切"按钮，选择表格中的第四列，单击右键，选择"粘贴"选项的"插入为新列"；

②选择表格的第六列，单击右键，选择"删除列"；

③选择表格的第一列，在"表格工具|布局"选项卡中"单元格大小"组中的宽度框中输入"2.5 厘米"；选择第一行，在"表格工具|布局"选项卡中选择"单元格大小"组，在高度框中输入"1 厘米"；

④选择表格第一行，按住键盘 Ctrl 键，继续选择第一列，在"表格工具|设计"选项卡中选择"表格样式"组，单击"边框"下拉列表中的"边框和底纹"命令，打开"边框和底纹"对话框，在"底纹"选项卡中的"图案"的"样式"中选择"25%"；

⑤单击"保存"按钮。

知识点：

①两列交换位置；

②删除列；

③列宽和行高；

④单元格的底纹。

注意事项：

①两列交换位置并没有特殊按钮可以完成，而是要通过剪切和粘贴操作完成；

②最后设置第一行和第一列的底纹时，如果会选择则一次性选择好所有单元格，如果不会选择可以分开两步完成。

例题 4-14

（操作视频请扫旁边二维码）

打开考生文件夹中的"GJWord24.docx"文件，完成下列操作。

1）设置表格的列宽为 2.5 厘米，行高为 1 厘米。

2）将表格第一行的最后两个单元格合并。

3）分别将第二、三、四行的第三列拆分为两列。修改后的表格如样张所示。

例题 4-14

4）将表格外边框线设置为 1.5 磅标准色蓝色单实线，内边框线设置为 0.5 磅标准色蓝色单实线。

5）保存文档。

操作方法：

①双击考生文件夹中的"GJWord24.docx"文件，单击表格左上角的"表格位置控制点"按钮全选整张表格；在"表格工具|布局"选项卡中选择"单元格大小"组，在宽度框中输入"2.5 厘米"，高度框中输入"1 厘米"；

②选择表格的第一行的最后两个单元格，单击右键，在弹出的快捷菜单中选择"合并单元格"命令；

③选择表格的第二行的第三列，单击右键，在弹出的快捷菜单中选择"拆分单元格"命令，在弹出的"拆分单元格"对话框的行数中输入"1"，列数中输入"2"；依次完成第三、四行的第三列的拆分；

④单击表格左上角的"表格位置控制点"按钮全选整张表格，在"表格工具|设计"选项卡中选择"表格样式"组，单击"边框"下拉列表中的"边框和底纹"按钮，打开"边框和底纹"对话框，选择"边框"选项卡；在"设置"中选择"方框"，在"颜色"中选择"标准色蓝色"，在"宽度"中选择"1.5 磅"，然后在预览中单击上下左右四条外边框；在"设置"中选择"方框"，在"颜色"中选择"标准色蓝色"，在"宽度"中选择"0.5 磅"，最后在预览中单击中间垂直和水平线条；

⑤单击"保存"按钮。

知识点：
　　①列宽和行高；
　　②单元格的合并与拆分；
　　③边框。

注意事项：
　　①本题第三问在拆分时，必须每行分开拆分，不能全选三行一起拆分；
　　②表格外边框和内边框设置时，只需要打开一次"边框和底纹"对话框，外边框设置完成后，直接在前面重新设置新的属性然后在预览中单击内边框代表线条即可。

4. 表格中的数据处理

（1）表格中数据的计算

1）基础计算

在表格中，可以通过输入带有加、减、乘、除（+、-、*、/）等运算符的公式进行计算，也可以使用 Word 2010 附带的函数进行较为复杂的计算。表格中的计算都是以单元格或区域为单位进行的，为了方便在单元格之间进行运算，Word 2010 中用英文字母"A，B，C……"从左至右表示列，用正整数"1，2，3……"自上而下表示行，每一个单元格的名字则由它所在的行和列的编号组合而成，如图 4-52 所示。

A1	B1	C1	D1
A2	B2	C2	D2
A3	B3	C3	D3

图 4-52　表格单元格名字

下面列举了几个典型的单元格表示方法。

A1：表示位于第一列、第一行的单元格。

A1:B3：表示由 A1、A2、A3、B1、B2、B3 六个单元格组成的矩形区域。

1:1：表示整个第一行。

E:E：表示整个第五列。

SUM(A1:A4)：表示求 A1+A2+A3+A4 的值。

Average(1:1,2:2)：表示求第一行与第二行的和的平均值。

2）利用公式进行计算

单击"表格工具|布局"选项卡上"数据"组中的"公式"按钮，打开"公式"对话框，此时在"公式"编辑框中已经显示出了所需的公式。如求和公式，表示对插入符所在位置上方的所有单元格数据求和，单击"确定"按钮即可得出计算结果，如图 4-53 所示。

图 4-53　利用公式计算单元格的值

Word 公式中提供的参数除了 ABOVE 外，还有 RIGHT 和 LEFT。RIGHT 表示计算插入点右侧所有单元格数值的和；LEFT 表示计算插入点左侧所有单元格数值的和。

若要对数据进行其他运算，可删除"公式"编辑框中"="以外的内容，然后从"粘贴函数"下拉列表框中选择所需的函数，如"AVERAGE"（表示求平均值的函数），最后在函数后面的括号内输入要运算的参数值。例如，输入"=AVERAGE(A1:A4)"，表示计算 A1 至 A4 单元格区域数据的平均值；输入"=AVERAGE(RIGHT)"，表示计算插入点右侧所有单元格数值的平均值。

在删除"公式"编辑框中"="以外的内容后，我们也可以直接输入要参与计算的单元格名称和运算符进行计算。

3）计算结果的更新

由于表格中的运算结果是以域的形式插入到表格中的，所以当参与运算的单元格数据发生变化时，公式也可以快速更新计算结果，用户只需将插入点放置在运算结果的单元格中，并单击运算结果，然后按 F9 键即可。

例题 4-15

（操作视频请扫旁边二维码）

在考生文件夹中，完成下列操作。

例题 4-15

1）新建文档，按照样张所示的表格在 Word 中建立一个新表格，并输入内容，计算平均成绩。

2）将表格第二、三、四行的高度设置为 0.6 厘米；将表格第二、三、四列的列宽设置为 2 厘米，第五列的列宽设置为 3.2 厘米。

3）为表格添加图案样式为 25% 的底纹（应用范围为表格）。

4）将表格中第一行的文字属性设置为字体华文行楷、字号小四、字形加粗（包括斜线表头）。

5）将表格中所有文字的对齐方式设置为水平居中，将表格设置为居中对齐。

6）将文档以 DAWORD2.docx 为文件名保存到考生文件夹下。

操作方法：

①单击"开始"菜单，选择"所有程序"，单击"Microsoft Office"找到"Microsoft Word 2010"命令，启动 Word 2010 的同时新建一个空白文档；单击"插入"选项卡，在"表格"组中单击"表格"按钮，拖动鼠标选中 4 行 5 列，释放鼠标；把光标定位在 A1 单元格中，然后单击"表格工具|设计"选项卡，在"表格样式"组中选择"边框"按钮，单击打开下拉列表，选择"斜下框线"；通过空格和回车控制到适当的位置，在"行标题"中输入"姓名"，在"列标题"中输入"成绩"，然后输入如样张所示的其他单元格文字内容；将光标放置到 E2 单元格中，单击"表格工具|布局"选项卡上"数据"组中的"公式"按钮，打开"公式"对话框，在"公式"栏中输入"="，单击"粘贴函数"下拉列表选择"average()"，在括号中输入"left"；以同样的方法，可计算"E3、E4"的平均成绩；

②选择表格的第二、三、四行，在"表格工具|布局"选项卡中选择"单元格大小"组，在高度框中输入"0.6 厘米"；选择第二、三、四列，在"表格工具|布局"选项卡中选择"单元格大小"组，在宽度框中输入"2 厘米"；选择第五列，在"表格工具|布局"选项卡，选择"单元格大小"组，在宽度框中输入"3.2 厘米"；

③单击表格左上角的"表格位置控制点"按钮全选整张表格，在"表格工具|设计"选项卡，选择"表格样式"组，单击"边框"下拉列表中的"边框和底纹"按钮，打开"边框和底纹"对话框，选择"底纹"选项卡；选择"图案"的"样式"中的"25%"，在"应用于"中选择"表格"；

④选择表格第一行，选择"开始"选项卡中的"字体"组，"字体"中输入"华文行楷"，"字号"中输入"小四"，单击"加粗"按钮；

⑤单击表格左上角的"表格位置控制点"按钮全选整张表格，选择"开始"选项卡中的"段落"组，单击"居中"；选择"表格工具|布局"选项卡，选择"对齐方式"组中的"水平居中"；

⑥单击"保存"按钮，在弹出的"另存为"对话框中选择正确的位置，在"文件名"中输入"DAWORD2.docx"。

例题 4-16

（操作视频请扫旁边二维码）

打开考生文件夹中的"GJWord18.docx"文件,完成下列操作。

1）将文档中的数据转换成一个 5 行 5 列的表格。

2）利用公式（总运动量=运动时间*运动人数）计算各运动项目的总运动量。

例题 4-16

3）设置整个表格居中,并设置表格中所有文字中部右对齐。

4）为表格第一行单元格设置填充颜色为标准色绿色的底纹。

5）保存文档。

操作方法:

①双击考生文件夹中的"GJWord18.docx"文件,选择文档中的所有文字,选择"插入"选项卡中"表格"组,单击"文本转换成表格"按钮,弹出"将文本转换为表格"对话框,单击"确定"按钮;

②将光标放置到 E2 单元格中,单击"表格工具|布局"选项卡上"数据"组中的"公式"按钮,打开"公式"对话框,在"公式"栏中输入"=C2*D2";以同样的方法,可计算 E3、E4 的值;

③单击表格左上角的"表格位置控制点"按钮全选整张表格,选择"开始"选项卡中的"段落"组,单击"居中";选择"表格工具|布局"选项卡,选择"对齐方式"组中的"中部右对齐";

④选择表格第一行,在"表格工具|设计"选项卡中选择"表格样式"组,单击"边框"下拉列表中的"边框和底纹"按钮,打开"边框和底纹"对话框,选择"底纹"选项卡;选择"填充",选择颜色为"标准色绿色";

⑤单击"保存"按钮。

知识点：
　　①将文本转换成表格；
　　②利用公式计算单元格数据；
　　③表格对齐方式；
　　④表格底纹。

注意事项：
　　①在将文字转换成表格时，行数和列数是可以自动识别的，对话框中的列数是可以修改的，但是行数一旦选定是不能修改的；
　　②在计算数据时，有很多时候会像本题一样没有函数可以使用，只有自己根据题目要求写出公式，然后应用到各个单元格中去。

例题 4-17

（操作视频请扫旁边二维码）

打开考生文件夹中的"GJWord19.docx"文件，完成下列操作。

1）将文档中的数据转换成一个 4 行 4 列的表格。

2）将表格第一行的行高设置为 1.2 厘米。

3）在表格第一行第一列单元格中添加斜线表头，并输入文字，具体如样张所示。

例题 4-17

4）在表格最后插入一列，在新列的第一行单元格中输入文字"总分"，并利用公式计算总分。

5）保存文档。

操作方法：

①双击考生文件夹中的"GJWord19.docx"文件，选择文档中的所有文字，选择"插入"选项卡中"表格"组，单击"文本转换成表格"按钮，弹出"将文本转换为表格"对话框，单击"确定"按钮；

②选择第一行，在"表格工具|布局"选项卡中选择"单元格大小"组，在高度框中输入"1.2 厘米"；

③把光标定位于 A1 单元格中，然后单击"表格工具|设计"选项卡，在"表格样式"组中选择"边框"按钮，单击打开下拉列表，选择"斜下框线"；通过空格和回车控制到适当的位置，在"行标题"中输入"课程"，在"列标题"中输入"姓名"；

④选择表格最后一列，选择"表格工具|布局"选项卡，选择"行和列"组中的"在右侧插入"；将光标放置到 E2 单元格中，单击"表格工具|布局"选项卡上"数据"组中的"公式"按钮，打开"公式"对话框，在"公式"栏中输入"="，单击"粘贴函数"，从下拉列表中选择"sum()"，在括号中输入"left"；以同样的方法，可计算 E3、E4 的总分；

⑤单击"保存"按钮。

知识点：

　　①将文本转换成表格；

　　②利用函数计算单元格数据；

　　③行高设置；

　　④斜线表头设置；

　　⑤插入列。

注意事项：

　　①本题在计算总分时，第一个单元格插入函数时不需要修改，但是在 E3 单元格和 E4 单元格中再次插入函数时，由于上部的单元格 E2 已经有数据了，所以函数参数将自动由 left 变成 above，如果不修改参数会导致结果出错；

　　②在表格中计算数据一定要使用公式或函数，其他自行计算再填入数据的方法都不对；

　　③在本题数据转换成表格时，一定要选择题目中给出的所有数据，包括第一行的一个空格，如果空格漏掉了，将造成第一行数据的错位。

（2）表格的排序

　　在 Word 中，可以按照递增或递减的顺序将表格内容按笔画、数字、拼音或日期等进行排序。

　　1）将插入符置于表格任意单元格中，然后单击"表格工具|布局"选项卡上的"数据"组中的"排序"按钮，打开"排序"对话框。

　　2）在"排序"对话框的"主要关键字"下拉列表中选择排序依据（即参与排序的列），然后在其右侧选择排序方式，如"升序"，如图 4-54 所示。

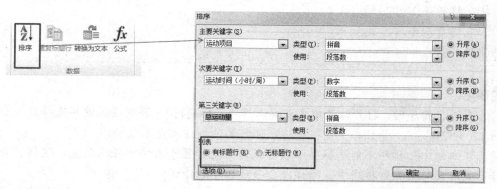

图 4-54　表格排序

　　要进行排序的表格中不能含有合并后的单元格，否则无法进行排序。

例题 4-18

（操作视频请扫旁边二维码）

打开考生文件夹中的"GJWord21.docx"文件，完成下列操作。

1）将文档中的数据转换成一个 6 行 4 列的表格。

例题 4-18

2）在表格第四行前插入一行，并输入以下内容：

　　刘宏丽　　92　　88　　89

3）以"期末"为主要关键字，"总评"为次要关键字，对表格进行降序排序。

4）设置表格自动套用格式为"流行型"。

5）保存文档。

操作方法：

①双击考生文件夹中的"GJWord21.docx"文件，选择文档中的所有文字，选择"插入"选项卡的"表格"组，单击"文本转换成表格"按钮，弹出"将文本转换为表格"对话框，单击"确定"按钮；

②选择第四行，选择"表格工具|布局"选项卡中的"行和列"组，单击"在上方插入"按钮；在插入的行中各单元格依次输入"刘宏丽、 92 、88、89"；

③选择表格第二、三、四、五、六行，然后单击"表格工具|布局"选项卡上的"数据"组中的"排序"按钮，打开"排序"对话框；在"排序"对话框中选择"有标题行"，在"主要关键字"下拉列表中选择"期末"，在其右侧选择排序方式"降序"；在"次要关键字"下拉列表中选择"总评"，在其右侧选择排序方式"降序"；

④选择"表格工具|设计"选项卡，单击右边的上下三角按钮打开"样式设置"下拉菜单，单击"新建表样式"，打开"根据格式设置创建新样式"对话框，在"样式"中选择"流行型"，在"名称"框中输入"样式1"，单击"确定"按钮；全选整个表格，选择"表格工具|设计"选项卡，单击右边的上下三角按钮打开"样式设置"下拉菜单，在"内置"中选择刚才建立的"样式1"；

⑤单击"保存"按钮。

知识点：

　　①将文本转换成表格；

　　②表格排序；

　　③表格自动套用格式；

　　④插入行。

注意事项：

　　①在进行排序时，打开对话框中需要选择"有标题行"，否则在关键字选择时只会出现"列1、列2……"，并且在关键字中输入任何其他数据都是无效的；

　　②在本题中，排序不能选择整个表格或者将光标置于表格中任意位置，这样将会将第一行"成绩表"放置到排序中，同样也会导致排序的错误；

　　③在自动套用格式中，"流行型"并不在内置显示格式中，必须通过单击"新建表样式"，然后在"样式基准"中选择才行。

 课后练习

1．打开考生文件夹中的"GJWord17.docx"文件，完成下列操作。

（1）在文字"考试成绩"后另起一行插入一个5行5列的表格，并输入如样张所示的内容。

（2）利用公式计算总分和平均分。

（3）设置表格列宽为2.5厘米，行高为0.6厘米。

（4）设置整个表格居中对齐，并设置表格中所有单元格对齐方式为水平居中。

（5）保存文档。

2．打开考生文件夹中的"GJWord20.docx"文件，完成下列操作。

（1）将文档中的数据转换成一个7行4列的表格。

（2）将第一行的4个单元格合并。

（3）设置表格第一行单元格的字体格式为黑体，二号，标准色红色。

（4）将表格第一行下框线设置为1.5磅粗实线，第一列右框线设置为0.5磅的双细线。

（5）保存文档。

3．打开考生文件夹中的"word21.docx"文件，完成下列操作。

（1）在文档的最后添加一个5行4列的表格。

（2）在表格中添加如样张所示的内容。

（3）设置表格的列宽为2厘米，行高为0.8厘米。

（4）计算合计列的内容（合计=工业+农业）。

（5）保存文档并退出。

任务4　Word 2010图文混排

任务描述

为了使文章变得图文并茂、形象直观，更加引人入胜，有时需要在文章中插入图形、图像、艺术字、文本框等。Word 2010中能针对图像、图形、图表、曲线、线条和艺术字等对象进行插入和样式设置，样式包括了渐变、颜色、边框、形状和底纹等多种效果，可以帮助用户快速设置上述对象的格式。本任务中将针对图片和文字的排列进行讨论。

任务实施

1．插入图片和剪贴画

（1）插入图片

用户可以在文档中插入图片，如".bmp"".jpg""png""gif"等。

①将光标插入点定位在合适的位置，单击"插入"选项卡，选择"插图"组，单击"图片"按钮，打开"插入图片"对话框，如图4-55所示。

②在对话框的左端列表中选择图片所在的根目录，在"查找范围"下拉列表中选择图片的具体路径，在文件列表中选中图片，单击"插入"按钮完成图片的插入。

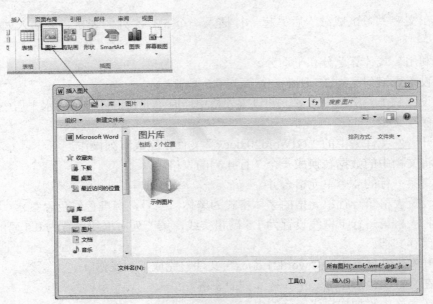

图 4-55 插入图片

（2）插入剪贴画

Word 的剪贴画存放在剪辑库中，用户可以由剪辑库中选取图片插入到文档中。把插入点定位到要插入剪贴画的位置；选择"插入"选项卡，单击"插图"组中的"剪贴画"按钮；弹出"剪贴画"窗格，在"搜索文字"文本框中输入要搜索的图片关键字，单击"搜索"按钮，如选中"包括 Office.com 内容"复选框，可以搜索网站提供的剪贴画。搜索完毕后显示出符合条件的剪贴画，单击需要插入的剪贴画即可完成插入，如图 4-56 所示。

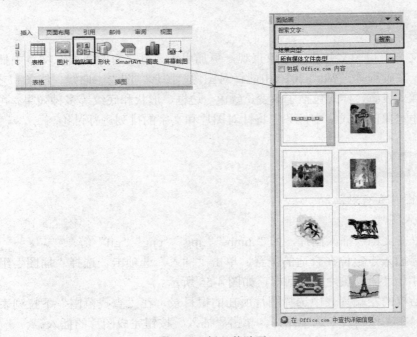

图 4-56 插入剪贴画

（3）编辑图片

外部文件中插入的图片和剪辑库中插入的剪贴画的图片编辑工具是一样的。

1）修改图片大小

修改图片大小的操作方法，可以选定图片对象，切换到"图片工具|格式"选项卡，在"大小"组中的"高度"和"宽度"编辑框设置图片的具体大小值，如图 4-57 所示。

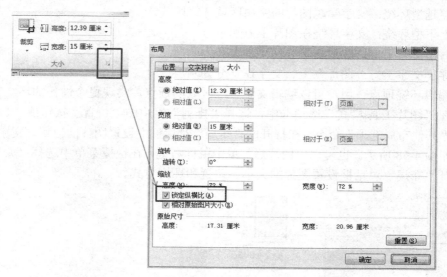

图 4-57　更改图片大小

> **注意**　　有很多图片在修改大小时需要注意一下图片本身的纵横比，如果修改过后的纵横比改变了，则需要单击"大小"组的下拉列表，打开"布局"对话框，在"大小"选项卡中，将"锁定纵横比"的复选框去掉。

2）裁剪图片

用户可以对图片进行裁剪操作，以截取图片中最需要的部分，操作步骤如下所述：

①首先将图片的环绕方式设置为非嵌入型，选中需要进行裁剪的图片，在"图片工具|格式"选项卡中，单击"大小"组中的"裁剪"按钮。

②图片周围出现 8 个裁剪控制柄，用鼠标拖动控制柄将对图片进行相应方向的裁剪，同时拖动控制柄将图片复原，直至调整合适为止。

③将光标移出图片，单击鼠标左键确认裁剪。

3）设置文字环绕图片方式

正文环绕图片方式是指在图文混排时，正文与图片之间的排版关系，这些文字环绕方式包括"顶端居左""四周型"等九种方式。默认情况下，图片作为字符插入到 Word 2010 文档中，用户不能自由移动图片。而通过为图片设置文字环绕方式，则可以自由移动图片的位置，操作步骤如下所述。

①选中需要设置文字环绕的图片。

②单击"图片工具|格式"选项卡中的"排列"组中的"位置"按钮，打开"位置"面板。在打开的预设位置列表中选择合适的文字环绕方式。

如果用户希望在 Word 2010 文档中设置更多的文字环绕方式，可以在"排列"组中单击"自动换行"按钮，在打开的面板中选择合适的文字环绕方式即可。

Word 2010"自动换行"菜单中每种文字环绕方式的含义如下所述：

- 四周型环绕：文字以矩形方式环绕在图片四周。
- 紧密型环绕：文字将紧密环绕在图片四周。
- 穿越型环绕：文字穿越图片的空白区域环绕图片。
- 上下型环绕：文字环绕在图片上方和下方。
- 衬于文字下方：图片在下、文字在上分为两层。
- 浮于文字上方：图片在上、文字在下分为两层。
- 编辑环绕顶点：用户可以编辑文字环绕区域的顶点，实现更个性化的环绕效果。

也可在"图片工具|格式"选项卡中，选择"排列"组中的"位置"按钮或"自动换行"面板中的"其他布局选项"命令，在打开的"布局"对话框中设置图片的位置、文字环绕方式和大小，如图 4-58 所示。也可选中图片后，单击鼠标右键，在快捷菜单中选择"大小和位置"命令，打开"布局"对话框设置图片的大小、位置和环绕方式。

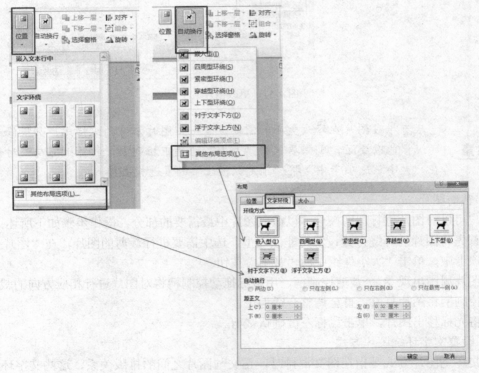

图 4-58　文字环绕图片

4）设置图片颜色和样式

选中图片，在"图片工具|格式"选项卡的"图片样式"组中，可以设置图片的各种样式，包括图片的边框，图片的效果，图片的版式。在"图片样式"组中，也预设了好多的样式，如图 4-59 所示。

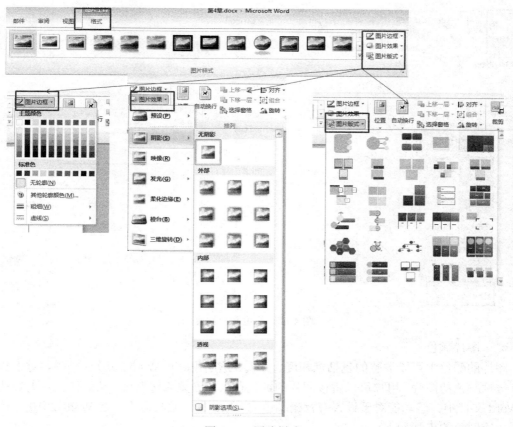

图 4-59　图片样式

注意　　在"图片效果"中，一共有六个种类，每个种类还有子类，当鼠标悬停在各种样式上，会显示出该样式的名称。

5）调整图片

在图片工具中，我们可以调整组去设置图片的亮度、对比度、透明度、艺术效果等。

● 亮度、对比度

选中需要设置亮度对比度的图片。在"图片工具|格式"选项卡中，单击"调整"组中的"更正"按钮。打开"更正"列表，在"亮度和对比度"区域选择合适的亮度和对比度选项（例如选择"亮度+40，对比度-20%"），如图 4-60 所示。

如果希望对图片对比度进行更细微的设置，可以在"设置图片格式"对话框中进行，操作步骤如下所述：

①打开 Word 2010 文档窗口，选中需要设置对比度的图片。在"图片工具|格式"选项卡中，单击"调整"组中的"更正"按钮，打开"更正"列表，选择"图片更正选项"命令。

②打开"设置图片格式"对话框，在"图片更正"选项卡中调整"对比度"和"亮度"微调框，以 1%为增减量可进行细微的设置。

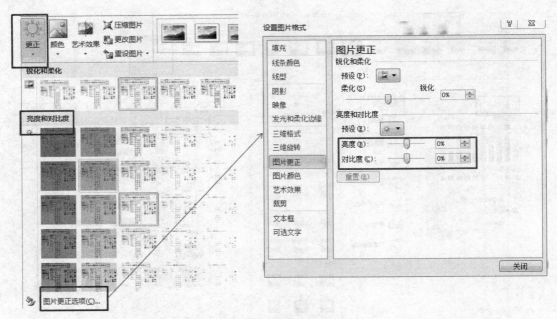

图 4-60　亮度和对比度

- 图片颜色

图片的颜色中可以调整的包括饱和度、色调、透明色。在 Word 2010 文档中，对于背景色只有一种颜色的图片，用户可以将该图片的纯色背景色设置为透明色，从而使图片更好地融入到 Word 文档中。该功能对于设置有背景颜色的 Word 文档尤其适用。在 Word 2010 文档中设置图片透明色的步骤如下：

①选中需要设置透明色的图片，单击"图片工具|格式"选项卡中"调整"组中的"颜色"按钮，选择"设置透明色"命令，如图 4-61 所示。

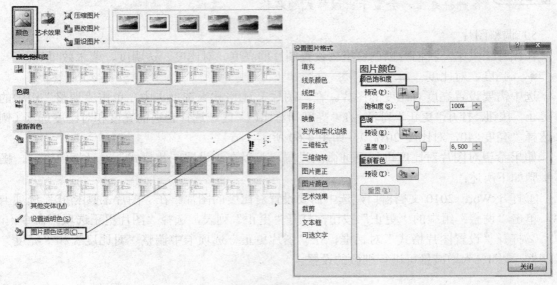

图 4-61　图片颜色

②鼠标指针呈现彩笔形状，将鼠标箭头移动到图片上并单击需要设置为透明色的纯色背景，则单击的纯色背景将被设置为透明色。

③单击"图片颜色选项"按钮，可以打开"设置图片格式"对话框，在"图片颜色"选项卡中也可以设置"颜色饱和度""色调""重新着色"。

注意 在图片颜色中，"颜色饱和度""色调""重新着色"都有预设颜色，这些颜色都有自己的名称，在学习过程中需要熟悉这些名字，例如"冲蚀"就是重新着色中的一种。

6）图片旋转

如果对于 Word 2010 文档中图片的旋转角度没有精确要求，用户可以使用旋转手柄旋转图片。首先选中图片，图片的上方将出现一个绿色的旋转手柄。将鼠标移动到旋转手柄上，鼠标光标呈现旋转箭头的形状，按住鼠标左键沿圆周方向顺时针或逆时针旋转图片即可。

Word 2010 预设了 4 种图片旋转效果，即向右旋转 90°，向左旋转 90°，垂直翻转和水平翻转，操作步骤如下所述：①打开 Word 2010 文档窗口，选中需要旋转的图片；②在"图片工具|格式"选项卡中，单击"排列"组中的"旋转"按钮，并在打开的旋转菜单中选中"向右旋转 90°""向左旋转 90°""垂直翻转"或"水平翻转"效果。

还可以通过指定具体的数值，以便更精确地控制图片的旋转角度，操作步骤如下所述：打开 Word 2010 文档窗口，选中需要旋转的图片。在"图片工具|格式"选项卡中，单击"排列"分组中的"旋转"按钮，并在打开的旋转菜单中选择"其他旋转选项"命令；在打开的"布局"对话框中切换到"大小"选项卡，在"旋转"区域调整"旋转"编辑框的数值，并单击"确定"按钮即可旋转图片，如图 4-62 所示。

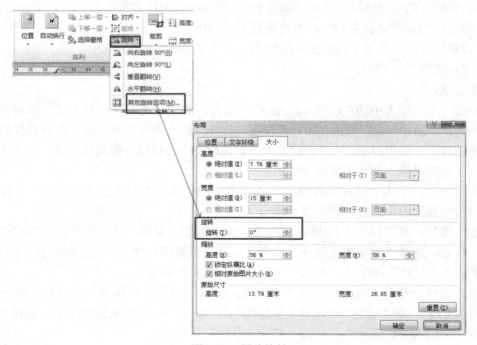

图 4-62　图片旋转

7）图片线条

选择需要设置的图片，单击右键，选择"设置图片格式"按钮，打开"设置图片格式"对话框，选择"线条颜色"和"线型"即可设置图片的线条，如图 4-63 所示。

图 4-63 图片线条

 图片的线条不是图片的边框，请一定要注意。

例题 4-19

（操作视频请扫旁边二维码）

例题 4-19

打开考生文件夹中的"GJWord25.docx"文件，完成下列操作。

1）在文档开头插入考生文件夹下的图片文件"PIC25.jpg"。

2）设置图片的文字环绕方式为"紧密型"，图片位置如样张所示。

3）将图片的亮度设置为 60%，对比度设置为 40%。

4）设置图片的线条为 1 磅实线，颜色为自定义 RGB(204,207,252)。

5）保存文档。

操作方法：

①双击考生文件夹中的"GJWord25.docx"文件，将光标置于文档最开头，单击"插入"选项卡，选择"插图"组，单击"图片"按钮，打开"插入图片"对话框；在对话框的左端列表中选择图片所在的根目录，在"查找范围"下拉列表中选择图片的具体路径，在文件列表中选中图片，单击"插入"按钮完成图片的插入；

②选择图片，单击"图片工具|格式"选项卡中的"排列"组中的"自动换行"按钮，在打开的预设位置列表中选择"紧密型环绕"；

③选中图片，在"图片工具|格式"选项卡中，单击"调整"组中的"更正"按钮，打开"更正"列表，选择"图片更正选项"命令；打开"设置图片格式"对话框，在"图片更正"选项卡中的"对比度"中输入"40%"，"亮度"中输入"60%"；

④单击右键，选择"设置图片格式"命令，打开"设置图片格式"对话框，选择"线条颜色"为"实线"，在"颜色"中选择"其他颜色"，输入"RGB(204,207,252)"；选择"线型"，在"宽度"中输入"1 磅"；

⑤单击"保存"按钮。

例题 4-20

（操作视频请扫旁边二维码）

例题 4-20

打开考生文件夹中的"GJWord28.docx"文件，完成下列操作。

1）在文档最后另起一段插入考生文件夹下的图片文件"PIC28.jpg"。

2）设置图片文字环绕方式为"四周型"。

3）设置图片效果为阴影中的外部右下斜偏移。

4）设置图片边框的颜色为"标准色浅绿色"。

5）保存文档。

操作方法：

①双击考生文件夹中的"GJWord28.docx"文件，将光标置于文档最后，单击回车键。单击"插入"选项卡，选择"插图"组，单击"图片"按钮，打开"插入图片"对话框；在对话框的左端列表中选择图片所在的根目录，在"查找范围"下拉列表中选择图片的具体路径，在文件列表中选中图片，单击"插入"按钮完成图片的插入；

②选择图片，单击"图片工具|格式"选项卡中的"排列"组中的"自动换行"按钮，在打开的预设位置列表中选择"四周型环绕"；

③选中图片，在"图片工具|格式"选项卡中，单击"图片样式"组中的"图片效果"按钮，在下拉列表中选择"阴影"栏中的"外部"组中的"右下斜偏移"；

④在"图片工具|格式"选项卡中，单击"图片样式"组中的"图片边框"按钮，在打开的对话框中选择颜色"标准色浅绿色"；

⑤单击"保存"按钮。

例题 4-21

例题 4-21

（操作视频请扫旁边二维码）

打开考生文件夹中的"word31.docx"文件，完成下列操作。

1）将文档最后另起一段，插入考生文件夹中图片"诗人.gif"。

2）设置图片的文字环绕方式为"紧密型"。

3）取消纵横比，设置图片高为 7 厘米，宽为 3 厘米。

4）保存文档并退出。

操作方法：

①双击考生文件夹中的"word31.docx"文件，将光标置于文档最后，单击回车键。单击"插入"选项卡，选择"插图"组，单击"图片"按钮，打开"插入图片"对话框；在对话框的左端列表中选择图片所在的根目录，在"查找范围"下拉列表中选择图片的具体路径，在文件列表中选中图片，单击"插入"按钮完成图片的插入；

②选择图片，单击"图片工具|格式"选项卡中的"排列"组中的"自动换行"按钮，在打开的预设位置列表中选择"紧密型环绕"；

③选中图片，可以选定图片对象，切换到"图片工具|格式"选项卡，单击"大小"组的下拉列表，打开"布局"对话框，在"大小"选项卡中，将"锁定纵横比"的复选框去掉；在高度框中输入"7 厘米"，在宽度框中输入"3 厘米"；

④单击"保存"按钮。

知识点：

　①插入图片；

　②文字的图片环绕方式；

　③图片的大小。

注意事项：

　　外部插入的图片大部分纵横比都是锁定的，也就是在调整它的大小时，输入高度后宽度会随之发生改变，反之亦然，对于这类图片在改变大小时一定要先将纵横比的锁定解除才能按照要求设置大小。

2．插入形状

（1）插入形状

形状有时候也叫自选图形，插入的方法如下：

选择"插入"选项卡，在"插图"组中单击"形状"按钮，出现"形状"面板，如图 4-64所示，在面板中可选择线条、矩形、基本形状、流程图、箭头总汇、星与旗帜、标注等图形，然后在绘图起始位置按住鼠标左键，拖动至结束位置就能完成所选图形的绘制。

（2）设置形状格式

选中形状，在"格式"选项卡的"形状样式"组中可以选择"形状填充""形状轮廓""形状效果"等，如图 4-65 所示。

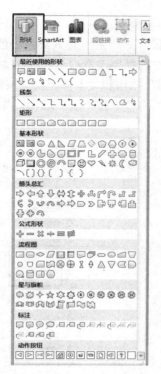

图 4-64　插入形状

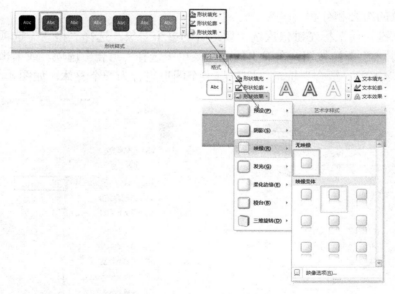

图 4-65　设置形状格式

（3）添加文字

可以为封闭的形状添加文字，并设置文字格式。要添加文字，需要选中相应的形状并右击，在弹出的快捷菜单中选择"添加文字"选项，此时，该形状中出现光标，并可以输入文本，输入后，可以对文本格式和文本效果进行设置。

（4）对象的层次关系

在已绘制的形状上再绘制形状，则产生重叠效果，一般先绘制的图形在下面，后绘制的图形在上面。要更改叠放次序，先选择要改变叠放次序的对象，选择"绘图工具|格式"选项卡，单击"排列"组的"上移一层"按钮和"下移一层"按钮可选择本形状的叠放位置，或单击快捷菜单中的"上移一层"选项和"下移一层"选项，如图 4-66 所示。

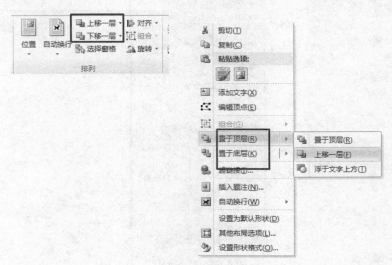

图 4-66　形状层次

（5）对象的组合和分解

按住 Shift 键，用鼠标左键依次选中要组合的多个对象；选择"格式"选项卡，单击"排列"组中的"组合"下拉按钮，在弹出的下拉菜单中选择"组合"选项，或单击右键选择快捷菜单中"组合"下的"组合"选项，即可将多个图形组合为一个整体，如图 4-67 所示。

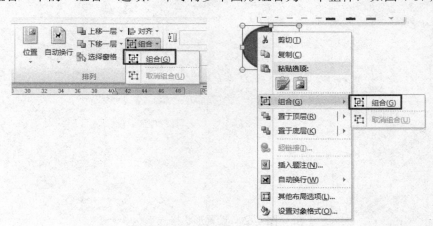

图 4-67　对象组合

分解时选中需分解的组合对象后，选择"格式"选项卡，单击"排列"组中"组合"下拉按钮，在弹出的下拉菜单中选择"取消组合"选项，或单击右键选择快捷菜单中的"组合"下的"取消组合"选项，如图 4-68 所示。

图 4-68   对象分解

（6）形状的其他设置

形状也可以像图片一样设置大小、文字和形状的环绕方式、编辑形状样式等，如图 4-69 所示。

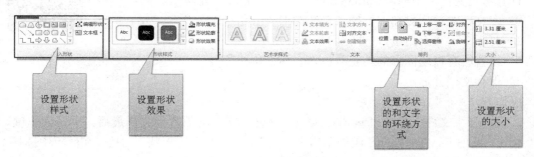

图 4-69   形状设置

例题 4-22

（操作视频请扫旁边二维码）

打开考生文件夹中的"GJWord31.docx"文件，完成下列操作。

1）在文档的最后另起一段插入自选图形"横卷形"。

2）设置自选图形的形状填充颜色为"标准色绿色"，半透明。

3）设置自选图形大小为高 2 厘米，宽 4 厘米。

4）保存文档。

例题 4-22

操作方法：

①双击考生文件夹中的"GJWord31.docx"文件，将光标放置到文档最后，单击回车键，选择"插入"选项卡，在"插图"组中单击"形状"按钮，出现"形状"面板，在面板中选择

"星与旗帜"组，单击"横卷形"，按住鼠标左键，拖动至结束位置；

②选中形状，单击右键，选择"设置形状格式"命令，弹出"设置形状格式"对话框，在"填充"选项卡中选择"纯色填充"的颜色"标准色绿色"，设置"透明度"为"50%"；

③选择形状，选择"图片工具|格式"选项卡，在"大小"组中的"高度"中输入"2 厘米"，"宽度"中输入"4 厘米"；

④单击"保存"按钮。

> **知识点：**
> ①插入形状；
> ②形状填充设置；
> ③形状大小设置。

> **注意事项：**
> ①形状中的大部分形状名字和样式基本一致，名字比较奇特的大部分来自于"星与旗帜"中；
> ②半透明就是透明度为 50%。

例题 4-23

（操作视频请扫旁边二维码）

例题 4-23

打开考生文件夹中的"word38.docx"文件，完成下列操作。

1）在文档的最后另起一行插入自选图形"五角星"。

2）复制 3 次"五角星"，并把四颗"五角星"组合。

3）设置所有自选图形的填充颜色为"标准色蓝色"。

4）保存文档并退出。

操作方法：

①双击考生文件夹中的"word38.docx"文件，将光标放置到文档最后，单击回车键。选择"插入"选项卡，在"插图"组中单击"形状"按钮，出现"形状"面板，在面板中选择"星与旗帜"组，单击"五角星"，按住鼠标左键，拖动至结束位置；

②选中形状，单击右键，选择"复制"命令，单击"粘贴"3 次；选择形状，按住 Shift 键，用鼠标左键依次选中要组合的 4 个"五角星"；

③选中所有的"五角星"，单击右键，选择"设置形状格式"命令，弹出"设置形状格式"对话框，在"填充"选项卡中选择"纯色填充"的颜色"标准色蓝色"；

④单击"保存"按钮。

> **知识点：**
> ①插入形状；
> ②形状的复制，组合；
> ③形状填充设置。

3. 插入艺术字

（1）插入艺术字

艺术字是指将一般文字经过各种特殊的着色、变形处理得到的艺术化文字。在 Word 中可以创建出漂亮的艺术字，并可作为一个对象插入到文档中。Word 2010 将艺术字作为文本框插入，用户可以任意编辑文字。

将光标定位在合适的位置，单击"插入"选项卡中的"文本"组中的"艺术字"按钮，弹出"艺术字"样式列表，如图 4-70 所示。

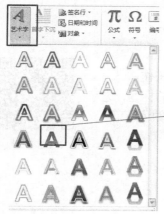

图 4-70　插入艺术字

在"艺术字"样式列表中选择所需的样式并单击，会在编辑区出现艺术字编辑框"请在此放置您的文字"，在编辑框内输入文字。

注意　艺术字在插入时，主要用"某行某列"去描述需要设置的是哪种效果的艺术字。

（2）编辑艺术字

由于艺术字是在文本框中的，所以在艺术字文字编辑框中可直接输入艺术字文本，用户还可以对输入的艺术字分别设置字体，方法和普通文字一样。

若需对艺术字的内容、边框效果、填充效果或艺术字效果进行修改或设置，可选中艺术字，在"绘图工具|格式"选项卡中单击相关按钮完成相关设置，如图 4-71 所示。

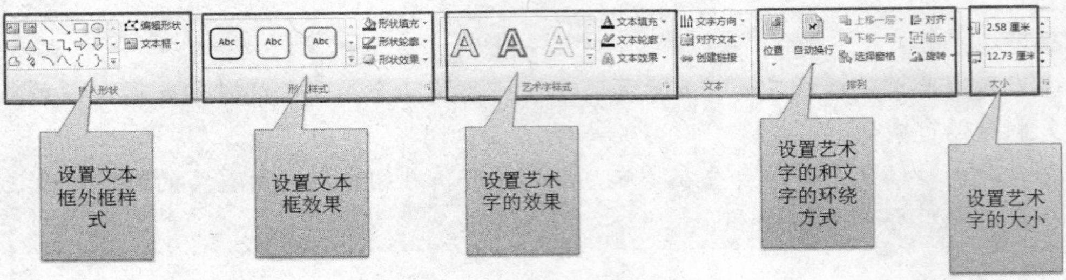

图 4-71 编辑艺术字

> ①艺术字插入以后都是悬浮于文字上方的，需要通过设置和文字的环绕方式来改变放置的位置；
> ②艺术字的文本效果中有很多分类，每个分类下又有很多子类，确认选择哪种子类，需要鼠标悬停查看效果名称；
> ③艺术字的艺术字样式的文本填充中也有很多预设颜色，其设置方法和普通文字类似。

例题 4-24

（操作视频请扫旁边二维码）

打开考生文件夹中的"GJWord29.docx"文件，完成下列操作。

1）在文档中插入艺术字"瑞丽江畔的绿宝石"作为文章的标题，艺术字为第三行第一列的样式（填充-白色，渐变轮廓-强调文字颜色 1）。

2）设置艺术字的字体格式为宋体，48 号。

3）设置艺术字的文字环绕方式为"四周型"。

4）设置艺术字的文本效果为转换中的"朝鲜鼓"。

5）保存文档。

例题 4-24

操作方法：

①双击考生文件夹中的"GJWord29.docx"文件，单击"插入"选项卡，选择"文本"组，单击"艺术字"按钮，选择第三行第一列的样式，输入"瑞丽江畔的绿宝石"；

②选中文本框中所有文字，选择"开始"选项卡"字体"组，在字体框中选择"宋体"，在字号框中输入"48"；

③选择艺术字，单击"图片工具|格式"选项卡中的"排列"组中的"自动换行"按钮，在打开的预设位置列表中选择"四周型环绕"；

④选择艺术字，单击"图片工具|格式"选项卡中的"艺术字样式"组中的"文本效果"按钮，在打开的下拉列表中选择"转换"按钮，打开下一级列表，在列表中选择"弯曲"中的"朝鲜鼓"；

⑤单击"保存"按钮。

> **知识点：**
> ①插入艺术字；
> ②字体设置；

③艺术字和文字的环绕方式；

④艺术字的文本效果。

　　4. 插入文本框

　　文本框是储存文本的图形框，文本框中的文本可以像页面文本一样进行各种编辑和格式设置操作，同时对整个文本框又可以像图形、图片等对象一样在页面上进行移动、复制、缩放等操作。

　　通过使用文本框，用户可以将 Word 文本很方便地放置到 Word 2010 文档页面的指定位置，而不必受段落格式、页面设置等因素的影响，可以像处理一个新页面一样来处理文字，如设置文字的方向、格式化文字、设置段落格式等。文本框有两种，一种是横排文本框，一种是竖排文本框。Word 2010 内置有多种样式的文本框供用户选择使用。

　　（1）插入文本框

　　①单击"插入"选项卡中的"文本"组，单击"文本框"按钮。

　　②在打开的"内置"菜单中选择合适的文本框样式，如图 4-72 所示，即可在文档中创建一个文本框；也可单击"绘制文本框"命令在文档中拖动鼠标绘制文本框。

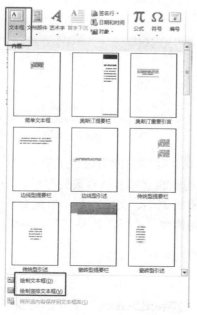

图 4-72　插入文本框

（2）编辑文本框

处理文本框中的文字就像处理页面中的文字一样，可以在文本框中设置页边距，同时也可以设置文本框的文字环绕方式、大小等。

设置文本框格式的方法为：右击文本框边框，打开快捷菜单，选择"设置形状格式"命令，将弹出"设置文本框格式"对话框，如图 4-73 所示，在该对话框中主要可完成如下设置：

- 设置文本框的线条和颜色，在"颜色线条"选项卡中可根据需要进行具体的颜色设置。
- 设置文本框格式内部边距，在"文本框"选项卡中的"内部边距"区输入文本框与文本之间的间距数值即可。

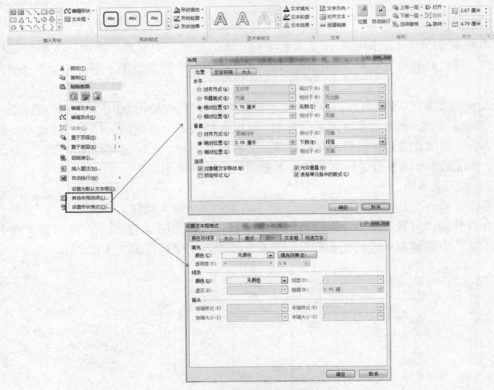

图 4-73　编辑文本框

若要设置文本框的其他布局，在弹出的右键快捷菜单中选择"其他布局选项"命令，在打开的"布局"对话框中选择相应的选项卡进行设置即可。

另外，如果需要设置文本框的大小、文字方向、内置文本样式、三维效果和阴影效果等其他格式，可单击文本框对象，切换到"绘图工具|格式"选项卡，通过相应的功能按钮来实现。

1．打开考生文件夹中的"GJWord26.docx"文件，完成下列操作。

（1）在文档开头插入考生文件夹下的图片文件"PIC26.jpg"。

（2）取消图片的纵横比，设置图片的大小为高 10 厘米，宽 15 厘米。

（3）设置图片的文字环绕方式为"衬于文字下方"。

（4）将图片设置为冲蚀显示。

（5）保存文档。

2．打开考生文件夹中的"GJWord27.docx"文件，完成下列操作。

（1）在文档标题后插入考生文件夹下的图片文件"PIC27.jpg"。

（2）设置图片的文字环绕方式为"四周型"，图片位置如样张所示。

（3）将图片的亮度设置为 60%，对比度设置为 50%。

（4）设置图片的线条为 1.5 磅标准色蓝色实线。

（5）保存文档。

3．打开考生文件夹中的"GJWord30.docx"文件，完成下列操作。

（1）在文档中插入艺术字"围魏救赵"作为文章的标题，艺术字为第三行第四列（渐变填充-蓝色，强调文字颜色 1）。

（2）设置艺术字的字体格式为华文行楷，40 号。

（3）设置艺术字竖排显示，艺术字的位置在文档左侧。

（4）艺术字的形状填充颜色为预设的"薄雾浓云"。

（5）保存文档。

4．打开考生文件夹中的"GJWord32.docx"文件，完成下列操作。

（1）在文档最后另起一段插入自选图形"前凸带形"。

（2）设置自选图形大小为高 1.5 厘米，宽 2.5 厘米。

（3）设置自选图形的文字环绕方式为"紧密型"。

（4）保存文档。

5．打开考生文件夹中的"word35.docx"文件，完成下列操作。

（1）在标题与正文之间插入自选图形"直线"。

（2）设置直线粗细为 6 磅，线型为实线。

（3）设置直线的颜色为标准色蓝色。

（4）设置直线的文字环绕方式为"上下型"。

（5）保存文档并退出。

任务 5　Word 2010 其他功能

任务描述

Word 2010 功能十分丰富，除了以上任务所讲的常用功能外，还有其他一些常用的功能，本任务通过一些实例讲解其他的一些常用功能。

1. 编制目录和索引

（1）编制目录

目录是文档中标题的列表，通过目录，可以在目录的首页按"Ctrl+鼠标左键"跳到目录所指向的章节，也可以打开视图导航窗格，然后列出整个文档结构。Word 2010 提供了目录编制与浏览功能，可使用 Word 中的内置标题样式和大纲级别设置自己的标题格式。

标题样式：应用于标题的格式样式。Word 2010 有 6 个不同的内置标题样式。

大纲级别：应用于段落的格式等级。Word 2010 有 9 级段落等级。

1）用大纲级别创建标题级别

①单击"视图"选项卡的"文档视图"组中的"大纲视图"按钮，将文档显示在大纲视图中。

②切换到"大纲"选项卡，在"大纲工具"组中选择目录中显示的标题级别数。

③选择要设置为标题的各段落，在"大纲工具"组中分别设置各段落级别。

2）用内置标题样式创建标题级别

①选择要设置为标题的段落。

②单击"开始"→"样式"组中"标题样式"按钮即可（若需修改现有的标题样式，在标题样式上单击右键，选择"修改"命令，在弹出的"修改样式"对话框中进行样式修改）。

③对希望包含在目录中的其他标题重复进行上面两个步骤。

④设置完成后，单击"关闭大纲视图"按钮，返回到页面视图。

3）编制目录

通过使用大纲级别或标题样式设置，指定目录要包含的标题之后，可以选择一种设计好的目录格式生成目录，并将目录显示在文档中。操作步骤如下：

①确定需要制作几级目录。

②使用大纲级别或内置标题样式设置目录要包含的标题级别。

③光标定位到插入目录的位置，单击"引用"选项卡"目录"组中"目录"按钮，选择"插入目录"命令，打开"目录"对话框。

④打开"目录"选项卡，在"格式"下拉列表框中选择目录格式，根据需要，设置其他选项。

⑤单击"确定"按钮即可生成目录。

4）更新目录

在页面视图中，右击目录中的任意位置，从弹出的快捷菜单中选择"更新域"命令，在弹出的"更新目录"对话框中选择更新类型，单击"确定"按钮，目录即被更新。

5）使用目录

当在页面视图中显示文档时，目录中将包括标题及相应的页码，在目录上通过"Ctrl+鼠标左键"可以跳到目录所指向的章节；当切换到 Web 版式视图时，标题将显示为超链接，这时用户可以直接跳转到某个标题。若要在 Word 中查看文档时快速浏览，可以打开视图导航窗格。

（2）编制索引

目录可以帮助读者快速了解文档的主要内容，索引可以帮助读者快速查找需要的信息。生成索引的方法是：单击"引用"选项卡的"索引"组中的"插入索引"按钮，打开"索引"对话框，在对话框中设置相关的项，单击"确定"即可。

如果想使上次索引项直接出现在主索引项下面而不是缩进，选择"接排式"类型。如果选择多于两列，则选择"接排式"各列之间不会拥挤。

2. 文档的修订与批注

为了便于联机审阅，Word 允许在文档中快速创建修订与批注。

修订，用来显示文档中所做的诸如删除、插入或其他编辑、更改的位置的标记，启动"修订"功能后，对删除的文字会以一横线划在字体中间，字体为红色，添加文字也会以红色字体呈现；当然，用户也可以修改成自己喜欢的颜色。

批注，指作者或审阅者为文档添加的注释。为了保留文档的版式，Word 2010 在文档的文本中显示一些标记元素，而其他元素则显示在边距上的批注框中，在文档的页边距或"审阅窗格"中显示批注。

单击"审阅"选项卡"修订"组中的"修订"下拉按钮，选择"修订"命令（或按 Ctrl+Shift+E 组合键）启动修订功能。

启动修订功能后，再次在"修订"组中单击"修订"按钮，选择"修订"命令（或按 Ctrl+Shift+E 组合键）可关闭修订功能。

用户可对修订的内容选择接收或拒绝修订，在"审阅"选项卡的"更改"组中单击"接收"或"拒绝"按钮即可完成相关操作。

选中要插入批注的文字或插入点，在"审阅"选项卡中的"批注"组中单击"新建批注"按钮，输入批注内容。

若要快速删除单个批注，用鼠标右键单击批注，然后从弹出的快捷菜单中选择"删除批注"命令即可。

3. 文档的保护

设置密码是保护文档的一种方法。设置密码的方法如下：

（1）设置"打开权限密码"

文档在存盘前设置了"打开权限密码"后，那么再打开它时，Word 首先要核对密码，只有密码正确的情况下才能打开，否则拒绝打开。设置"打开权限密码"可以通过如下步骤实现：

①选择"文件"选项卡，单击"另存为"命令，打开"另存为"对话框。

②在"另存为"对话框中，执行"工具"→"常规选项"命令，打开如图 4-74 所示的"常规选项"对话框，输入设定的密码。

③单击"确定"按钮，此时会出现"确认密码"对话框，要求用户再次键入所设置的密码。

④在"确认密码"对话框的文本框中再次键入所设置的密码并单击"确定"按钮。如果密码核对正确，则返回"另存为"对话框，否则出现"确认密码不符"的警示信息。此时只能单击"确定"按钮，重新设置密码。

⑤当返回到"另存为"对话框后，单击"保存"按钮即可存盘。至此，密码设置完成。当以后再次打开此文档时，会出现"密码"对话框，要求用户键入密码以便核对，如密码正确，则文档打开；否则，文档不予打开。

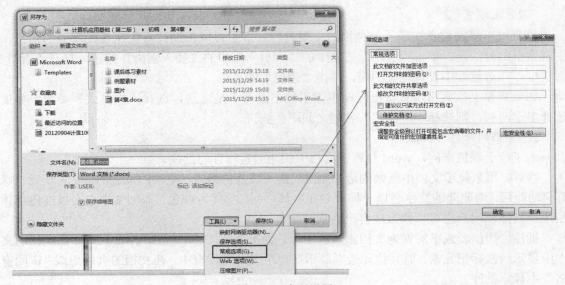

图 4-74   密码设置

如果想要取消已设置的密码，可以按下列步骤操作：

①用正确的密码打开该文档。

②选择"文件"选项卡，单击"另存为"命令，打开"另存为"对话框。

③在"另存为"对话框中，执行"工具"→"常规选项"命令，打开"常规选项"对话框。

④在"打开文件时的密码"框中有一排"*"表示的密码，按 Delete 键删除密码，再单击"确定"按钮返回"另存为"对话框。

⑤单击"另存为"对话框中的"保存"按钮。

此时，密码被删除，以后再打开此文件时就不需要密码了。实现以上功能也可以选择"文件"选项卡，单击"信息"中的"保护文档"，选择"用密码进行加密"命令。

（2）设置"修改权限密码"

设置修改权限密码的步骤，与设置打开权限密码的步骤非常相似，不同的只是将密码键入到图 4-74 中的"修改文件时的密码"文本框中。打开文档的情形也很类似，此时"密码"对话框多了一个"只读"按钮，供不知道密码的人以只读方式打开它。

（3）设置文件为"只读"属性

将文件属性设置成"只读"也是保护文件不被修改的一种方法。将文件设置为只读文件的方法是：

①打开"常规选项"对话框。

②勾选"建议以只读方式打开文档"复选框。

③单击"确定"按钮，返回到"另存为"对话框。

④单击"保存"按钮完成只读属性的设置。

（4）对文档中的指定内容进行编辑限制

如果文档中的某些内容比较重要，不允许被其他人更改，但允许阅读或对其进行修订、审阅等操作，这在 Word 中称为"文档保护"，可以通过文档保护的相应操作来实现。具体步骤如下：

①选定需要保护的文档内容。

②单击"审阅"→"保护"→"限制编辑"命令，打开"限制格式和编辑"窗格。

③在"限制格式和编辑"窗格中，勾选"仅允许在文档中进行此类型的编辑"复选框，并在"限制编辑"下拉列表框中从"修订""批注""填写窗体"和"不允许任何更改（只读）"四个选项中选定一项。

对于这些被保护的文档内容，只能进行上述选定的编辑操作。

4. 文档的打印

（1）打印预览

选择"文件"选项卡，单击"打印"命令，在打开的"打印"窗口面板右侧就是打印预览内容，如图 4-75 所示。

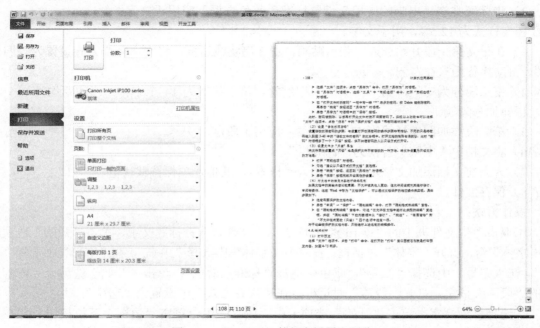

图 4-75　Word 2010 的打印设置和预览

（2）打印文档

通过"打印预览"查看满意后，就可以打印了。打印前，最好先保存文档，以免意外丢失。 Word 提供了许多灵活的打印功能。可以打印一份或多份文档，也可以打印文档的某一页或几页。当然，在打印前，应该准备好并打开打印机。

1）打印一份文档

打印一份当前文档的操作最简单，只要单击"打印"窗口面板上的"打印"按钮即可。

2）打印多份文档副本

如果要打印多份文档副本，那么应在"打印"窗口面板上的"份数"文本框中输入要打印的文档份数，然后单击"打印"按钮。

3）打印一页或几页

如果仅打印文档中的一页或几页，则应单击"打印所有页"右侧的下拉列表按钮，在打开列表的"文档"选项组中，选定"打印当前页"，那么只打印当前插入点所在的一页；如果选定"自定义打印范围"，那么还需要进一步设置需要打印的页码或页码范围。

综合例题

例题 4-25

（操作视频请扫旁边二维码）

打开考生文件夹中的"word 素材 13.docx"文件，完成下列操作。

1）设置标题文字"电脑的应用"为隶书、二号、加粗、标准色蓝色、居中对齐。

例题 4-25

2）将标题文字"电脑的应用"设置标准色蓝色方框，应用于文字；底纹图案样式为 12.5%，用于文字。

3）在正文第一段开始插入一张剪贴画，加 3 磅实线边框，将文字环绕方式设置为"四周型"，自动换行为只在左侧。

4）第二段分为三栏，第一栏宽为 5 个字符，第二栏宽为 14 个字符，栏间距均为 2 个字符，栏间加分隔线。

5）第二段添加图案样式为 15%的底纹，应用于段落。

6）将文档中"电脑"替换为"计算机"。

7）为当前文档添加文字水印。文字为"样本"，其他选项保持默认值。

8）保存文件。

操作方法：

①双击考生文件夹中的"word 素材 13.docx"文件，选择标题文字，单击"开始"选项卡中"字体"组，打开"字体"对话框；在"中文字体"中选择"隶书"，在"字形"中选择"加粗"，在"字号"中选择"二号"，颜色中选择"标准色蓝色"；单击"开始"选项卡"段落"组的"段落"按钮，打开"段落"对话框，在"对齐方式"中设置为"居中"；

②选择标题文字，单击"开始"选项卡中"段落"组，单击"边框"下拉按钮，并在打开的菜单中选择"边框和底纹"命令，选择"边框"选项卡，在"设置"中选择"方框"，在"颜色"中选择"标准色蓝色"，在"应用于"中选择"文字"；在"底纹"选项卡中选择"样式"中的图案"12.5%"，在"应用于"中选择"文字"，单击"确定"按钮；

③将光标置于文档开头，单击"插入"选项卡，选择"插图"组，单击"剪贴画"按钮，打开"剪贴画"窗格；单击"搜索"按钮，在出现的剪贴画中随意单击一张；选择该剪贴画，在"图片工具|格式"选项卡中，单击"图片样式"组中的"图片边框"按钮，打开下拉列表；在"粗细"中选择"3 磅"，在"虚线"中选择"实线"；单击"图片工具|格式"选项卡中的"排列"组中的"自动换行"按钮，单击"其他布局选项"按钮，打开"其他布局选项"对话框，"环绕方式"选择"四周型"，"自动换行"选择"只在左侧"；

④选择第二段，在"页面布局"选项卡中，选择"页面设置"组，单击"分栏"按钮；在打开的下拉列表中选择"更多分栏"命令，打开"分栏"对话框；在"预设"中选择"三栏"，在"加分隔线"复选框前打勾，去掉"栏宽相等"复选框前的勾，在第一栏"栏宽"中输入"5字符"、"栏间距"输入"2 字符"，第二栏"栏宽"中输入"14 字符"，"栏间距"输入"2 字

符"，单击"确定"按钮；

　　⑤选择第二段，单击"开始"选项卡中"段落"组，单击"边框"下拉按钮，并在打开的菜单中选择"边框和底纹"命令，在"底纹"选项卡中选择"样式"中的图案"15%"，在"应用于"中选择"段落"，单击"确定"按钮；

　　⑥全选整篇文章，单击"开始"选项卡"编辑"组中的"替换"按钮，打开"查找和替换"对话框；单击"查找"选项卡，在"查找内容"框中键入"电脑"，在"替换为"框中输入"计算机"；单击"全部替换"按钮；

　　⑦在"页面布局"选项卡中选择"页面背景"组，单击"水印"按钮，在出现的菜单中选择"自定义水印"命令，打开"水印"对话框，选择"文字水印"单选按钮，然后在"文字"中输入"样本"，单击"确定"按钮；

　　⑧单击"保存"按钮。

知识点：

　　①字体设置；

　　②段落对齐方式；

　　③文字的边框和底纹；

　　④插入剪贴画；

　　⑤设置文字图片环绕方式；

　　⑥设置图片边框；

　　⑦分栏；

　　⑧查找和替换；

　　⑨页面水印。

注意事项：

　　①边框和底纹设置时最后一定要确认应用范围是否选择正确；

　　②本题在选择剪贴画时因为题目没有指定所以可以随便选择，但由于后面一段有分栏任务，当选择剪贴画过大会对后续的分栏造成影响，所以尽量选择小的剪贴画。

例题 4-26

（操作视频请扫旁边二维码）

打开考生文件夹中的"word 素材 16.docx"文件，完成下列操作。

1）将标题段文字设置为华文楷体、二号、标准色红色、加粗、居中。

2）将正文文字前两段添加填充色为标准色蓝色的底纹，左右各缩进 2 个字符、首行缩进 2 个字符，段后间距设置为 2 行。

3）将正文第二段的首字设为下沉 2 行，距正文 0.5 厘米。

例题 4-26

4）按所给样张绘制一个图形（画一个椭圆和一个矩形，按照样张组合为一个图形），椭圆形填充标准色红色，矩形中添加文字"成绩单"，文字居中，并按样张排版。

5）将最后三行文字转换成三行五列的表格，设置单元格对齐方式为水平居中，如样张所示。

6）用 Word 中提供的公式计算各考生的平均成绩并插入相应单元格内。

7）插入图片"苹果.jpg"，将其设置为透明色，另要求设置如下：文字环绕方式为"四周型"，高度、宽度分别为"8 厘米、12 厘米"，然后调整其位置如样张所示。

8）保存文档。

操作方法：

①双击考生文件夹中的"word 素材 16.docx"文件，选择标题文字，单击"开始"选项卡中"字体"组，打开"字体"对话框；在"中文字体"中选择"华文楷体"，在"字形"中选择"加粗"，在"字号"中选择"二号"，颜色中选择"标准色红色"；单击"开始"选项卡"段落"组的"段落"按钮，打开"段落"对话框，在"对齐方式"中设置为"居中"；

②选择第一段和第二段文字，单击"开始"选项卡中"段落"组，单击"边框"下拉按钮，并在打开的菜单中选择"边框和底纹"命令，在"底纹"选项卡中选择"填充"中的颜色"标准色蓝色"，在"应用于"中选择"文字"，单击"确定"按钮；单击"开始"选项卡"段落"组的"段落"按钮，打开"段落"对话框，在"特殊格式"选择"首行缩进"，在"磅值"中输入"2 字符"；在"段后"中选择"1 行"；"左侧"和"右侧"分别输入"2 字符"；

③选择第二段第一个字，选择"插入"选项卡，在"文本"选项组中单击"首字下沉"按钮，从下拉菜单中选择"下沉"；在"下沉行数"中输入"2"，"距正文距离"中输入"0.5 厘米"；

④将光标放置到文档最后，选择"插入"选项卡，在"插图"组中单击"形状"按钮，出现"形状"面板，在面板中选择"矩形"组，单击"矩形"，按住鼠标左键，拖动至结束位置；单击右键，在弹出的快捷菜单中选择"添加文字"选项，输入"成绩单"；选择"插入"选项卡，在"插图"组中单击"形状"按钮，出现"形状"面板，在面板中选择"基本形状"组，单击"椭圆"，按住鼠标左键拖动至结束位置；选择"设置形状格式"按钮，弹出"设置形状格式"对话框，在"填充"选项卡中选择"纯色填充"的颜色"标准色红色"；将矩形拖到椭圆里面，选择形状，按住 Shift 键，单击右键，选择"组合"；

⑤选择最后三行文字，选择"插入"选项卡"表格"组，单击"文本转换成表格"按钮，弹出"将文本转换为表格"对话框，在列数上输入 5，单击"确定"按钮；单击表格左上角的"表格位置控制点"按钮全选整张表格，选择"表格工具|布局"选项卡，选择"对齐方式"组中的"水平居中"；

⑥将光标放置到 E2 单元格中，单击"表格工具|布局"选项卡上"数据"组中的"公式"按钮，打开"公式"对话框，在"公式"栏中输入"="，单击"粘贴函数"下拉列表，选择"average()"，在括号中输入"left"；以同样的方法，可计算"E3"的平均成绩；

⑦将光标置于文档最后，单击回车键，单击"插入"选项卡，选择"插图"组，单击"图片"按钮，打开"插入图片"对话框；在对话框的左端列表中选择图片所在的根目录，在"查找范围"下拉列表中选择图片的具体路径，在文件列表中选中图片"苹果.jpg"，单击"插入"按钮完成图片的插入；选中需要设置透明色的图片，单击"图片工具|格式"选项卡中"调整"组中的"颜色"按钮，选择"设置透明色"命令，鼠标箭头呈现彩笔形状，将鼠标箭头移动到图片上并单击需要设置为透明色的纯色背景，则单击的纯色背景将被设置为透明色；单击"图片工具|格式"选项卡中的"排列"组中的"自动换行"按钮，在打开的预设位置列表中选择"四周型环绕"；切换到"图片工具|格式"选项卡，单击"大小"组的下拉列表，打开"布局"对话框，在"大小"选项卡中，将"锁定纵横比"的复选框去掉；在高度框中输入"8 厘米"，在宽度框中输入"12 厘米"；

⑧单击"保存"按钮。

例题 4-27

（操作视频请扫旁边二维码）

打开考生文件夹中的"素材文件 yuancheng.docx"文件，完成下列操作。

例题 4-27

1）将第一行标题改为黑体、三号、倾斜。

2）将第一自然段段落格式设为：段前5磅，段后5磅，首行缩进2个字符，其余不变。

3）将第二自然段首行缩进2个字符，并把第二自然段分为3栏，栏宽相等，加分隔线。

4）把文件最后四行文字转换为表格，将表格中的文字设为水平居中，数字设为中部右对齐，表格标题底纹填充为标准色黄色。

5）在表格最后一行的后面插入一个空行，调整行高为15磅。并用表格公式求出各列的总和。

6）在文章最后设置艺术字体：

艺术字样式为：第三行第三个样式；

文本内容为"广播电视大学"；字体：华文仿宋；字号：48；

艺术字字体格式为：旋转10度，高度3厘米，宽度8厘米。

7）插入页眉：文字为"无纸化考试"；黑体、五号、倾斜。

8）保存文档。

操作方法：

①双击考生文件夹中的"素材文件 yuancheng.docx"文件，选择标题文字，单击"开始"

选项卡中"字体"组，打开"字体"对话框；在"中文字体"中选择"黑体"，在"字形"中选择"倾斜"，在"字号"中选择"三号"；

②选择第一段，单击"开始"选项卡中"段落"组，打开"段落"对话框，在"特殊格式"选择"首行缩进"，在"磅值"中输入"2字符"；在"段前"中选择"5磅"，在"段后"中选择"5磅"；

③选择第二段，单击"开始"选项卡中"段落"组，打开"段落"对话框，在"特殊格式"选择"首行缩进"，在"磅值"中输入"2字符"；单击"页面布局"选项卡中"页面设置"组，单击"分栏"按钮；在打开的下拉列表中选择"更多分栏"命令，打开"分栏"对话框；在"预设"中选择"三栏"，在"加分隔线"复选框前打勾；

④选择最后四行文字，选择"插入"选项卡中"表格"组，单击"文本转换成表格"按钮，弹出"将文本转换为表格"对话框，单击"确定"按钮；选择所有的文字单元格，选择"表格工具|布局"选项卡，选择"对齐方式"组中的"水平居中"；选择所有的数字单元格，选择"表格工具|布局"选项卡，选择"对齐方式"组中的"中部右对齐"；选择表格标题部分，在"表格工具|设计"选项卡中选择"表格样式"组，单击"边框"下拉列表中的"边框和底纹"按钮，打开"边框和底纹"对话框，在"底纹"选项卡中的"填充"的颜色中选择"标准色黄色"；

⑤选择表格最后一行，选择"表格工具|布局"选项卡，选择"行和列"组，选择"在下方插入"按钮；在"表格工具|布局"选项卡中选择"单元格大小"组，在高度框中输入"15磅"；将光标放置到B5单元格中，单击"表格工具|布局"选项卡上"数据"组中的"公式"按钮，打开"公式"对话框，在"公式"栏中输入"="，单击"粘贴函数"下拉列表，选择"sum()"，在括号中输入"above"；以同样的方法，可计算"C5、D5"的总分；

⑥将光标放置到文档最后，单击"插入"选项卡，选择"文本"组，单击"艺术字"按钮，选择第三行第三列的样式，输入"广播电视大学"；选中文本框中所有文字，选择"开始"选项卡"字体"组，在字体框中选择"华文仿宋"，在字号框中输入"48"；在"图片工具|格式"选项卡中，单击"排列"组中的"旋转"按钮，并在打开的菜单中选择"其他旋转选项"命令；在打开的"布局"对话框中切换到"大小"选项卡，在"旋转"区域的"旋转"编辑框中输入"10度"；切换到"图片工具|格式"选项卡，单击"大小"组的下拉列表，打开"布局"对话框，在"大小"选项卡中，在高度框中输入"3厘米"，在宽度框中输入"8厘米"；

⑦单击"插入"选项卡，在"页眉和页脚"组中，单击"页眉"按钮，在打开的下拉菜单中选择"编辑页眉"按钮，定位到文档中的位置，输入"无纸化考试"；单击"开始"选项卡中"字体"组，打开"字体"对话框；在"中文字体"中选择"黑体"，在"字号"中选择"五号"，"字形"中选择"倾斜"；单击"页眉和页脚工具|设计"选项卡的"关闭页眉和页脚"按钮返回至文档正文；

⑧单击"保存"按钮。

知识点：
①字体设置；
②段落设置；

③插入表格；

④分栏；

⑤插入表格；

⑥插入和设置艺术字；

⑦页眉设置。

注意事项：

①表格对齐方式设置时，需要将文字部分和数字部分分开设置；

②艺术字需要先把所有其他设置完成再调整大小，否则里面将有部分字被遮住。

综合练习

1．在考生文件夹中，完成下列操作。

（1）启动 Word 2010，打开考生文件夹中的 Word 文档 YYA.docx。

（2）在文章最后另起一行输入如下文字：

③世界你好

92 年 6 月，在 INET 年会上，中科院钱华林研究员约见美国国家科学基金会国际联网部负责人，第一次正式讨论中国连入 Internet 的问题。

（3）按照小标题编号的顺序，将文本中的段落重新排列好。

（4）将主标题设定为隶书小二号字，居中。小标题设定为楷体四号字，位置不变。

（5）在文本下方绘制如样张所示的表格。

（6）页面设置：纸张大小为 16 开，页边距上、下分别为 1.8cm、2.0cm，左、右分别为 1.5cm、1.5cm，应用于整篇文档。正文字体为华文行楷，字号为小四号。

（7）保存文档。

2．在考生文件夹中，完成下列操作。

（1）新建 Word 文档，并输入下列文字，将字体设置为宋体，字号设置为四号，全部文字加下划线。

随着因特网的不断发展，商业领域正在发生着一系列重大变革。由因特网所引发的电子商务应用发展迅猛，给社会带来巨大的发展机遇。

（2）将正文拷贝 3 次，并将前两段合并为一段，后两段合并为一段。

（3）将正文段落设置为左右各缩进 1 厘米、首行缩进 2 个字符，段后间距设置为 1 行，2 倍行距。

（4）在文字后插入考生文件夹下的 wp01.wmf 文件，并设置图片中文字环绕方式为"四周型"、设置图片的亮度为 40%。

（5）制作 5 行 4 列表格插入到文档最后，列宽 3 厘米，行高 0.6 厘米。如样张所示输入表格文字。

（6）将文档以"WD17.docx"保存。

3. 在考生文件夹下有文件"word 素材 14"，打开该文件按要求进行排版，并以原文件保存，排版效果参见结果样张：

（1）标题：选择标题 1 样式，居中对齐。

（2）正文：仿宋、小四号、左对齐、首行缩进 2 个字符、行距为 12 磅；段前、段后间距各 0.5 行；第二段设置为首字下沉 2 行。

（3）页面设置：纸张大小 A4，上下页边距各 3 厘米，左右页边距各 2.5 厘米。

（4）插入一张剪贴画（参看本题样张），大小设置为宽 4cm、高 5cm，颜色设置为"冲蚀"；将文字环绕方式设为"衬于文字下方"，如样张所示。

（5）页眉：设置为"明浩"。

（6）在正文末尾插入表格，并对表格按照本题样张进行合并单元格、填入数据；将表格外框线改为 1.5 磅单实线；将表格中的标题行合并、文字居中对齐，字体设置为隶书、四号字（注：表格中内容不要有空格）。

（7）保存文档。

单元小结

本单元共由五个任务组成，通过本单元的学习能够使读者了解 Word 2010 相关知识和操作方法。

第一个任务由四个部分组成，分别介绍了 Word 2010 的启动退出方法、界面，文档的创建保存、文档的编辑。

第二个任务由四个部分组成。通过学习，能了解并掌握字体的设置，段落的设置，页面的设置等设置方法。

第三个任务由四个部分组成。通过学习，能了解并掌握表格的创建，表格的编辑，表格的美化，表格数据的处理。

第四个任务由四个部分组成。通过学习，能掌握图文混排的方法，包括图片、剪贴画、形状、艺术字、文本框等的设置。

第五个任务由四个部分组成。通过学习，能了解目录的制作、文档的修订、文档的保护和打印等方法。

● 目的、要求

（1）文字处理系统的基本概念、界面、视图、菜单和功能区的使用。

（2）文档编辑：文本的输入、插入、选定、修改、删除、复制、移动、查找、替换。

（3）文档格式：字符格式、段落格式和页面格式的编排。

（4）表格制作：表格的创建与编辑。

（5）插入图片、文本框、对象以及图文混排。

● 重点、难点

重点：文档基本操作、排版、表格、图形、页面布局；

难点：排版、表格、图形。

单元 5　Excel 2010 表格处理软件

任务 1　Excel 2010 基本操作及格式化

Excel 2010 是 Microsoft Office 2010 中的一个重要组件，它是一个电子表格处理程序。广泛应用于财务、行政、金融、经济、统计和审计等众多领域，具有十分齐全的功能。

利用它可以方便地制作各种电子表格、对表格中的数据进行计算、把数据用图表直观地表示出来，从而轻松地建立账目，井井有条地管理数据，科学地分析数据。本任务主要介绍 Excel 2010，掌握 Excel 2010 的特点和基本操作功能。

任务实施

1.　Excel 2010 的启动和退出

Excel 2010 和 Word 2010 都属于 Office 2010 中的一个应用程序，启动和退出方法和 Word 2010 基本一致，前面已经详细描述了 Word 2010 的启动和退出，在这里就简单介绍一下 Excel 2010 的启动和退出方法。

（1）Excel 2010 启动

在"开始"菜单中查找 Excel 图标并单击该图标，依次单击"开始"按钮，选择"所有程序"，找到"Microsoft Office"，在弹出的右侧菜单中选中"Microsoft Excel 2010"单击或回车即可启动 Excel 2010 程序，如图 5-1 所示。

（2）Excel 2010 退出

1）在打开的 Excel 2010 窗口中，单击窗口右上角的 ✕ 按钮。

2）如果对文件进行了任何更改（无论多么细微的更改）并单击关闭按钮，则会出现类似于图 5-2 的消息框。

若要保存更改，请单击"保存"；若要退出而不保存更改，请单击"不保存"；如果错误地单击了按钮，请单击"取消"。

2.　Excel 2010 的界面

Excel 2010 启动成功后，出现如图 5-3 所示的界面。

图 5-1　Excel 2010 启动

图 5-2　Excel 2010 退出

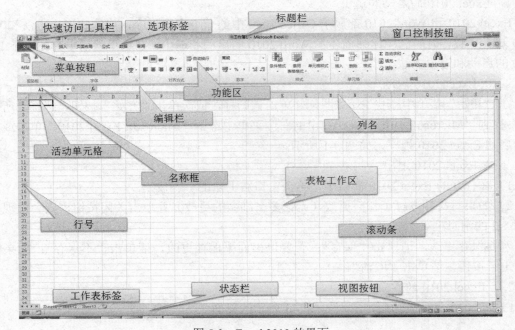

图 5-3　Excel 2010 的界面

下面来介绍 Excel 2010 窗口环境主要部分：

（1）功能区

功能区位于标题栏下方，主要包括"文件""开始""插入""页面布局""公式""数据""审阅""视图" 8 个选项卡。

单击某个选项卡将展开相应的功能区，而每个选项卡的功能区又被分成几个组，例如"开始"选项卡由"剪贴板""字体""对齐方式""数字"和"样式"等构成。

当单击某一组的命令按钮，可以执行命令按钮对应的功能或打开其对应的子菜单。例如，在"开始"选项卡中，单击"对齐方式"组中的"居中"按钮，可以将文本的水平对齐方式设置为"居中"。

（2）名称框

单元格名称框用来显示活动单元格的名称。

（3）编辑栏

编辑栏位于名称框的右侧，用户可以在选定单元格以后直接输入数据，也可以选定单元格后通过编辑栏输入数据。

（4）工作区

工作区为 Excel 窗口的主体，是用来记录数据的区域，所有数据都将存放在这个区域中。

（5）工作表标签

位于文档窗口的左下部，用于显示工作表的名称，初始为 Sheet1、Sheet2、Sheet3，单击工作表标签将激活相应的工作表，单击不同的工作表标签可在工作表间进行切换。用户可以通过滚动标签按钮来显示不在屏幕内的标签。

（6）状态栏

状态栏的功能是显示当前的工作状态，或提示进行适当的操作，主要包含了用来切换文档视图和缩放比例的命令按钮。

（7）标题栏

位于 Excel 2010 操作界面的最顶端，其中显示了当前工作簿的文档名称及程序名称。标题栏的最右侧有三个窗口控制按钮，分别用于对 Excel 2010 的窗口执行最小化、最大化/还原和关闭操作。其操作方法和 Word 2010 类似。

（8）快速访问工具栏

用于放置一些使用频率较高的工具。默认情况下，该工具栏包含了"保存""撤消"和"重复"按钮。若用户要自定义快速访问工具栏中包含的工具按钮，可单击该工具栏右侧的 ▾ 按钮，在展开的列表中选择要向其中添加或删除的工具按钮。

（9）文件菜单

"文件"选项卡中包括"保存""另存为""打开""关闭""信息""最近所有文件""新建""打印""保存并发送""帮助""选项""退出"等常用命令。其操作方法和 Word 2010 操作方法一致。

3. Excel 2010 中的基本概念

（1）工作簿

一个 Excel 文件就是一个工作簿，工作簿名就是文件名。一个工作簿可以包含多个工作表，这样可使一个文件中包含多种类型的相关信息，用户可以将若干相关工作表组成一个工作簿，操作时不必打开多个文件,而直接在同一文件的不同工作表中方便地切换。每次启动 Excel 之后,它都会自动地创建一个新的空白工作簿,如工作簿 1。一个工作簿可以包含多个工作表,每一个工作表的名称在工作簿的底部以标签形式出现。例如,图 5-3 中的工作簿 1 由 3 个工作表组成,分别是 Sheet1、Sheet2 和 Sheet3,用户根据实际情况可以增减工作表和选择工作表。

（2）工作表

在 Excel 中工作表具有以下特点:

- 每一个工作簿可包含多个工作表,但当前工作的工作表只能有一个,叫作活动工作表;
- 工作表的名称反映在屏幕的工作表标签栏中,白色为活动工作表名;
- 单击任一工作表标签可将其激活为活动工作表;
- 双击任一工作表标签可更改工作表名;
- 工作表标签左侧有 4 个按钮,用于管理工作表标签,单击它们可分别看到第一个工作表标签、上一个工作表标签、下一个工作表标签和最后一个工作表标签。

（3）单元格

单元格是组成工作表的最小单位,每个工作表中只有一个单元格为当前工作的,叫作活动单元格,屏幕上带粗线黑框的单元格就是活动单元格;活动单元格名在屏幕上的名称框中显示出来。单元格是工作表的行和列的交叉点,每个单元格通过"列名+行号"来表示单元格的位置,如"B2"就表示第 B 列第 2 行的单元格。为了便于记忆和理解,也可以为某个单元格另外起一个名称,直接在名称框输入一个名称即可为活动单元格命名,此时既可以用名称也可以使用"列标+行号"引用该单元格。

每一单元格中的内容可以是数字、字符、公式、日期等,如果是字符,还可以是分段落的。

多个相邻的呈矩形状的一片单元格称为单元格区域。每个区域有一个名字,称为区域名。区域名字由区域左上角单元格名和右下角单元格名中间加冒号":"来表示。例如"A1:C5"表示左上角 A1 单元格到右下角 C5 单元格共由 15 个单元格组成的矩形区域,如图 5-4 所示。若给这个单元格区域定义一个"code"的名字（在名称框中键入 code 然后回车,见图 5-4）,当需要引用该区域时,使用"code"和使用"A1:C5"的效果是完全相同的。

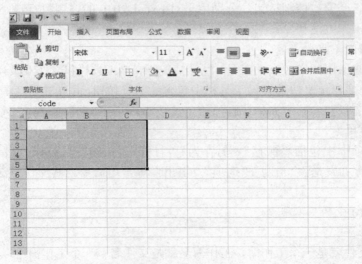

图 5-4　单元格区域

4. 工作簿的创建、保存

（1）新建工作簿

启动 Excel 2010 时，程序自动新建一个空白工作簿，根据需求也可自己新建一个工作簿。新建工作簿的方法如下：

1）创建空白工作簿

启动 Excel 2010 程序，在"文件"选项卡中选择"新建"选项，在右侧选择"空白工作簿"后单击界面右下角的"创建"图标就可以新建一个空白的工作簿，如图 5-5 所示。

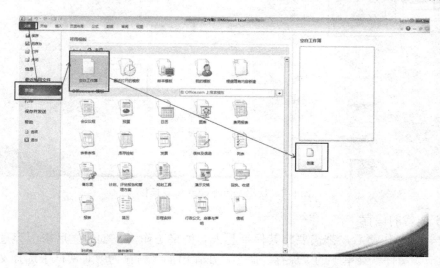

图 5-5　创建空白工作簿

2）使用模板快速创建工作簿

首先打开 Excel 2010，在"文件"选项卡中选择"新建"选项，在右侧选择所需要模板进行创建，如图 5-6 所示。

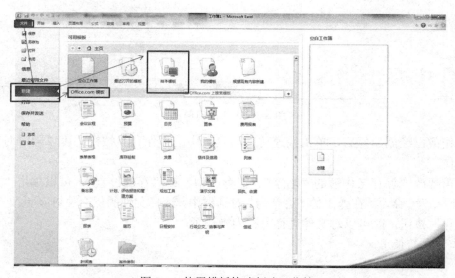

图 5-6　使用模板快速创建工作簿

利用模板创建工作簿时，可以使用"样本模板"或者选择在"Office.com"上下载模板。比如使用"Office.com"下载，选择好某个模板后单击界面右下角的"下载"按钮，如图 5-7 所示。

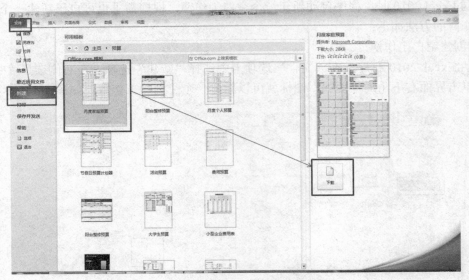

图 5-7　使用 Office.com 下载模板

（2）工作簿的保存

在新建一个工作簿后，都需要将其保存起来。如果工作簿在创建之后未保存过，在完成编辑后，单击"文件"菜单下的"保存"命令，在弹出的"另存为"对话框中选择文件的保存位置及文件名后，单击"保存"按钮，就可以对文件进行保存了，如图 5-8 所示。

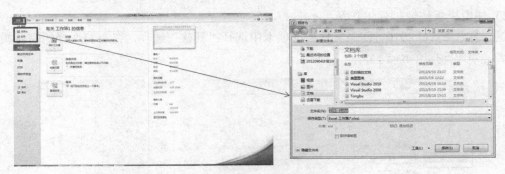

图 5-8　工作簿的保存

在工作簿已经创建好后，单击快速访问工具栏中的"保存"按钮，可以随时对工作簿进行保存操作。

如果需要改变保存工作簿的"名字""保存类型"或"存放位置"，可以单击"文件"菜单下的"另存为"命令，在弹出的"另存为"对话框中，选择文件的保存位置及更改文件名后，单击"保存"按钮，就可以对文件进行另存为操作了。

5．工作表的使用

（1）选取工作表

在进行新建工作表等操作之前，一般都要选择某张工作表，如图 5-9 所示。

图 5-9　选定工作表

在 Excel 2010 中，默认地创建有 3 张工作表，Sheet1、Sheet2、Sheet3，其名称显示工作表所在标签区域，单击工作表标签即可选择该工作表，被选中的工作表变为活动工作表。

1）选择单张工作表：打开包含该工作表的工作簿，然后单击要进行操作的工作表标签。

2）选取相邻的多张工作表：单击要选择的第一张工作表标签，然后按住 Shift 键并单击最后一张要选择的工作表标签，选中的工作表标签都变为白色。

3）选取不相邻的多张工作表：先单击要选择的第一张工作表标签，然后按住 Ctrl 键再单击其他工作表标签即可。

（2）插入新工作表

默认情况下一个工作薄里面只有 3 个工作表，有时候会需要自己创建新的工作表。单击工作表标签栏右侧的"插入工作表"按钮即可创建新的工作表，如图 5-10 所示。

图 5-10　插入新工作表

（3）重命名工作表

要重命名工作表，可用鼠标双击要命名的工作表标签，此时该工作表标签呈高亮显示，处于可编辑状态，输入工作表名称，然后单击除该标签以外工作表的任意处或按 Enter 键即可重命名工作表。此外，还可以利用右键菜单重命名工作表，如图 5-11 所示。

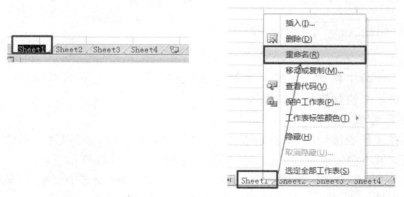

图 5-11　重命名工作表

（4）删除工作表

右击要删除的工作表标签，如"Sheet1"，在弹出的快捷菜单中单击"删除"命令，如图 5-12 所示。

（5）复制、移动工作表

要移动工作表，也可在"开始"选项卡的"单元格"组中，单击"格式"下拉按钮，然后在"组织工作表"栏下单击"移动或复制工作表"命令。也可以右击选定的工作表标签，然后单击快捷菜单上的"移动或复制工作表"命令。

图 5-12　删除工作表

弹出"移动或复制工作表"对话框，在"下列选定工作表之前"栏中，选择移动的工作表，如"Sheet3"，单击"确定"按钮，如图 5-13 所示。在 Excel 2010 工作簿中移动工作表的操作完成。

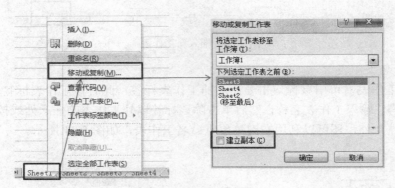

图 5-13　移动复制工作表

要在同一工作簿中移动工作表，只需将工作表标签拖至所需位置即可；如果在拖动的过程中按住 Ctrl 键，则执行的是复制操作。

（6）冻结工作表

如果需要在工作表滚动时保持行列标志或者其他数据可见，可以使用冻结功能，窗口中被冻结的数据区域不会随着工作表的其他部分一起移动，具体操作如下。

①打开 Excel 工作表，如果要冻结"A1"行，那么我们就要选中"A2"单元格。

②单击"视图"选项卡，在"窗口"组中单击"冻结窗格"的下拉按钮，在打开的菜单中单击"冻结拆分窗格"命令，如图 5-14 所示。

（7）保护工作表

通过锁定工作表或工作簿的元素来保护工作表或工作簿时，可以选择添加一个密码，使用该密码可以编辑解除锁定的元素。

在"审阅"选项卡的"更改"组中单击"保护工作表"按钮。在"允许此工作表的所有用户进行"列表框中，选择希望用户能够更改的元素。在"取消工作表保护时使用的密码"框中，键入工作表密码，单击"确定"按钮，然后重新键入密码进行确认，如图 5-15 所示。

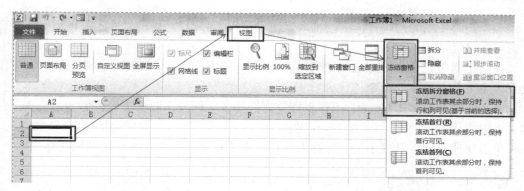

图 5-14　冻结工作表

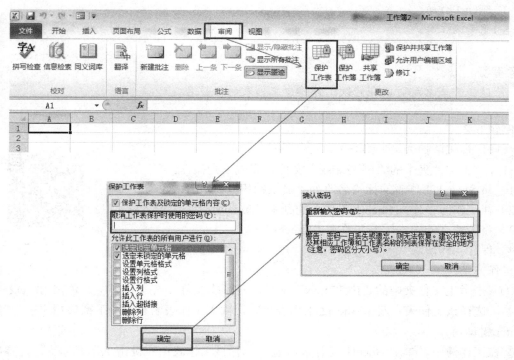

图 5-15　保护工作表

例题 5-1

（操作视频请扫旁边二维码）

打开考生文件夹中的"Ex40.xlsx"文件，完成下列操作。

1）保护工作簿中的 Sheet1 工作表，并设置密码为"4321"。

2）删除 Sheet2 工作表。

3）将 Sheet1 工作表的标签名改为"考生平均成绩表"。

4）保存工作簿。

例题 5-1

操作方法：

①双击考生文件夹中的"Ex40.xlsx"文件，打开本文件；在工作簿中，单击 Sheet1 工作表标签，选择该工作表；在"审阅"选项卡上的"更改"组中，单击"保护工作表"，在"取

消工作表保护时使用的密码"框中，键入工作表密码"4321"，单击"确定"按钮，然后重新键入密码进行确认；

②在工作簿中，单击 Sheet2 工作表标签，选择该工作表；右击该工作表标签，在弹出的快捷菜单中单击"删除"命令；

③在工作簿中，单击 Sheet1 工作表标签，选择该工作表；双击工作表标签，输入工作表名称"考生平均成绩表"，然后按 Enter 键；

④单击快速访问工具栏中的"保存"按钮，对工作簿进行保存操作，关闭文件。

知识点：

①保护工作表，创建密码；

②删除工作表；

③重命名工作表。

注意事项：

修改工作表名称时，即修改工作簿中工作表的标签名。

例题 5-2

（操作视频请扫旁边二维码）

打开考生文件夹中的"Ex37.xlsx"文件，完成下列操作。

1）将 Sheet2 工作表的标签名改为"员工销售情况表"。

2）在工作簿中建立 Sheet1 工作表的副本，放在所有工作表之后。

3）将新建立的副本标签名改为"Sheet4"。

4）保存工作簿。

例题 5-2

操作方法：

①双击考生文件夹中的"Ex37.xlsx"文件，打开本文件；在工作簿中，单击 Sheet2 工作表标签，选择该工作表；双击 Sheet2 工作表标签，输入工作表名称"员工销售情况表"，然后按 Enter 键即可；

②在工作簿中，单击 Sheet1 工作表标签，选择该工作表；右键击工作表标签，在弹出的快捷菜单中选择"移动或复制工作表"命令，在"下列选定工作表之前"区域中单击"移至最后"，选中"建立副本"，单击"确定"按钮；

③在工作簿中，单击"Sheet1 (2)"工作表标签，选择该工作表；双击工作表标签，输入工作表名称"Sheet4"，然后按 Enter 键；

④单击快速访问工具栏中的"保存"按钮，对工作簿进行保存操作，关闭文件。

知识点：

①重命名工作表；

②复制工作表。

6. 单元格的使用

（1）选择单元格

1）选择一个单元格

启动 Excel 2010 时，工作表中的第一个单元格是处于选中状态的；选择一个单元格操作非常简单，用鼠标单击某一单元格，它就成为当前单元格，如图 5-16 所示。

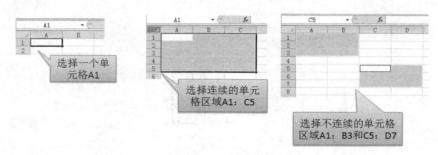

图 5-16   选择单元格

2）选择连续的单元格区域

单击单元格区域的左上角单元格，按住鼠标左键拖动鼠标到区域的右下角单元格，然后放开鼠标按钮。

3）选择不连续的单元格区域

选定第一个单元格区域之后，按住 Ctrl 键，再选定其他单元格区域。

4）选择行或列

把鼠标指针移动至准备选择整行单元格区域的行标题上，单击行标题即可选中整行。

把鼠标指针移动至准备选择整列单元格区域的列标题上，单击列标题即可选中整列。

5）选择所有单元格

在 Excel 2010 工作表中，用户可以通过全选键选择所有单元格。

（2）插入单元格

首先选中一个单元格，在右键菜单中选择"插入"命令（或在"开始"选项卡的"单元格"组中单击"插入"下拉按钮），如图 5-17 所示。

打开单元格"插入"对话框，可以看到以下的四个选项：

● 活动单元格右移：表示在选中单元格的左侧插入一个单元格；

● 活动单元格下移：表示在选中单元格的上方插入一个单元格；

● 整行：表示在选中单元格的上方插入一行；

● 整列：表示在选中单元格的左侧插入一行。

（3）删除单元格

首先选中一个单元格，在右键菜单中选择"删除"命令（或者在"单元格"组中单击"删除"下拉按钮），如图 5-18 所示。

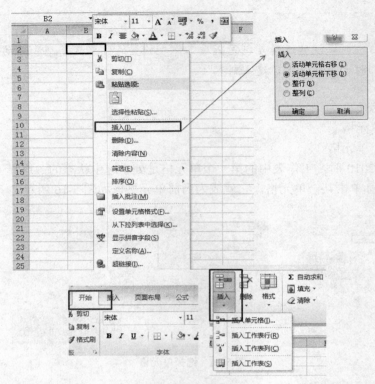

图 5-17 插入单元格

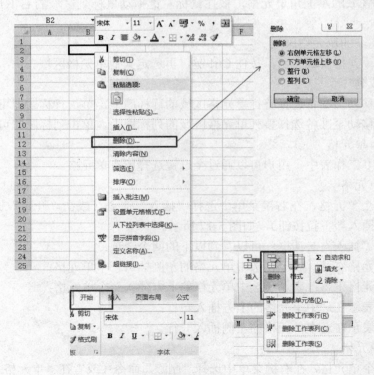

图 5-18 删除单元格

在"删除"对话框中可以看到以下四种选项：

● 右侧单元格左移：表示删除选中单元格后，该单元格右侧的整行向左移动一格；

● 下方单元格上移：表示删除选中单元格后，该单元格下方的整列向上移动一格；

● 整行：表示删除该单元格所在的一整行；

● 整列：表示删除该单元格所在的一整列。

注意　删除单元格是将单元格整个删除掉，而单元格在处理上还有"清除数据"这个操作，单击右键，在弹出的快捷菜单中选择"清除数据"即可。

例题 5-3

（操作视频请扫旁边二维码）

打开考生文件夹中的"E019.xlsx"文件，完成下列操作。

1）删除工作表 Sheet1 中的工资数据（B3:M18 单元格区域）。

2）将工作簿"E019.xlsx"保存并另存为模板文件（默认文件名，类型为*.xltm，保存到考生文件夹中）。

例题 5-3

3）用上题创建的模板建立新文件。

4）保存新建立的文件到考生文件夹下，文件名为"E019B.xlsx"。

操作方法：

①双击考生文件夹中的"E019.xlsx"文件，打开本文件；在工作簿中，单击 Sheet1 工作表标签，选择该工作表；单击单元格区域的左上角单元格 B3，按住鼠标左键拖动鼠标到区域的右下角单元格 M18，然后放开鼠标；单击右键，在弹出的快捷菜单中选择"清除数据"；

②单击快速访问工具栏中的"保存"按钮，对工作簿进行保存操作；单击"文件"选项卡，选择"另存为"按钮，在弹出的"另存为"对话框中，选择保存类型为"*.xltm"，选择文件的保存位置，文件名为"E019"，单击"保存"按钮，关闭文件；

③双击考生文件夹中的"E019.xltm"文件，打开本文件，随即会创建好新工作簿，单击快速访问工具栏中的"保存"按钮，在弹出的"另存为"对话框中，选择保存类型为"*.xlsx"选择文件的保存位置，文件名为"E019B.xlsx"，单击"保存"按钮，关闭文件。

知识点：

①删除单元格数据；

②创建工作簿模板；

③使用模板快速创建工作簿。

注意事项：

①本题中涉及到三次保存，第一次是操作完删除单元格数据后，必须单击"保存"按钮，对文件 E019.xlsx 进行保存；

②第二次保存是将已经保存后的 E019.xlsx 文件作为模板保存，首先需要单击"另存为"按钮，然后选择"保存类型"，此时保存位置会改动为 Office 默认的库文件；一定要记得选择保存的路径；

③第三次保存是在使用 E019.xltm 模板创建新的工作簿时对新建的工作簿进行保存。

④本题最后在考生文件夹中会有 3 个文件，一个是原来题目给的素材 E019.xlsx，一个是新建的模板文件 E019.xltm，一个是使用模板文件创建的新工作簿 E019B.xlsx。

（4）合并单元格

选中要进行合并操作的单元格区域，单击"开始"选项卡上"对齐方式"组中的"合并后居中"按钮或单击其右侧的下拉角按钮，在展开的列表中选择一种合并选项，如图 5-19 所示。

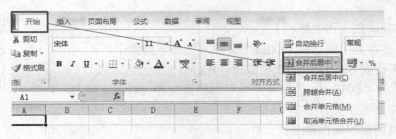

图 5-19　合并单元格

（5）复制、移动单元格

移动或复制的方法基本相同，通常会移动或复制单元格公式、数值、格式、批注等。

选定要复制或移动的单元格区域；在"开始"选项卡内的"剪贴板"组单击"复制"或"剪切"按钮；单击目标位置，单击"剪贴板"组的"粘贴"按钮，如图 5-20 所示。

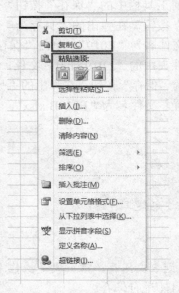

图 5-20　复制、移动单元格

例题 5-4

（操作视频请扫旁边二维码）

打开考生文件夹中的"GJExcel8.xlsx"文件，完成下列操作。

1）在表格第 1 行前插入一行，并在 A1 单元格中输入文字"文科成绩表"。

2）在 Sheet1 工作表中删除 C2:C10 单元格区域，并将右侧单元格左移。

3）复制 Sheet1 工作表 A2:E10 区域的数据，转置粘贴到 Sheet2 工作表的 A1:I5 区域中。

例题 5-4

4）保存工作簿。

操作方法：

①双击考生文件夹中的"GJExcel8.xlsx"文件，打开本文件；在工作簿中，单击 Sheet1 工作表标签，选择该工作表；首先选中第一行，右击在快捷菜单中选择"插入"命令；选择 A1 单元格，在编辑栏的编辑框中，输入"文科成绩表"；

②单击单元格区域的左上角单元格 C2，按住鼠标左键拖动鼠标到区域的右下角单元格 C10，单击右键，在弹出的快捷菜单中选择"删除"命令，弹出"删除"对话框，选择"右侧单元格左移"；

③单击单元格区域的左上角单元格 A2，按住鼠标左键拖动鼠标到区域的右下角单元格 E10，单击右键，在弹出的快捷菜单中选择"复制"命令；在工作簿中，单击 Sheet2 工作表标签，选择该工作表，选择 A1 单元格，单击右键，在弹出的快捷菜单中找到"粘贴选项"，选择"转置粘贴"；

④单击快速访问工具栏中的"保存"按钮，关闭掉文件。

> **知识点：**
> ①插入行；
> ②文字输入；
> ③删除单元格；
> ④复制单元格。

> **注意事项：**
> ①删除单元格时，注意选择删除后的操作；
> ②复制单元格数据时有很多选项，本题使用的是转置粘贴。

7．输入数据

在 Excel 中，用户可以向工作表的单元格中输入各种类型的数据，如文本、数值、日期和时间等，文本型数据主要用于描述事物，而数值型数据主要用于数学运算。它们的输入方法各不相同。

（1）输入文本

文本型数据是指汉字、英文，或由汉字、英文、数字组成的字符串，如"季度 1""AK47"等都属于文本型数据。默认情况下，输入的文本会沿单元格左侧对齐。单击准备输入文本的单元格，在编辑栏的编辑框中，输入文本，按下键盘上的 Enter 键，即完成输入文本的操作，如图 5-21 所示。

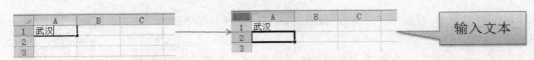

图 5-21　输入文本

（2）输入数值

数值型数据包括数值、日期和时间，它是使用最多，也是最为复杂的数据类型，一般由数字 0～9、正号、负号、小数点、分数号"/"、百分号"%"、指数符号"E"或"e"、货币符号"$"或"￥"和千位分隔符","等组成。

1）普通数字

输入大多数数值型数据时，直接输入即可，Excel 会自动将数值型数据沿单元格右侧对齐，如图 5-22 所示。

> **注意**　　当输入的数据位数较多时，如果输入的数据是整数，则数据会自动转换为科学计数表示法。

图 5-22　输入普通数字

2）输入百分比数据：可以直接在数值后输入百分号"%"。

3）输入负数：必须在数字前加一个负号"－"，或给数字加上圆括号，如图 5-23 所示。

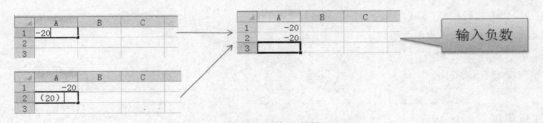

图 5-23　输入负数

4）输入小数：一般直接在指定的位置输入小数点即可，如图 5-24 所示。

> **注意**　　如果输入的小数在单元格内能够完全显示，则不会进行任何调整；如果小数不能完全显示，系统会根据情况进行四舍五入调整。

图 5-24　输入小数

5）输入分数：分数的格式通常为"分子/分母"。如果要在单元格中输入分数，应先输入"0"和一个空格，然后输入分数值，如图 5-25 所示。

图 5-25　输入分数

6）输入日期：用斜杠"/"或者"-"来分隔日期中的年、月、日部分。首先输入年份，然后输入数字 1～12 作为月，再输入数字 1～31 作为日。

注意　如果需要调用系统时间，可以使用"Ctrl+;"组合键完成。

7）输入时间：在 Excel 中输入时间时，可用冒号（:）分开时间的时、分、秒。系统默认是按 24 小时制的方式输入的。

（3）输入特殊数据

在 Excel 中，存在一些特殊数据，如以"0"开头的数据、身份证号码等，需要使用特殊的方式输入。

1）输入以"0"开头的数据

在默认情况下输入以"0"开头的数据时，Excel 会把它识别成数值型数据，而直接把前面的"0"省略掉。想要正确地输入此类数据，就要在数据前面加上单引号，如图 5-26 所示。

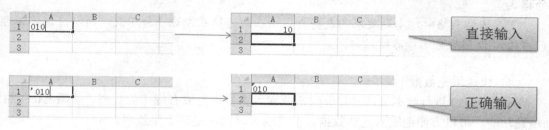

图 5-26　输入特殊数据

注意　在输入的数据以"0"开头时，加上"'"号，其实是将单元格的格式由"常规"改成了"文本"，具体设置方法在后面会介绍。

2）输入身份证号码

在 Excel 中默认显示 11 位数字，如果超过 11 位就会使用科学计数法来显示数字。由于身份证号码都是 18 位，因此，如果直接输入就会变成科学计数法。要想正确显示身份证号码也是要在前面加上一个单引号。

例题 5-5

（操作视频请扫旁边二维码）

打开考生文件夹中的"Ex12.xlsx"文件，完成下列操作。

1）在 Sheet1 工作表的编号列中，依次输入职员的编号 0101、0102、0103。

2）将 D4 单元格的内容改为"8000"。

3）冻结部门所在列。

4）保存工作簿。

例题 5-5

操作方法：

①双击考生文件夹中的"Ex12.xlsx"文件，打开本文件；在工作簿中，单击 Sheet1 工作表标签，选择该工作表；选择 A2 单元格，输入"'0101"；依次在 A3、A4 单元格中输入"'0102""'0103"；

②选择 D4 单元格，在编辑框中删除原始数据，输入"8000"；

③选择 D 列，单击"视图"选项卡，在"窗口"组中单击"冻结窗格"的下拉按钮，在打开的菜单中单击"冻结拆分窗格"命令；

④单击快速访问工具栏中的"保存"按钮，对工作簿进行保存操作，关闭文件。

知识点：

①输入特殊数据；

②输入普通数据；

③冻结工作表。

注意事项：

①本题在输入开头为"0"的数据时，可以直接在数字前加上"'"，也可以修改单元格的格式；

②在冻结表格时，本题要求的是将部门所在列冻结在左边保持不变，所以应该单击部门右边的 D 列后再选择冻结按钮。

（4）快速填充数据

在利用 Excel 进行数据处理时，有时需要输入大量重复或有规律的数据，使用 Excel 的自动填充功能，可以方便地输入这些数据，节省输入时间，提高工作效率。

1）利用填充柄填充数据

填充柄是位于选定单元格或选定单元格区域右下角的小黑方块。如果希望在相邻的单元格中输入相同的或有规律的数据，可首先在第 1 个单元格左、右拖动填充柄，如图 5-27 所示。

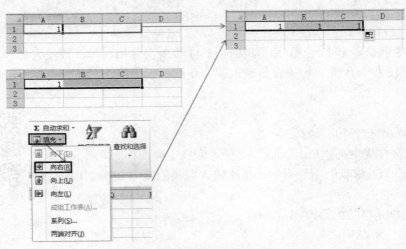

图 5-27 利用填充柄填充数据 1

也可以选择相邻几个单元格左、右拖动填充柄，如图 5-28 所示。

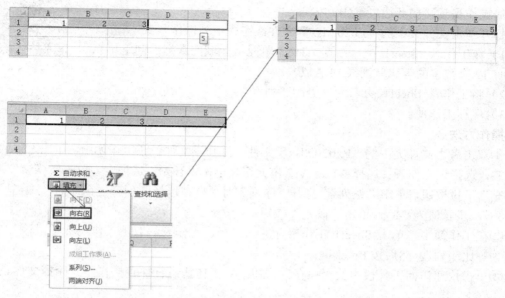

图 5-28 利用填充柄填充数据 2

注意   一般如果是进行等差序列的填充时，可以直接使用填充柄自动完成；如果遇到等比序列的填充就要使用"填充"列表完成。

2）利用"填充"列表填充数据

利用"填充"列表可以将当前单元格或单元格区域中的内容向上、下、左、右相邻单元格或单元格区域做快速填充，如图 5-29 所示。

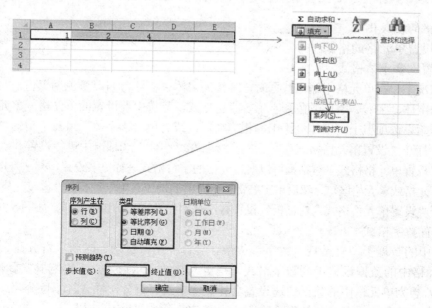

图 5-29 "填充"列表

例题 5-6

（操作视频请扫旁边二维码）

例题 5-6

打开考生文件夹中的"E020.xlsx"文件，完成下列操作。

1）在工作表 Sheet1 中，根据 A1:A3 单元格区域的数据，向下填充一个有 12 个数字的等比序列（A1:A12）。

2）将工作表 Sheet1 更名为"等比序列"。

3）保存工作薄。

操作方法：

①双击考生文件夹中的"Ex020.xlsx"文件，打开本文件；在工作簿中，单击 Sheet1 工作表标签，选择该工作表；选择 A1 到 A12 单元格，单击"开始"选项卡，单击"编辑"组中的"填充"下拉按钮，单击"系列"，打开"序列"对话框；选择序列产生在"列"，类型为"等比序列"，步长值为"3"，单击"确定"按钮；

②在工作簿中，单击 Sheet1 工作表标签，选择该工作表；双击工作表标签，输入工作表名称"等比序列"，然后按 Enter 键；

③单击快速访问工具栏中的"保存"按钮，对工作簿进行保存操作，关闭掉文件。

知识点：

①填充"列表的使用；

②工作表重命名。

注意事项：

①本题填充序列为等比，不能直接用填充柄完成，必须打开"填充"列表。

②在完成填充后不要漏掉工作表的重命名，否则会影响到整体判分。

8．表格的格式化

（1）设置单元格的格式

1）设置文字字体格式

默认情况下，在单元格中输入数据时，字体为宋体、字号为 11、颜色为黑色。要重新设置单元格内容的字体、字号、字体颜色和字形等字符格式，可选中要设置的单元格或单元格区域，然后单击"开始"选项卡上"字体"组中的相应按钮，或者单击"字体"组右下角的"对话框启动器"按钮，打开"设置单元格格式"对话框，接着在"字体"选项卡中进行设置并确定即可。

利用"设置单元格格式"对话框可以对单元格的字符格式进行更多设置，方法是选定要设置字符格式的单元格或单元格区域，然后单击右键，在弹出的快捷菜单中选择"设置单元格格式"命令，也可以打开"设置单元格格式"对话框。设置方法基本和 Word 2010 中一样，如图 5-30 所示。

2）设置数字格式

Excel 中的数据类型有常规、数字、货币、会计专用、日期、时间、百分比、分数和文本等。为单元格中的数据设置不同数字格式只是更改它的显示形式，不影响其实际值。在 Excel 2010 中，若想为单元格中的数据快速设置会计数字格式、百分比样式、千位分隔或增加、减少小数位数等，可直接单击"开始"选项卡上"数字"组中的相应按钮。

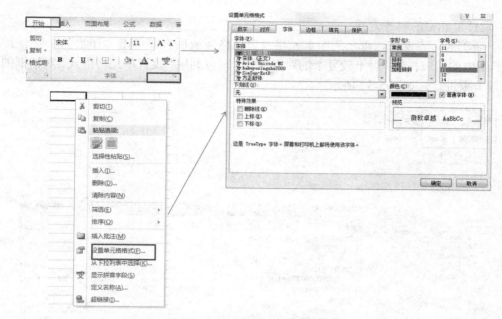

图 5-30　设置文字字体格式

若希望为数字格式设置更多选项，可选中单元格后单击"数字"组右下角的"对话框启动器"按钮，或在"数字格式"下拉列表中选择"其他数字格式"选项，打开"设置单元格格式"对话框的"数字"选项卡进行设置，如图 5-31 所示。

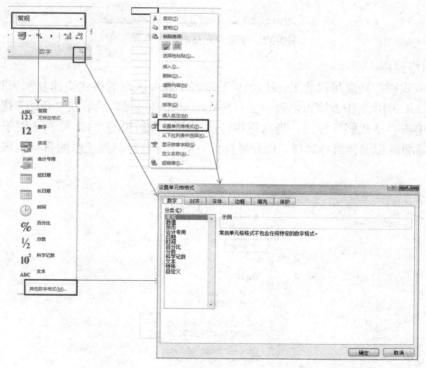

图 5-31　设置数字格式

3）设置单元格的对齐方式

对于简单的对齐操作，可在选中单元格或单元格区域后直接单击"开始"选项卡上"对齐方式"组中的相应按钮；对于较复杂的对齐操作，则可利用"设置单元格格式"对话框的"对齐"选项卡来进行，如图 5-32 所示。

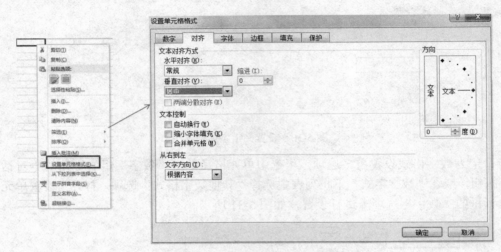

图 5-32　设置单元格的对齐方式

4）使用格式刷

使用"格式刷"功能可以将 Excel 2010 工作表中选中区域的格式快速复制到其他区域。

打开 Excel 2010 工作表窗口，选中含有格式的单元格区域，然后在"开始"选项卡的"剪贴板"组中单击"格式刷"按钮。当鼠标指针呈现出一个加粗的"+"号和小刷子的组合形状时，单击并拖动鼠标选择目标区域。松开鼠标后，格式将被复制到选中的目标区域，如图 5-33 所示。

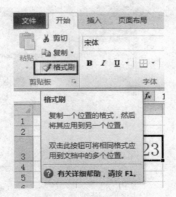

图 5-33　使用格式刷

（2）设置行高和列宽

在单元格中输入文字或数据时，常常会出现单元格的文字只显示了一半或显示一串＃号的情况，而在编辑栏中却能看见对应的单元格数据，其原因在于单元格的高度或宽度不够，不能完整显示。因此，需要对单元格的行高和列宽进行适当的调整。调整行高、列宽的方法有两种：鼠标拖动和"格式"菜单命令。

在 Excel 2010 工作表中，选择准备设置行高的行。单击"开始"选项卡，在"单元格"组中单击"格式"按钮，弹出下拉菜单，在"单元格大小"栏中，选择"行高"命令。弹出"行高"对话框，在"行高"文本框中，输入准备设置的行高值，单击"确定"按钮。也可以选择"自动调整行高"将行高设置为最合适的。列宽也是同样的设置方法，如图 5-34 所示。

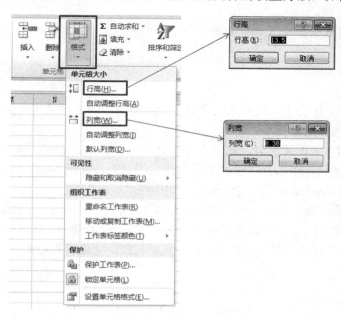

图 5-34　设置行高和列宽

例题 5-7

（操作视频请扫旁边二维码）

打开考生文件夹中的"GJExcel22.xlsx"文件，完成下列操作。

1）设置 Sheet1 工作表 A 列至 D 列的列宽为 14。

2）设置第一行和第二行的行高为 20。

3）将所有数据的单元格对齐方式设置为水平垂直居中。

4）保存工作簿。

例题 5-7

操作方法：

①双击考生文件夹中的"GJExcel22.xlsx"文件，打开本文件；在工作簿中，单击 Sheet1 工作表标签，选择该工作表；选择 A 到 D 列，单击右键，在弹出的快捷菜单中选择"列宽"，打开"列宽"对话框，输入"14"，单击"确定"按钮；

②选择第一行和第二行，单击右键，在弹出的快捷菜单中选择"行高"，打开"行高"对话框，输入"20"，单击"确定"按钮；

③选择 A1 到 D11 单元格，单击右键，在弹出的快捷菜单中选择"设置单元格格式"命令，在打开的"单元格格式"对话框中选择"对齐"选项卡，在"水平对齐"和"垂直对齐"中分别设置"居中"；

④单击快速访问工具栏中的"保存"按钮，对工作簿进行保存操作，关闭文件。

知识点：
 ①行高、列宽；
 ②对齐方式。

注意事项：
 本题的对齐方式需要设置水平和垂直两个方向。

（3）设置边框与底纹

1）边框

在 Excel 2010 工作表中，可以为选中的单元格区域设置各种类型的边框，在"设置单元格格式"对话框中选择边框类型。

打开 Excel 2010 工作簿窗口，选中需要设置边框的单元格区域。右击被选中的单元格区域，并在打开的快捷菜单中选择"设置单元格格式"命令，如图 5-35 所示。

在打开的"设置单元格格式"对话框中，切换到"边框"选项卡。在"线条"栏可以选择各种线形和边框颜色，在"边框"栏可以分别单击上边框、下边框、左边框、右边框和中间边框按钮设置或取消边框线，还可以单击斜线边框按钮选择使用斜线。另外，在"预置"栏还提供了"无""外边框"和"内部"三种快速设置边框按钮。完成设置后单击"确定"按钮即可。

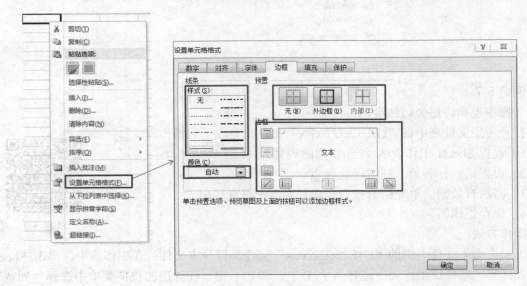

图 5-35　边框

2）底纹

在打开的 Excel 2010 窗口中，选中准备设置底纹的单元格或单元格区域，单击"开始"

选项卡，在"字体"组中单击右下角的"对话框启动器"按钮，弹出"设置单元格格式"对话框，单击"填充"选项卡，可以设置底纹，如图 5-36 所示。

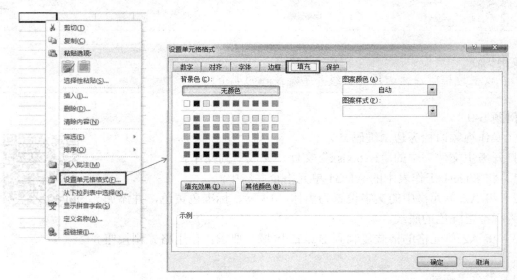

图 5-36　底纹

例题 5-8

（操作视频请扫旁边二维码）

打开考生文件夹中的"Ex5.xlsx"文件，完成下列操作。

1）在 Sheet1 工作表中，设置表格的外边框为双细线"＝＝＝"。

2）在 Sheet1 工作表中，设置"类别"行的下框线为粗线"＿＿＿"。

例题 5-8

3）为 Sheet1 工作表的 A 列添加颜色为标准色黄色的底纹，效果如样张所示。

4）保存工作簿。

操作方法：

①双击考生文件夹中的"Ex5.xlsx"文件，打开本文件；在工作簿中，单击 Sheet1 工作表标签，选择该工作表；选择 A1 到 E5 单元格，单击右键，在弹出的快捷菜单中选择"设置单元格格式"命令，在打开的"单元格格式"对话框中选择"边框"选项卡，在"样式"中选择"双细线"，单击"外边框"，单击"确定"按钮；

②选择 A1 到 E1 单元格，单击右键，在弹出的快捷菜单中选择"设置单元格格式"命令，在打开的"单元格格式"对话框中选择"边框"选项卡，在"样式"中选择"粗线"，在"预览"中选择"下边框"，单击"确定"按钮；

③选择 A1 到 A5 单元格，单击右键，在弹出的快捷菜单中选择"设置单元格格式"命令，在打开的"单元格格式"对话框中选择"填充"选项卡，在"背景色"中选择"标准色黄色"，单击"确定"按钮；

④单击快速访问工具栏中的"保存"按钮，对工作簿进行保存操作，关闭文件。

知识点：
　　①边框；
　　②底纹。

注意事项：
　　在设置边框时注意选择的粗线并不是最粗的那个。

　　例题 5-9
　　（操作视频请扫旁边二维码）
　　打开考生文件夹中的"Ex6.xlsx"文件，完成下列操作。

例题 5-9

　　1）将 Sheet1 工作表中的 A1:G1 单元格合并居中。
　　2）将 A2 单元格中的文字设置为黑体、14 磅、标准色黄色，并添加颜色为标准色红色的底纹。
　　3）将 A2 单元格的格式复制到 B2:G2 区域。要求：使用格式刷按钮完成。
　　4）保存工作簿。
　　操作方法：
　　①双击考生文件夹中的"Ex6.xlsx"文件，打开本文件；在工作簿中，单击 Sheet1 工作表标签，选择该工作表；选择 A1 到 G1 单元格，单击"开始"选项卡上"对齐方式"组中的"合并后居中"按钮；
　　②选择 A2 单元格，在"开始"选项卡中找到"字体"组，在"字体"中设置"黑体"，"字号"中设置"14"，"颜色"中选择"标准色黄色"，单击右键，在弹出的快捷菜单中选择"设置单元格格式"命令，在打开的"单元格格式"对话框中选择"填充"选项卡，在"背景色"中选择"标准色红色"，单击"确定"按钮；
　　③选择 A1:A2 单元格，在"开始"选项卡的"剪贴板"组中单击"格式刷"按钮，当鼠标指针呈现出一个加粗的"+"号和小刷子的组合形状时，单击并拖动鼠标选择 B2:G2 区域，松开鼠标；
　　④单击快速访问工具栏中的"保存"按钮，对工作簿进行保存操作，关闭文件。

知识点：
　　①合并单元格；
　　②字体设置；
　　③格式刷。

注意事项：
　　在本题中如果不会使用格式刷，也可以选择复制 A2 单元格，在粘贴时选择"格式"。

　　（4）自动套用格式
　　单击"开始"选项卡的"样式"组中的"套用表格格式"或"单元格样式"按钮，分别提供了几十种预先定义的"单元格样式"和"套用表格格式"供选择使用，如图 5-37 所示。

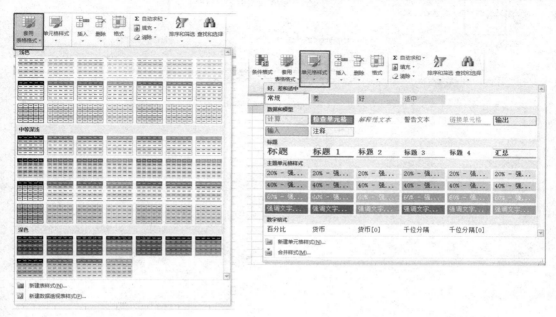

图 5-37　自动套用格式

例题 5-10

（操作视频请扫旁边二维码）

打开考生文件夹中的"E008.xlsx"文件，完成下列操作。

1）对"样例工作表"的单元格区域 H3:K6 自动套用格式"表样式中等深浅 22"（表包含标题）。

例题 5-10

2）保存工作簿。

操作方法：

①双击考生文件夹中的"E008.xlsx"文件，打开本文件；在工作簿中，单击"样例工作表"标签，选择该工作表；选择 H3 到 K6 单元格，单击"开始"选项卡上"样式"组中的"套用表格格式"按钮，选择"表样式中等深浅 22"；

②单击快速访问工具栏中的"保存"按钮，对工作簿进行保存操作，关闭文件。

知识点：

套用表格格式。

（5）页眉和页脚设置

单击工作表中的任意一个单元格，单击"插入"选项卡，单击"文本"组中的"页眉和页脚"按钮。

工作表界面发生变化，在表格顶端出现页眉文本框，并出现闪烁光标。

在页眉文本框中输入页眉，此时会出现"页眉和页脚工具|设计"选项卡，如图 5-38 所示。

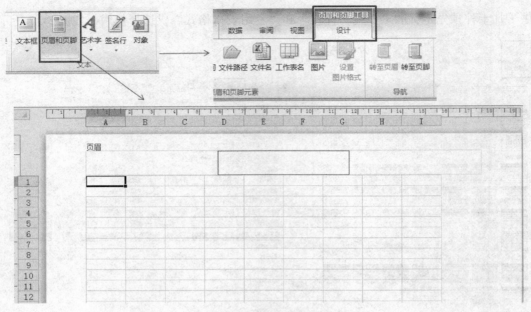

图 5-38　页眉和页脚

（6）条件格式

在 Excel 中应用条件格式，可以让满足特定条件的单元格以醒目方式突出显示，便于对工作表数据进行更好的比较和分析。

选中需要运用条件格式的列或行，在"开始"选项卡中单击"样式"组的"条件格式"按钮，选择"突出显示单元格规则"中的"其他规则"，弹出"新建格式规则"对话框，如图 5-39 所示。

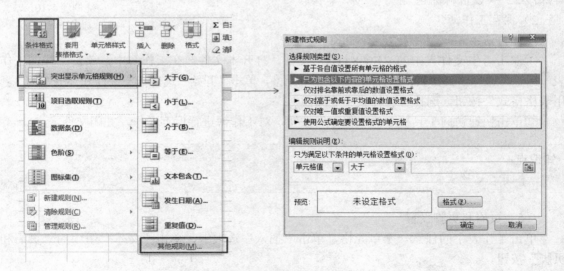

图 5-39　设置条件格式规则

要删除条件格式，可先选中应用了条件格式的单元格或单元格区域，然后在"条件格式"列表中单击"管理规则"，弹出"条件格式规则管理器"对话框，如图 5-40 所示。

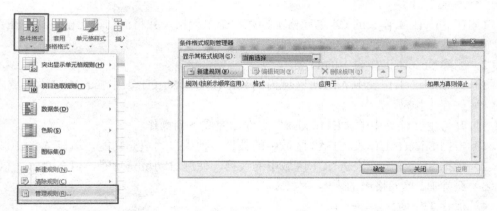

图 5-40　条件格式规则管理

例题 5-11

（操作视频请扫旁边二维码）

例题 5-11

打开考生文件夹中的"GJExcel19.xlsx"文件，完成下列操作。

1）在 Sheet1 工作表中，利用条件格式功能将"总分"小于 360 的数据显示为标准色红色。

2）设置 Sheet1 工作表的页面方向为横向。

3）将 Sheet1 工作表移动到所有工作表之后。

4）保存工作簿。

操作方法：

①双击考生文件夹中的"GJExcel19.xlsx"文件，打开本文件；在工作簿中，单击 Sheet1 工作表标签，选择该工作表；选择 I4 到 I10 单元格，在"开始"选项卡中"样式"组中单击"条件格式"按钮，选择"突出显示单元格规则"中的"其他规则"，弹出"新建格式规则"对话框，在"单元格值"中选择"小于""360"，单击"格式"按钮，在弹出的"设置单元格格式"对话框中选择"字体"选项卡，设置"颜色"为"标准色红色"；

②单击"页面布局"选项卡，在"页面设置"组中选择"纸张方向"中的"横向"；

③单击 Sheet1 工作表标签，选择该工作表，单击右键，在弹出的快捷菜单中选择"移动或复制"，弹出"移动或复制工作表"对话框，在"下列选定工作表之前"区域中，选择"移至最后"，单击"确定"按钮；

④单击快速访问工具栏中的"保存"按钮，对工作簿进行保存操作，关闭文件。

> **知识点：**
> ①条件格式；
> ②页面布局纸张方向；
> ③移动工作表。

　**课后练习**

1. 打开考生文件夹中的"GJExcel9.xlsx"文件，完成下列操作。

（1）在 Sheet1 工作表的 C4 单元格上插入一个单元格，并将活动单元格下移。在新插入的 C4 单元格中输入数字"32000"。

（2）删除 Sheet1 工作表中的 D 列。

（3）将 Sheet2 工作表中 A1:D1 区域内的数据移动到 Sheet1 工作表的 A6:D6 区域内。

（4）保存工作簿。

2．打开考生文件夹中的"Ex10.xlsx"文件，完成下列操作。

（1）根据 Sheet1 工作表 A1:A3 区域中的数据，使用自动填充功能，填充 A4:A10 区域。

（2）根据 Sheet1 工作表 A1:C1 区域中的数据，使用自动填充功能，填充 D1:G1 区域。

（3）删除 B2 单元格中的内容。

（4）保存工作簿。

3．打开考生文件夹中的"E004.xlsx"文件，完成下列操作。

（1）设置"工资表"所有列的宽度为"自动调整列宽"。

（2）添加 A1:O67 单元格区域的所有边框，边框为标准色红色单细线。

（3）去除 A1:C67 单元格区域的底色。

（4）保存工作薄。

4．打开考生文件夹中的"GJExcel17.xlsx"文件，完成下列操作。

（1）将 Sheet1 工作表中单元格区域 A1:E9 自动套用格式"表样式深色 2"（表包含标题）。

（2）将 Sheet1 工作表重命名为"考生成绩表"。

（3）为"考生成绩表"工作表添加居中页脚文字"2005 期末考试"。

（4）保存工作簿。

5．打开考生文件夹中的"GJExcel24.xlsx"文件，完成下列操作。

（1）将 Sheet1 工作表 A2:G2 单元格区域的下边框设置为标准色红色的双实线。

（2）使用条件格式功能，将"实发工资"大于 600 的显示为标准色蓝色。

（3）在所有工作表之前插入一张新工作表，并将 Sheet1 工作表中的全部内容复制到新工作表的相应位置。

（4）保存工作簿。

任务 2　Excel 2010 数据处理

任务描述

在实际工作中常常面临着大量的数据且需要及时、准确地进行处理，这时可借助于 Excel 的数据处理技术：公式和函数、数据排序、数据筛选、分类汇总、数据透视表等来处理。

任务实施

1．公式和函数

（1）认识公式和函数

公式是对工作表中的数据进行计算的表达式。利用公式可对同一工作表的各单元格、同一工作簿中不同工作表的单元格，以及不同工作簿的工作表中单元格的数值进行加、减、乘、除、乘方等各种运算。

要输入公式必须先输入"="，然后再在其后输入表达式，否则 Excel 会将输入的内容作为文本型数据处理。表达式由运算符和参与运算的操作数组成。运算符可以是算术运算符、比较运算符、文本运算符和引用运算符；操作数可以是常量、单元格引用和函数等，如图5-41所示。

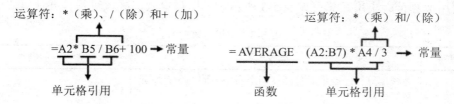

图 5-41　认识公式和函数

函数是预先定义好的表达式，它必须包含在公式中。每个函数都由函数名和参数组成，其中函数名表示将执行的操作（如求平均值函数 AVERAGE），参数表示函数将作用的值的单元格地址，通常是一个单元格区域（如 A2:B7 单元格区域），也可以是更为复杂的内容。在公式中合理地使用函数，可以完成诸如求和、逻辑判断和财务分析等众多数据处理功能。

（2）运算符

公式和函数中的运算符包括算术运算符、比较运算符、文本运算符和引用运算符四种。

1）算术运算符：算术运算符如表5-1所示。它用于完成基本的数学运算，如加、减、乘、除等。

表 5-1　算术运算符

算术运算符	含义	示例
+（加号）	加	5＋5
-（减号）	减、负号	4-1
*（星号）	乘	5*5
/（斜杠）	除	5/5
%（百分号）	百分比	50%
^（乘幂符号）	乘幂	3^2

2）比较运算符：比较运算符如表5-2所示。它可以用来比较两个数值的大小。

表 5-2　比较运算符

比较运算符	含义	示例
=(等号)	等于	A1=A2
>(大于号)	大于	A1>A2
<(小于号)	小于	A1<A2
>=(大于或等于号)	大于或等于	A1>=A2

续表

比较运算符	含义	示例
<=(小于或等于号)	小于或等于	A1<=A2
<>(不等号)	不相等	A1<>A2

3）文本连接运算符：文本运算符"&"可以用来将多个文本连接成组合文本。

4）引用运算符：引用运算符如表 5-3 所示。可以对单元格区域进行合并计算。

表 5-3　引用运算符

引用运算符	含义	示例
:（冒号）	区域运算符，产生对包括在两个引用之间的所有单元格的引用	(A1:A2)
,（逗号）	联合运算符，将多个引用合并为一个引用	AVERAGE(A1:A2,B2:B3)
（空格）	交叉运算符，产生对两个引用共有的单元格的引用	(A1:A2 B2:B3)

（3）公式的使用

1）创建公式

输入公式必须以等号"="开始，例如= Al+A2，这样 Excel 才知道我们输入的是公式，而不是一般的文字数据。单击要输入公式的单元格，然后输入等号"="，接着输入操作数和运算符，按 Enter 键得到计算结果。

如图 5-42 所示，已在其中输入了两个学生的成绩：

	A	B	C	D	E
1	姓名	数学	语文	体育	音乐
2	王自强	94	95	94	97
3	赵现昌	85	68	89	74

图 5-42　创建公式 1

在 F2 单元格中存放"王自强的各科总分"，也就是要将"王自强"的数学、语文、体育、音乐分数加起来，放到 F2 单元格中，因此将 F2 单元格的公式设计为"=B2+C2+D2+E2"。

选定要输入公式的 F2 单元格，并将指针移到数据编辑栏中输入等号"="。接着输入"="之后的公式，请在单元格 B2 上单击，Excel 便会将 B2 输入到数据编辑栏中。

再输入"+"，然后选取 C2 单元格，继续输入"+"，选取 D2 单元格，如此选到最后 E2 单元格，公式的内容便输入完成了。

最后单击数据编辑栏上的 ✓ 或按下 Enter 键，公式计算的结果马上显示在 F2 单元格中，如图 5-43 所示。

2）复制公式

将鼠标指针移到要复制公式的单元格右下角的填充柄处，按住鼠标左键不放进行拖动，如图 5-44 所示。

（4）函数的使用

1）函数的基本概念

Excel 的工作表函数通常被简称为 Excel 函数，它是由 Excel 内部预先定义并按照特定的顺序、结构来执行计算、分析等数据处理任务的功能模块。因此，Excel 函数也常被人们称为“特殊公式”。与公式一样，Excel 函数的最终返回结果为值。

图 5-43　创建公式 2

	A	B	C	D	E	F
1	姓名	数学	语文	体育	音乐	总分
2	王自强	94	95	94	97	380
3	赵现昌	85	68	89	74	316
4	臧天	91	69	62	80	302
5	刘新昌	99	98	95	95	387
6	邵辛辛	68	69	70	71	278
7	樊乐乐	69	92	62	80	303
8	刘星	78	92	82	72	324
9	李奥名	78	77	85	80	320
10	杨名时	94	96	63	58	311

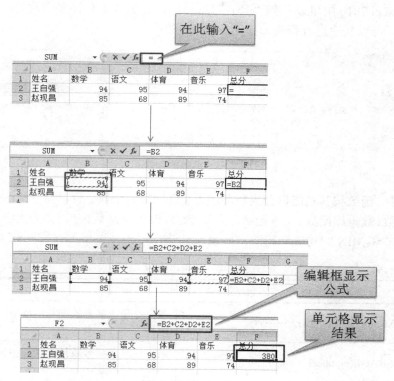

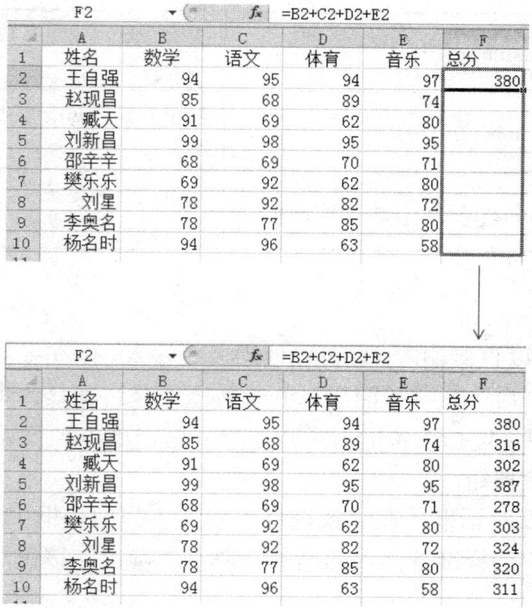

图 5-44　复制公式

Excel 函数只有唯一的名称且不区分大小写,它决定了函数的功能和用途。

Excel 函数通常由函数名称、左括号、参数、半角逗号和右括号构成。如 SUM(A1:A10, B1:B10)。在 Excel 2010 中可以找到"公式"选项卡,看到其中有很多函数的类型,当进行函数输入的时候,可以从中进行查找,如图 5-45 所示。

图 5-45　函数的使用

在 Excel 中,函数按其功能可分为财务函数、日期时间函数、数学与三角函数、统计函数、查找与引用函数、数据库函数、文本函数、逻辑函数以及信息函数,常用函数 SUM、AVERAGE、COUNT、MAX 和 MIN 的功能和用法,如表 5-4 所示。

表 5-4　常用函数表

函数	格式	功能
Sum	=SUM(number1,number2,……)	求出并显示括号或括号区域中所有数值或参数的和
Average	=AVERAGE(number1,number2,……)	求出并显示括号或括号区域中所有数值或参数的算术平均值
Count	=COUNT(value1,value2,……)	计算参数表中的数字参数和包含数字的单元格的个数
Max	=MAX(number1,number2,……)	求出并显示一组参数的最大值,忽略逻辑值及文本字符
Min	=MIN(number1,number2,……)	求出并显示一组参数的最小值,忽略逻辑值及文本字符
If	=IF(logical_test,value_if_true,[value_if_false])	判断是否满足条件,如果条件为真,函数将返回一个值;如果条件为假,函数将返回另一个值

2)插入函数

在 Excel 中,函数可以直接输入,也可以使用命令输入。但在多数情况下对函数不太熟悉,因此要利用"粘贴函数"命令,并按照提示一一按需选择。其具体步骤如下:

①在 Excel 工作表中,选择准备输入函数的单元格,单击"公式"选项卡,在"函数库"组中,单击"插入函数"按钮。

②弹出"插入函数"对话框,在"或选择类别"下列列表框中选择"常用函数"选项,在"选择函数"列表框中选择准备插入的函数,单击"确定"按钮,如图 5-46 所示。

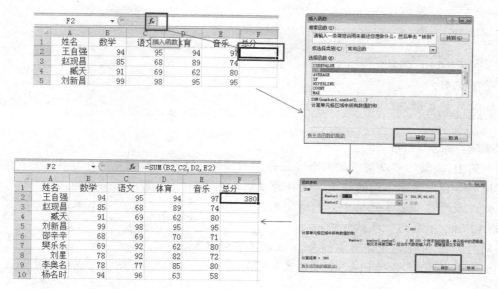

图 5-46　插入函数

例题 5-12

（操作视频请扫旁边二维码）

打开考生文件夹中的"GJExcel6.xlsx"文件，完成下列操作。

1）在 Sheet1 工作表中，利用 AVERAGE 函数计算所有学生的平均成绩。

例题 5-12

2）平均成绩的计算结果保留两位小数。

3）利用 IF 函数计算总评：平均成绩大于等于 80 分的，总评为"优"；小于 80 分的，总评为"良"。

4）保存工作簿。

操作方法：

①双击考生文件夹中的"GJExcel6.xlsx"文件，打开本文件；在工作簿中，单击 Sheet1 工作表标签，选择该工作表；选择 F2 单元格，在"公式"选项卡中单击"函数库"组中的"自动求和"按钮的下拉箭头，选择"平均值"，按 Enter 键；选择 F2 单元格，将鼠标指针移到要复制公式的单元格右下角的填充柄处，按住鼠标左键不放拖动到 F9 单元格；

②选择 F2 到 F9 单元格，单击右键，在弹出的快捷菜单中选择"设置单元格格式"，弹出"设置单元格格式"对话框，选择"数字"选项卡，在"分类"中选择"数值"，在"小数位数"中输入"2"；

③选择 G2 单元格，在"公式"选项卡中单击"函数库"组中的"插入函数"按钮，弹出"插入函数"对话框，在"选择函数"中选择"IF"，单击"确定"按钮；弹出"函数参数"对话框，在"logical_test"中输入"F2>=80"，在"value_if_true"中输入""优""，在"value_if_false"中输入""良""，单击"确定"按钮；选择 G2 单元格，将鼠标指针移到要复制公式的单元格右下角的填充柄处，按住鼠标左键不放拖动到 G9 单元格；

④单击快速访问工具栏中的"保存"按钮，对工作簿进行保存操作，关闭文件。

知识点:
　　①AVERAGE 函数;
　　②IF 函数;
　　③公式的复制。

注意事项:
　　利用 IF 函数,可以实现按照条件显示。教师统计学生成绩就是一个非常常用的例子:对不同的分数段显示不同的评价。这样的效果,利用 IF 函数可以很方便地实现。
　　假设成绩在 A2 单元格中,判断结果在 A3 单元格中。那么在 A3 单元格中输入公式"=if(A2<60,"不及格","及格")"。
　　同时,在 IF 函数中还可以嵌套 IF 函数或其他函数。
　　例如,如果输入"=if(A2<60,"不及格",if(A2<=90,"及格","优秀"))"就把成绩分成了三个等级。
　　如果输入"=if(A2<60,"差",if(A2<=70,"中",if(A2<90,"良","优")))"就把成绩分为了四个等级。
　　还有一点要注意:以上的符号均为半角,而且 IF 与括号之间也不能有空格。

2. 数据排序

　　排序是指将数据清单中的数据按照某个顺序重新进行排列,对 Excel 数据进行排序是数据分析不可缺少的组成部分,有助于快速直观地显示数据并更好地理解数据,有助于组织并查找所需数据,有助于最终做出更有效的决策。用作排序的字段名叫"关键字",它是排序的依据。

　　(1) 简单数据排序

　　简单排序是指对数据表中的单列数据按照 Excel 默认的升序或降序的方式排列。单击要进行排序的列中的任一单元格,再单击"数据"选项卡上"排序和筛选"组中的"升序"按钮或"降序"按钮,所选列即按升序或降序方式进行排序,如图 5-47 所示。

图 5-47　简单数据排序

　　(2) 多关键字排序

　　多关键字排序就是对工作表中的数据按两个或两个以上的关键字进行排序。在此排序方式下,为了获得最佳结果,要排序的单元格区域应包含列标题。对多个关键字进行排序时,在主要关键字完全相同的情况下,会根据指定的次要关键字进行排序;在次要关键字完全相同的情况下,会根据指定的下一个次要关键字进行排序,依次类推。

　　在 Excel 2010 中,单击工作表中的任意一个单元格,单击"数据"选项卡上"排序和筛选"组中的"排序"按钮,如图 5-48 所示。

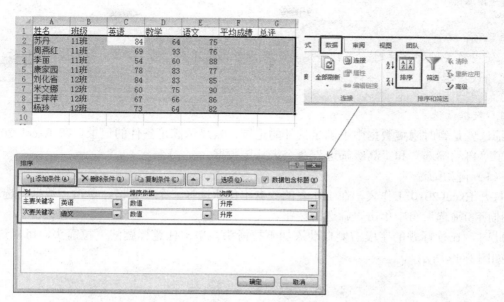

图 5-48 多关键字排序

例题 5-13

（操作视频请扫旁边二维码）

打开考生文件夹中的"GJExcel25.xlsx"文件，完成下列操作。

1）将 Sheet1 工作表中的数据按"数学"递减排序，若"数学"成绩相同，则按"语文"成绩递减排序。

例题 5-13

2）将 Sheet2 工作表中的数据按"年龄"递增排序，若"年龄"相同，则按"工龄"递减排序。

3）保存工作簿。

操作方法：

①双击考生文件夹中的"GJExcel25.xlsx"文件，打开本文件；在工作簿中，单击 Sheet1 工作表标签，选择该工作表；将光标放置到 A1 到 E10 单元格区域之内；单击"数据"选项卡上"排序和筛选"组中的"排序"按钮，弹出"排序"对话框；在"主要关键字"中选择"数学"，"次序"中选择"降序"；单击"添加条件"按钮，打开"次要关键字"，选择"语文"，"次序"中选择"降序"；

②在工作簿中，单击 Sheet2 工作表标签，选择该工作表；将光标放置到 A1 到 F9 单元格区域之内；单击"数据"选项卡上"排序和筛选"组中的"排序"按钮，弹出"排序"对话框；在"主要关键字"中选择"年龄"，"次序"中选择"升序"；单击"添加条件"按钮，打开"次要关键字"，选择"工龄"，"次序"中选择"降序"；

③单击快速访问工具栏中的"保存"按钮，对工作簿进行保存操作，关闭文件。

知识点：

多关键字排序。

注意事项:

　　使用多关键字排序时,光标一定要放置到数据清单内,否则单击"排序"按钮后,会出现错误提示。

3. 数据筛选

筛选就是暂时隐藏数据中不满足条件的记录,只显示满足条件的记录。在 Excel 2010 中提供了"自动筛选"和"高级筛选"命令来筛选数据。

(1)自动筛选

打开 Excel 2010 工作表,在工作表的数据中任意选择一个单元格,单击"数据"选项卡,在"排序和筛选"组中单击"筛选"按钮。

此时,在行标题的字段右侧自动添加下拉箭头。单击任意标题的下拉箭头,可以进行筛选,如图 5-49 所示。

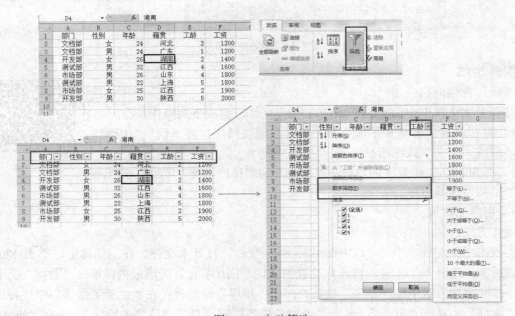

图 5-49　自动筛选

对于不再需要的筛选可以将其取消。若要取消在数据表中对某一列进行的筛选,可以单击该列标签单元格右侧的筛选按钮,在展开的列表中选择"全选"复选框,然后单击"确定"按钮。此时筛选按钮上的筛选标记消失,该列所有数据显示出来。

若要取消在工作表中对所有列进行的筛选,可单击"数据"选项卡上"排序和筛选"组中的"筛选"按钮,此时筛选标记消失,所有列数据显示出来。

例题 5-14

(操作视频请扫旁边二维码)

打开考生文件夹中的"Ex32.xlsx"文件,完成下列操作。

1)将 Sheet1 工作表中的数据按"系别"递增排序。

2)从排序后的数据中筛选出系别为"自动控制"的数据。

例题 5-14

3）在筛选结果中进一步筛选出总成绩大于 100 分的数据。

4）保存工作簿。

操作方法：

①双击考生文件夹中的"Ex32.xlsx"文件，打开本文件；在工作簿中，单击 Sheet1 工作表标签，选择该工作表；将光标放置到 A1 到 F20 单元格区域之内；单击"数据"选项卡上"排序和筛选"组中的"排序"按钮，弹出"排序"对话框；在"主要关键字"中选择"系别"，"次序"中选择"升序"；

②单击"数据"选项卡，在"排序和筛选"组中单击"筛选"按钮；在行标题的字段右侧自动添加下拉箭头，单击"系别"的下拉箭头，取消"全选"，保留"自动控制"；

③单击"总成绩"的下拉箭头，选择"数字筛选"，单击"大于"按钮，打开"自定义自动筛选方式"对话框，在"大于"文本框中输入"100"，单击"确定"按钮；

④单击快速访问工具栏中的"保存"按钮，对工作簿进行保存操作，关闭文件。

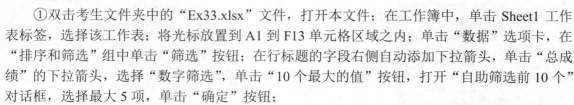

知识点：
　①排序；
　②自动筛选。

例题 5-15

（操作视频请扫旁边二维码）

打开考生文件夹中的"Ex33.xlsx"文件，完成下列操作。

例题 5-15

1）在 Sheet1 工作表中，筛选出总成绩最高的 5 名学生。

2）将筛选后的结果复制到 Sheet2 工作表的相应位置（包括标题行）。

3）将 Sheet2 工作表中的数据按"总成绩"从大到小排序。

4）保存工作簿。

操作方法：

①双击考生文件夹中的"Ex33.xlsx"文件，打开本文件；在工作簿中，单击 Sheet1 工作表标签，选择该工作表；将光标放置到 A1 到 F13 单元格区域之内；单击"数据"选项卡，在"排序和筛选"组中单击"筛选"按钮；在行标题的字段右侧自动添加下拉箭头，单击"总成绩"的下拉箭头，选择"数字筛选"，单击"10 个最大的值"按钮，打开"自助筛选前 10 个"对话框，选择最大 5 项，单击"确定"按钮；

②选择筛选后的数据，单击右键，在弹出快捷菜单中单击"复制"；单击 Sheet2 工作表标签，选择该工作表；选择 A1 单元格，单击右键，在弹出的快捷菜单中单击"粘贴选项"中的"粘贴"；

③单击"数据"选项卡上"排序和筛选"组中的"排序"按钮，弹出"排序"对话框；在"主要关键字"中选择"总成绩"，"次序"中选择"降序"；

④单击快速访问工具栏中的"保存"按钮，对工作簿进行保存操作，关闭文件。

知识点：
　　①排序；
　　②自动筛选；
　　③单元格的复制粘贴。

注意事项：
　　自助筛选里面有很多选择，本题要求筛选最大 5 个数据，但是打开选项中只看到最大的 10 个，此时只要打开对话框就可以看见更改的选项。

（2）高级筛选

高级筛选用于条件较复杂的筛选操作，其筛选结果可显示在原数据表格中，不符合条件的记录被隐藏起来，也可以在新的位置显示筛选结果，不符合条件的记录同时保留在数据表中，从而便于进行数据的对比。高级筛选需要满足以下条件：

● 　必须先建立一个条件区域，用来编辑筛选的条件；

● 　条件区域的第一行是所有作为筛选条件的字段名，其他行输入筛选的条件；

● 　"与"关系的条件必须出现在同一行上，而"或"关系的条件不能出现在同一行内；

● 　条件区域与数据清单区域不能连接，用空行或空列隔开。

在高级筛选中，筛选条件中"与"关系称为多条件筛选，"或"关系称为多选一条件筛选。

1）多条件筛选

条件之间是"并且"关系，指查找出同时满足多个条件的记录，条件在同一行，如图 5-50、图 5-51 所示。

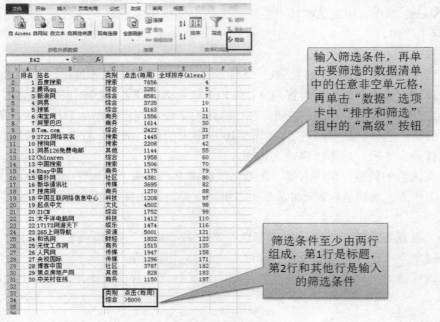

图 5-50　高级筛选 1

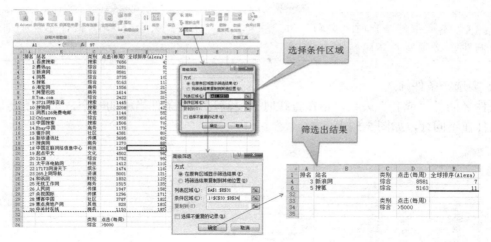

图 5-51　高级筛选 2

例题 5-16

（操作视频请扫旁边二维码）

打开考生文件夹中的"GJExcel30.xlsx"文件，完成下列操作。

1）在 Sheet1 工作表中使用高级筛选功能对数据进行筛选，数据区域为 A1:E31。

2）在 C33:D34 区域内建立筛选条件："类别"为"综合"且"单击"大于 5000，如样张所示。

例题 5-16

3）将筛选结果复制到 Sheet1 工作表的 A36:E38 区域内。

4）保存工作簿。

操作方法：

①双击考生文件夹中的"GJExcel30.xlsx"文件，打开本文件；在工作簿中，单击 Sheet1 工作表标签，选择该工作表；

②在 C33 单元格中输入"类别"，在 D33 单元格中输入"单击(每周)"，在 C34 单元格中输入"综合"，在 D34 单元格中输入">5000"；单击 A1 到 E31 区域的任意单元格，再单击"数据"选项卡中"排序和筛选"组中的"高级"按钮；弹出"高级筛选"对话框，在"条件区域"中选择 C33 到 D34 单元格区域；

③选择"将结果复制到其他位置"，选择复制的区域为 A36 到 E38 单元格区域，单击"确定"按钮；

④单击快速访问工具栏中的"保存"按钮，对工作簿进行保存操作，关闭文件。

知识点：

高级筛选。

注意事项：

①设置筛选条件时，条件标题必须和数据清单区域标题一致，比如"单击(每周)"不能写成"单击"；

②假如本题条件给出时"类别"为"综合"或"单击"大于 5000，条件不能全部写在第 34 行中，必须写在不同行内。

2）多选一条件筛选

条件之间是"或者"关系，指在查找时只要满足几个条件当中的一个，记录就会显示出来，条件在不同行，如图 5-52 所示。

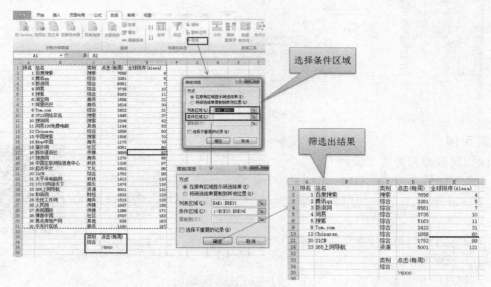

图 5-52　高级筛选 3

4. 分类汇总

分类汇总是指对数据表中的数据分门别类地进行统计处理，无需建立公式，Excel 将会自动对各类别的数据进行求和、求平均值、统计个数、求最大值（最小值）和总体方差等多种计算，并且分级显示汇总的结果，从而增加了工作表的可读性，使用户能更快捷地获得需要的数据并做出判断。

在进行分类汇总时，必须满足以下条件：

● 只能对数据清单进行，数据清单的第一行必须有列标题；

● 在进行分类汇总之前，必须根据分类汇总的数据类对数据清单进行排序。

（1）简单分类汇总

简单分类汇总是指对数据表中的某一列以一种汇总方式进行分类汇总，如图 5-53 所示。

例题 5-17

（操作视频请扫旁边二维码）

打开考生文件夹中的"GJExcel26.xlsx"文件，完成下列操作。

1）将 Sheet1 工作表中的数据按"名称"列递增排序。

2）以"名称"为分类字段，对"销售额"进行求和分类汇总，汇总结果显示在数据下方。

例题 5-17

3）保存工作簿。

操作方法：

①双击考生文件夹中的"GJExcel26.xlsx"文件，打开本文件；在工作簿中，单击 Sheet1 工作表标签，选择该工作表；单击 A1 到 C14 区域的任意单元格，再单击"数据"选项卡中"排序和筛选"组"排序"按钮，弹出"排序"对话框；在"主要关键字"中选择"名称"，"次序"中选择"升序"；

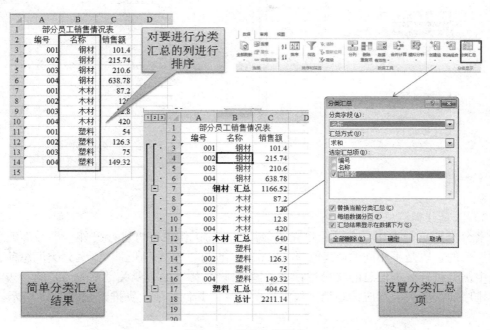

图 5-53　简单分类汇总

②单击 A1 到 C14 区域的任意单元格，单击"数据"选项卡中"分级显示"组的"分类汇总"按钮，弹出"分类汇总"对话框，在"分类字段"中选择"名称"，在"汇总方式"中选择"求和"，在"选定汇总项"中选择"销售额"，单击"确定"按钮；

③单击快速访问工具栏中的"保存"按钮，对工作簿进行保存操作，关闭文件。

知识点：

①排序；

②分类汇总。

注意事项：

在进行分类汇总前，一定要完成对分类字段的排序，否则分类汇总无法进行。

（2）多重分类汇总

对工作表中的某列数据选择两种或两种以上的分类汇总方式或汇总项进行汇总，就叫多重分类汇总，也就是说，多重分类汇总每次用的"分类字段"总是相同的，而汇总方式或汇总项不同，而且第二次汇总运算是在第一次汇总运算的结果上进行的，如图 5-54 所示。

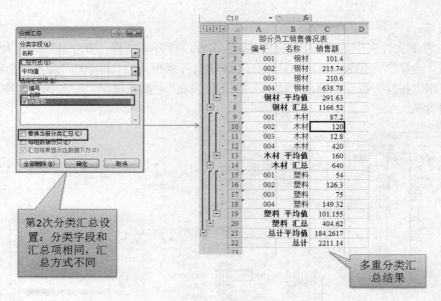

图 5-54 多重分类汇总

（3）嵌套分类汇总

嵌套分类汇总是指在一个已经建立了分类汇总的工作表中再进行另外一种分类汇总，两次分类汇总的字段是不相同的，其他项可以相同，也可以不同。在建立嵌套分类汇总前首先对工作表中需要进行分类汇总的字段进行多关键字排序，排序的主要关键字应该是第一级汇总关键字，排序的次要关键字应该是第二级汇总关键字，其他的依次类推，如图 5-55 所示。

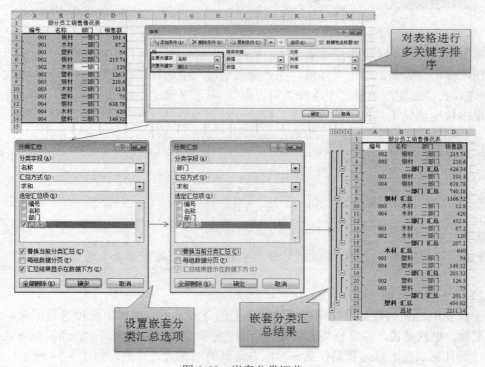

图 5-55 嵌套分类汇总

5. 数据有效性

Excel 虽拥有强大的制表功能，但在表格数据录入过程中难免会出错，一不小心就会录入一些错误的数据，比如重复的身份证号码、超出范围的无效数据等。其实，只要合理设置数据有效性规则，就可以避免错误。

单击"数据"选项卡，在"数据工具"组中单击"数据有效性"按钮，弹出"数据有效性"对话框。在"设置"选项卡中设置允许的值，在"输入信息"选项卡中设置选定单元格时显示的输入信息，在"出错警告"选项卡中设置输入无效数据时显示的出错警告，如图5-56、图5-57所示。

图 5-56　数据有效性 1

图 5-57　数据有效性 2

6. 数据透视表

数据透视表是一种对大量数据进行快速汇总和建立交叉列表的交互式表格，用户可以旋转其行或列以查看对源数据的不同汇总，还可以通过显示不同的行标签来筛选数据，或者显示所关注区域的明细数据，它是 Excel 强大数据处理能力的具体体现。

要创建数据透视表，首先要有数据源，这种数据可以是现有的工作表数据或外部数据，然后在工作簿中指定放置数据透视表的位置，最后设置字段布局。

为确保数据可用于数据透视表，在创建数据源时需要做到如下几点：

- 删除所有空行或空列；
- 删除所有自动小计；
- 确保第一行包含列标签；
- 确保各列只包含一种类型的数据，而不能是文本与数字的混合。

在 Excel 2010 工作表中，单击任意一个单元格，单击"插入"选项卡，单击"表格"组中的"数据透视表"按钮，弹出"创建数据透视表"对话框，如图 5-58 所示。

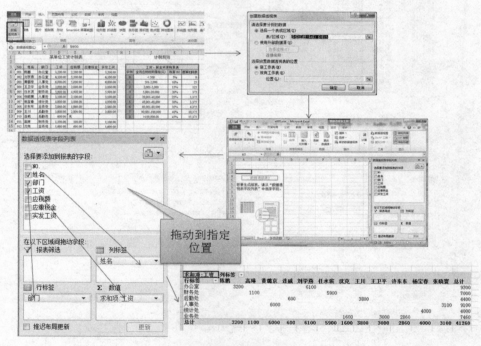

图 5-58 数据透视表

若直接在"数据透视表字段列表"窗格上方的字段列表区选择字段复选框，默认情况下，非数值字段会被添加到"行标签"区域，数值字段会被添加到"数值"区域。

也可以右击字段名，在弹出的快捷菜单中选择要添加到的位置。

在数据透视表中单击行标签或列标签右侧的筛选箭头按钮，在展开的列表中可对数据透视表进行筛选操作。

例题 5-18

（操作视频请扫旁边二维码）

例题 5-18

打开考生文件夹中的"E005.xlsx"文件，完成下列操作。

1）利用"多级函数"表中的 A3: E15 区域制作数据透视表。

2）要求透视表"姓名"为列字段，"部门"为行字段，"工资"为数据字段，其余选项为缺省值。

3）将该数据透视图放在"多级函数"表中的 A19:N27 区域中。

4）保存工作薄。

操作方法：

①双击考生文件夹中的"E005.xlsx"文件，打开本文件；在工作簿中，单击"多级函数"工作表标签，选择该工作表；单击 A3 到 G15 区域的任意单元格，单击"插入"选项卡"表格"组中的"数据透视表"按钮，弹出"创建数据透视表"对话框；"选择放置数据透视表的位置"为"现工作表"，选择 A19 到 N27 单元格区域，单击"确定"按钮；

②在"数据透视表字段列表"中拖动"姓名"到"列标签"，"部门"到"行标签"，"工资"到"数值"；

③单击快速访问工具栏中的"保存"按钮，对工作簿进行保存操作，关闭文件。

知识点：

数据透视表。

1. 打开考生文件夹中的"E013.xlsx"文件，完成下列操作。

（1）在 Sheet1 工作表的 E2:E11 区域中，用 IF()函数评价职工工资的等级，工资大于 800 元为"高工资"，工资小于 500 元为"低工资"，500≤工资≤800 为"一般"。

（2）设定条件格式，当"工资"列数据大于 800 时，该工资数据设置为标准色红色显示。

（3）保存工作簿。

2. 打开考生文件夹中的"Ex29.xlsx"文件，完成下列操作。

（1）将 Sheet1 工作表中的数据按"数学"递减排序，若"数学"成绩相同，则按"语文"递减排序。

（2）将 Sheet2 工作表中的数据按"1997 年"递增排序。

（3）将 Sheet3 工作表中的数据按"年龄"递增排序。

（4）保存工作簿。

3. 打开考生文件夹中的"Ex34.xlsx"文件，完成下列操作。

（1）在 Sheet1 工作表中，筛选总成绩大于 90 且小于等于 100 的数据。

（2）将筛选后的结果复制到 Sheet2 工作表的相应位置（包括标题行）。

（3）将 Sheet2 工作表中的数据按"考试成绩"递减排序，考试成绩相同的按"实验成绩"递减排序。

（4）保存工作簿。

4. 打开考生文件夹中的"Ex31.xlsx"文件，完成下列操作。

（1）将 Sheet1 工作表中的数据按"地区"递减排序。

（2）以"地区"为分类字段，对"服装"进行求和分类汇总。

（3）汇总结果显示在数据下方。

（4）保存工作簿。

5．打开考生文件夹中的"Ex36.xlsx"文件，完成下列操作。

（1）根据 Sheet1 工作表 A1:E16 区域中的数据，建立数据透视表。

（2）要求"用户名称"为列标签，"产品名称"为行标签，"单价"为数值求和。

（3）将该数据透视表放在 Sheet2 工作表的 A3:R8 区域中。

（4）保存工作簿。

6．打开考生文件夹中的"excel 素材 4.xlsx"文件，完成下列操作。

（1）将 Sheet1 工作表改名为"销售明细"。

（2）设置 F3 至 F27 单元格的数据有效性为小于 0.2。

（3）设置 F3 至 F27 单元格的格式为百分比（无小数位）。

（4）将金额的数据通过公式计算出来，金额=件数*价格*(1-折扣)

（5）建立数据透视表，将"销售点"作为行字段，"服装编号"作为列字段，"件数"的求和项作为数据项，显示在当前工作表中。

（6）对"销售明细"工作表 A1:G27 单元格区域自动套用格式"表样式深色 4"（表包含标题）。

（7）保存工作簿。

任务 3　Excel 2010 图表的使用

图表就是将工作表中的数据用图形表示出来，与工作表数据相比，图表能迅速传达信息，将抽象的数据形式化，形象地反映出数据的对比关系及趋势，使信息的表达鲜明生动。当数据源发生变化时，图表中对应的数据也会自动更新。

1．图表的类型和组成

（1）图表的组成

图表由许多部分组成，每一部分就是一个图表项，如图表区、绘图区、标题、坐标轴、数据系列等。其中图表区表示整个图表区域；绘图区位于图表区域的中心，图表的数据系列、网络线等位于该区域中，如图 5-59 所示。

- 图表区：整个图表及其包含的元素。
- 绘图区：在二维图表中，以坐标轴为界并包含全部数据系列的区域。在三维图表中，绘图区以坐标轴为界并包含数据系列、分类名称、刻度线和坐标轴标题。

- 图表标题：一般情况下，一个图表应该有一个文本标题，它可以自动与坐标轴对齐或在图表顶端居中。
- 数据分类：图表上的一组相关数据点，取自工作表的一行或一列。图表中的每个数据系列以不同的颜色和图案加以区别，在同一图表上可以绘制一个以上的数据系列。
- 数据标记：图表中的条形、面积、圆点、扇形或其他类似符号，来自于工作表单元格的单一数据点或数值。图表中所有相关的数据标记构成了数据系列。
- 数据标签：根据不同的图表类型，数据标签可以表示数值、数据系列名称、百分比等。
- 坐标轴：为图表提供计量和比较的参考线，一般包括 X 轴、Y 轴。
- 刻度线：坐标轴上的短度量线，用于区分图表上的数据分类数值或数据系列。
- 网格线：图表中从坐标轴刻度线延伸开来并贯穿整个绘图区的可选线条系列。
- 图例：是图例项和图例项标示的方框，用于标示图表中的数据系列。
- 图例项标示：图例中用于标示图表上相应数据系列的图案和颜色的方框。
- 数据表：在图表下面的网格中显示每个数据系列的值。

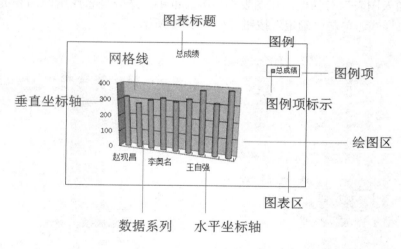

图 5-59　图表的组成

（2）图表的类型

Excel 2010 支持各种类型的图表，如柱形图、折线图、饼图、条形图、面积图、散点图等，从而帮助用户以多种方式表示工作表中的数据。一般用柱形图比较数据间的多少关系；用折线图反映数据的变化趋势；用饼图表现数据间的比例分配关系。对于大多数图表，如柱形图和条形图，可以将工作表的行或列中排列的数据绘制在图表中；而有些图表类型，如饼图，则需要特定的数据排列方式。

- 柱形图：用于显示一段时间内的数据变化或显示各项之间的比较情况。在柱形图中，通常沿水平轴组织类别，沿垂直轴组织数值。
- 折线图：可显示随时间而变化的连续数据，非常适合于显示在相等时间间隔下数据的趋势。在折线图中，类别数据沿水平轴均匀分布，所有值数据沿垂直轴均匀分布。
- 饼图：显示一个数据系列中各项的大小与各项总和的比例。饼图中的数据点显示为整个饼图的百分比。

- 条形图：显示各个项目之间的比较情况。
- 面积图：强调数量随时间而变化的程度，也可用于引起人们对总值趋势的注意。
- 散点图：显示若干数据系列中各数值之间的关系，或者将两组数据绘制为 xy 坐标的一个系列。
- 股价图：经常用来显示股价的波动。
- 曲面图：显示两组数据之间的最佳组合。
- 圆环图：像饼图一样，圆环图显示各个部分与整体之间的关系，但是它可以包含多个数据系列。
- 气泡图：排列在工作表中的数据可以绘制在气泡图中。
- 雷达图：比较若干数据系列的聚合值。

2. 创建图表

①单击准备创建图表的单元格区域。单击"插入"选项卡，在"图表"组中单击选择"对话框启动器"按钮。

②弹出"插入图表"对话框，在图表类型列表框中，选择准备应用的图表类型，再选择准备应用的图表样式。单击"确定"按钮，如图 5-60 所示。

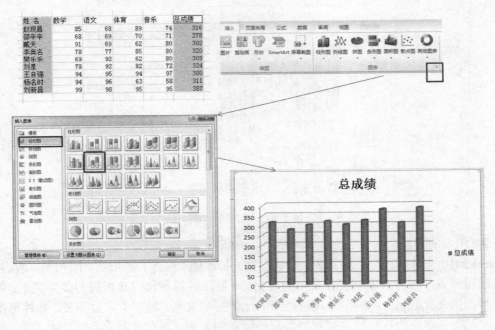

图 5-60　创建图表

3. 设计图表

创建图表后，将显示"图表工具"选项卡，包括"设计""布局"和"格式"三个子选项卡，可以使用这些选项卡中的命令修改图表，以便图表按照所需的方式表示数据，如更改图表类型、调整图表大小、移动图表、向图表中添加删除数据、对图表进行格式化等。

利用"图表选项"对话框可以对图表的网格线、数据表、数据标志等进行编辑和设置，还可以对图表进行修饰，包括图表的颜色、图案、线形、填充效果、边框和图片等。

利用"图表工具"下的"布局"和"格式"选项卡，对图表中的图标区、绘图区、坐标轴、背景墙和基底等进行设置。

（1）更改图表类型

①选择已创建的图表。单击"图表工具|设计"选项卡，在"类型"组中单击"更改图表类型"按钮。

②弹出"更改图表类型"对话框，在图表类型列表框中，选择要更改的图表类型，单击"确定"按钮，如图 5-61 所示。

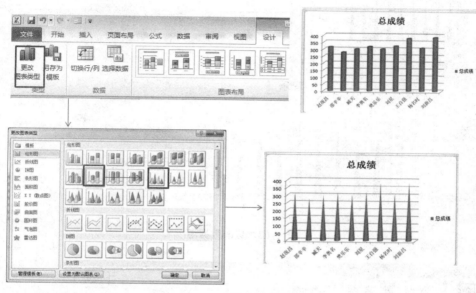

图 5-61　更改图表类型

（2）更改数据源

①单击已创建的图表，单击"图表工具|设计"选项卡，在"设计"组中单击"选择数据"按钮。

②在弹出的"选择数据源"对话框中单击"图表数据区域"文本框右侧的"折叠"按钮。

③返回到工作表中，单击准备重新设置的图表数据源。再次单击"图表数据区域"文本框右侧的"折叠"按钮。

④返回至"选择数据源"对话框，在其中单击"确定"按钮，如图 5-62 所示。

（3）设置图表标题

①单击已创建的图表，把鼠标指针定位在图表标题文字后面，单击图表标题，选中图表标题后，删除文字，输入新的图表标题。

②单击"布局"选项卡，在"标签"组中单击"图表标题"按钮。在弹出"图表标题"下拉列表中，单击"其他标题选项"命令，弹出"设置图表标题格式"对话框，即可在 Excel 2010 工作表中，设置图表标题，如图 5-63 所示。

（4）设置图表区

打开 Excel 2010 工作表后，选择已创建的图表。选择图表区，单击右键，在弹出的快捷菜单中选择"设置图表区域格式"命令，弹出"设置图表区格式"对话框，即可在 Excel 2010 工作表中设置图表区，如图 5-64 所示。

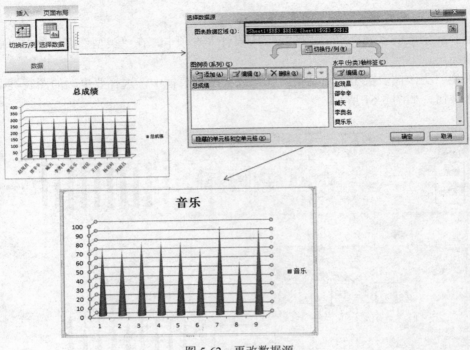

图 5-62　更改数据源

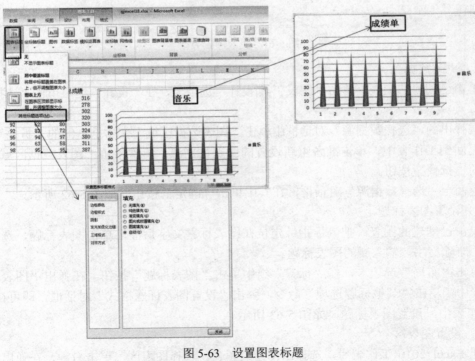

图 5-63　设置图表标题

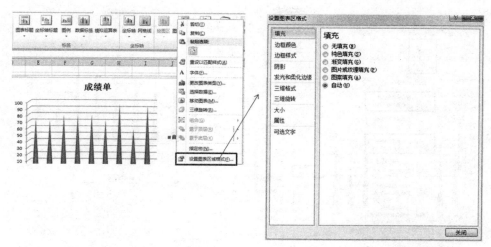

图 5-64　设置图表区

（5）设置绘图区

打开 Excel 2010 工作表后，单击已创建的图表的"绘图区"。单击右键，在弹出的快捷菜单中选择"设置绘图区格式"命令，弹出"设置绘图区格式"对话框，即可在 Excel 2010 工作表中设置图表区，如图 5-65 所示。

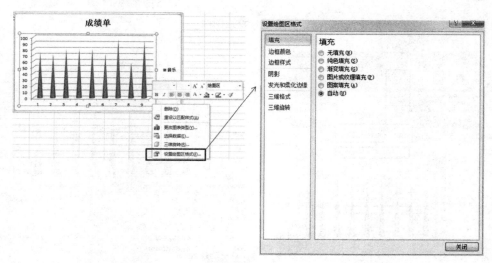

图 5-65　设置绘图区

（6）设置图例

打开 Excel 2010 工作表后，选择已创建的图表。选择"布局"选项卡，在"标签"组中单击"图例"下拉按钮，在"图例"下拉列表中选择"其他图例选项"，如图 5-66 所示。

（7）添加数据标签

打开 Excel 2010 工作表后，选择已创建的图表。单击"布局"选项卡，在"标签"组中，单击"数据标签"下拉按钮，在弹出的"数据标签"下拉列表中单击"其他数据标签选项"命令，弹出"设置数据标签格式"对话框，如图 5-67 所示。

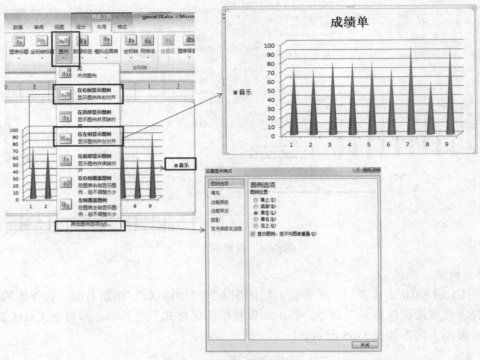

图 5-66　设置图例

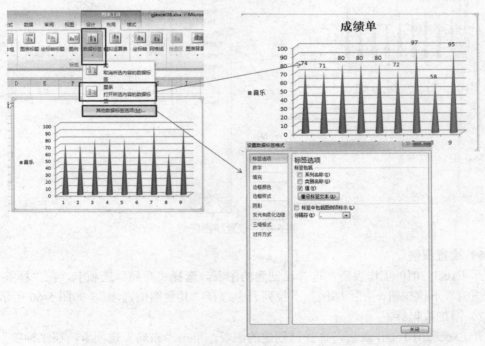

图 5-67　添加数据标签

（8）设置坐标轴标题

打开 Excel 2010 工作表后，选择已创建的图表。单击"布局"选项卡，在"标签"组中单击"坐标轴标题"按钮。在弹出的"坐标轴标题"下拉列表中，可以设置坐标轴标题，如图5-68 所示。

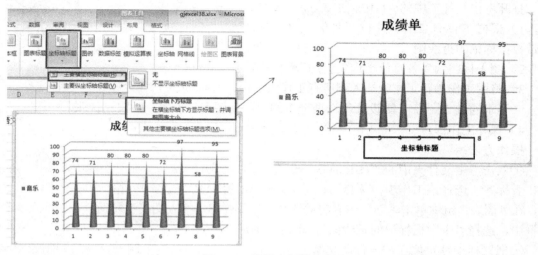

图 5-68　设置坐标轴标题

（9）设置网格线

打开 Excel 2010 工作表后，选择已创建的图表。单击"布局"选项卡，在"标签"组中单击"网格线"按钮，弹出"网格线"下拉列表中，如图 5-69 所示。

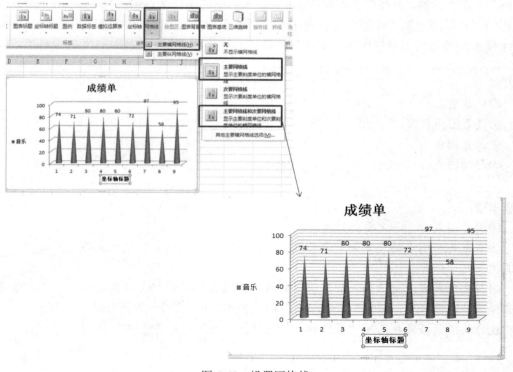

图 5-69　设置网格线

例题 5-19

（操作视频请扫旁边二维码）

例题 5-19

打开考生文件夹中的"GJExcel36.xlsx"文件，完成下列操作。

1）根据 Sheet1 工作表中的"月份"和"平均气温"两行数据，建立"带数据标记的折线图"。

2）图表标题为"各月份平均气温图"，图例显示在底部。

3）将图表作为新工作表插入到所有工作表之后，名称为"平均气温图"。

（要求通过"图表工具|设计"选项卡中的"移动图表"设置，效果见样张。）

4）保存工作簿。

操作方法：

①双击考生文件夹中的"GJExcel36.xlsx"文件，打开本文件；在工作簿中，单击 Sheet1 工作表标签，选择该工作表；选择 A1 到 M1 和 A4 到 M4 区域的单元格，单击"插入"选项卡，在"图表"组中单击"创建图表启动器"按钮；弹出"插入图表"对话框，在图表类型列表框中，选择"带数据标记的折线图"，单击"确定"按钮；

②把鼠标指针定位在图表标题文字后面，单击图表标题，选中图表标题后，删除文字，输入新的图表标题"各月份平均气温图"；选择"布局"选项卡，在"标签"组中单击"图例"下拉按钮，在"图例"下拉列表中选择"在底部显示图例"；

③选择"设计"选项卡，单击"位置"组的"移动图表"按钮，在弹出的"移动图表"对话框中选择"新工作表"，在文本框中输入"平均气温图"，单击"确定"按钮；单击"平均气温图"工作表标签，选择该工作表；单击右键在弹出的快捷菜单中选择"移动或复制"命令，在弹出的"移动或复制工作表"对话框中选择"移至最后"，单击"确定"按钮；

④单击快速访问工具栏中的"保存"按钮，对工作簿进行保存操作，关闭文件。

知识点：

①创建图表；

②设置图表标题；

③设置图例；

④移动图表。

注意事项：

①创建图表时，一定要选择正确的图表名称；

②本题对于图表的设置最重要的就是最后需要将图表以新的工作表移动到工作簿中所有工作表之后；

③在选择数据源时，如果需要选择分散的区域需要借助 Ctrl 键去完成，选择方法是首先选择第一个区域块，然后按住 Ctrl 键，再选择剩下的内容；如果在选择开始就按住了 Ctrl 键，就会使得数据源在选择时多选部分单元格。

例题 5-20

（操作视频请扫旁边二维码）

打开考生文件夹中的"GJExcel37.xlsx"文件，完成下列操作。

1）根据 Sheet1 工作表的"学生类别"和"所占比例"两列数据，建立"三维饼图"。

例题 5-20

2）图表标题为"学生比例图"，图例显示在顶部。

3）将图表插入在 Sheet2 工作表的 A1:G16 区域内。

4）保存工作簿。

操作方法：

①双击考生文件夹中的"GJExcel37.xlsx"文件，打开本文件；在工作簿中，单击 Sheet1 工作表标签，选择该工作表；选择 A2 到 A5 和 C2 到 C5 区域的单元格，单击"插入"选项卡，在"图表"组中单击"创建图表启动器"按钮；弹出"插入图表"对话框，在图表类型列表框中选择"三维饼图"，单击"确定"按钮；

②把鼠标指针定位在图表标题文字后面，单击图表标题，选中图表标题后，删除文字，输入新的图表标题"学生比例图"；选择"布局"选项卡，在"标签"组中单击"图例"下拉按钮，在"图例"下拉列表中选择"在顶部显示图例"；

③选择图表，单击右键在弹出的快捷菜单中选择"剪切"，单击 Sheet2 工作表标签，选择该工作表，单击右键在弹出的快捷菜单中选择"粘贴"；调整图表大小，将图表左上角放置到 A1 单元格中，将图表右下角放置到 G16 单元格中；

④单击快速访问工具栏中的"保存"按钮，对工作簿进行保存操作，关闭文件。

知识点：

①创建图表；

②设置图表标题；

③设置图例；

④移动图表。

注意事项：

本题图表放置的位置一定要注意，必须保证图表的四个角在给定的区域的四个边角单元格的正中，不能小于区域，也不能大于区域，也不能压着单元格的边线。

例题 5-21

（操作视频请扫旁边二维码）

打开考生文件夹中的"GJExcel38.xlsx"文件，完成下列操作。

1）将 Sheet1 工作表中图表的类型改为"堆积柱形图"。

2）将图表的数据源改为 Sheet1 工作表中的 B3:F12 区域。

例题 5-21

3）将图表标题改为"学生总成绩明细图"。

4）保存工作簿。

操作方法：

①双击考生文件夹中的"GJExcel38.xlsx"文件，打开本文件；在工作簿中，单击 Sheet1 工作表标签，选择该工作表；选择图表，单击"图表工具|设计"选项卡，在"类型"组中单击"更改图表类型"按钮，弹出"更改图表类型"对话框，在图表类型列表框中选择"堆积柱形图"，单击"确定"按钮；

②选择图表，单击"图表工具|设计"选项卡；在"设计"组中单击"选择数据"按钮；在弹出的"选择数据源"对话框中单击"图表数据区域"文本框右侧的"折叠"按钮，返回到工作表中，单击 B3 到 F12 单元格，再次单击"图表数据区域"文本框右侧的"折叠"按钮，返回至"选择数据源"对话框，在其中单击"确定"按钮；

③把鼠标指针定位在图表标题文字后面，单击图表标题，选中图表标题后，删除文字，输入新的图表标题"学生总成绩明细图"；

④单击快速访问工具栏中的"保存"按钮，对工作簿进行保存操作，关闭文件。

知识点：

①更改图表类型；

②更改数据源；

③设置图表标题。

例题 5-22

（操作视频请扫旁边二维码）

打开考生文件夹中的"GJExcel40.xlsx"文件，完成下列操作。

1）根据 Sheet1 工作表中的"姓名""存款金额"和"本息"三列数据，建立"簇状柱形图"。

例题 5-22

2）图表标题为"个人储蓄图"，数据标志为"显示值"。

3）将图表插入到 Sheet1 工作表的 A8:F23 区域内。

4）保存工作簿。

操作方法：

①双击考生文件夹中的"GJExcel40.xlsx"文件，打开本文件；在工作簿中，单击 Sheet1 工作表标签，选择该工作表；选择 A2 到 A6、B2 到 B6 和 E2 到 E6 区域的单元格，单击"插入"选项卡，在"图表"组中，单击"对话框启动器"按钮；弹出"插入图表"对话框，在图表类型列表框中，选择"簇状柱形图"，单击"确定"按钮；

②把鼠标指针定位在图表标题文字后面，单击图表标题，选中图表标题后，删除文字，输入新的图表标题"个人储蓄图"；单击"布局"选项卡，在"标签"组中单击"数据标签"按钮，在弹出的"数据标签"下拉列表中单击"其他数据标签选项"命令，在弹出的"设置数据标签格式"中选择"值"；

③选择图表，调整图表大小，将图表左上角放置到 A8 单元格中，将图表右下角放置到 F23 单元格中；

④单击快速访问工具栏中的"保存"按钮，对工作簿进行保存操作，关闭文件。

知识点：
   ①创建图表；
   ②设置图表标题；
   ③添加数据标签；
   ④移动图表。

注意事项：
   在移动图表时，如果图表大小过大或过小就需要调整图表的大小。

例题 5-23

（操作视频请扫旁边二维码）

例题 5-23

打开考生文件夹中的"Ex16.xlsx"文件，完成下列操作。

1）为 Sheet1 工作表中的图表添加标题"各类设备销售额统计图"。

2）将图表标题文字设置为隶书，14 号，标准色蓝色。

3）为图表区添加图案样式，前景色和背景色为标准色浅绿色。

4）保存工作簿。

操作方法：

①双击考生文件夹中的"Ex16.xlsx"文件，打开文件；在工作簿中，单击 Sheet1 工作表标签，选择该工作表；选择图表，在"布局"选项卡的"标签"组中单击"图表标题"按钮，在弹出的"图表标题"下拉列表中选择"图表上方"，单击图表标题，输入新的图表标题"各类设备销售额统计图"；

②选择图表标题，单击"开始"选项卡上"字体"组，在"字体"中选择"隶书"，在"字号"中选择"14"，在"颜色"中选择"标准色蓝色"；

③选择已创建的图表，选择图表区，单击右键，在弹出的快捷菜单中选择"设置图表区域格式"，弹出"设置图表区格式"对话框，选择"填充"中的"图案填充"，在"前景色"和"背景色"中选择"标准色浅绿色"；

④单击快速访问工具栏中的"保存"按钮，对工作簿进行保存操作，关闭文件。

知识点：
   ①设置图表标题；
   ②设置图表区。

 **课后练习**

1．打开考生文件夹中的"GJExcel35.xlsx"文件，完成下列操作。

（1）根据 Sheet1 工作表中的"姓名"和"实发工资"两列数据，建立"簇状柱形图"。

（2）图表标题为"教师工资图"。

（3）将图表插入到 Sheet1 工作表的 A13:G28 区域内。

（4）保存工作簿。

2．打开考生文件夹中的"Ex20.xlsx"文件，完成下列操作。

（1）设置 Sheet1 工作表中图表的横坐标轴标题为"产品"，纵坐标轴标题为"销量"。

（2）将图表的图例显示在底部。

（3）设置图表标题的字体为隶书。

（4）保存工作簿。

3．打开考生文件夹中的"Ex19.xlsx"文件，完成下列操作。

（1）根据 Sheet1 工作表中的"店名"列和"销售总额"列的数据，建立"分离型三维饼图"。

（2）设置数据标志为显示百分比，图表标题为"销售总额比例图"。

（3）将图表建立在一个新的工作表中，名称为"图表1"。

（要求通过"图表工具|设计"选项卡中的"移动图表"设置，效果见样张。）

（4）保存工作簿。

综合例题

例题 5-24

（操作视频请扫旁边二维码）

打开考生文件夹中的"学生成绩.xlsx"文件，完成下列操作。

1）在 B2 单元格中输入当前日期为制表日期。

2）计算每个学生的总分、各科成绩的最高分和最低分，平均分保留
1 位小数。

例题 5-24

3）设置标题 A1:F1 单元格为黑体、24 磅、跨列居中。

4）对学生每门课中低于 60 分的成绩以粗体、标准色蓝色字显示。

5）选中 A3:C8 区域的数据，在当前工作表 Sheet1 中创建嵌入的簇状柱形图图表，图表标题为"学生成绩表"，将该图表放到 B16:H29 区域。

6）将工作表 Sheet1 重命名为"成绩表"。

7）保存该工作簿。

操作方法：

①双击考生文件夹中的"学生成绩.xlsx"文件，打开本文件；在工作簿中，单击 Sheet1 工作表标签，选择该工作表；选择 B2 单元格，按住"Ctrl+；"组合键，输入当前日期；

②选择 E4 单元格，在"公式"选项卡中单击"函数库"组中的"自动求和"按钮的下拉箭头，选择"求和"，按 Enter 键；选择 E4 单元格，将鼠标指针移到要复制公式的单元格右下角的填充柄处，按住鼠标左键不放拖动到 E10 单元格；选择 F4 单元格，在"公式"选项卡中单击"函数库"组中的"自动求和"按钮的下拉箭头，选择"平均值"，按 Enter 键，单击右键弹出快捷菜单，选择"设置单元格格式"，弹出"设置单元格格式"对话框，在"数字"选项卡中选择"数值"，"小数位数"选择"1"；选择 F4 单元格，将鼠标指针移到要复制公式的单元格右下角的填充柄处，按住鼠标左键不放拖动到 F10 单元格；选择 B11 单元格，在"公

式"选项卡中单击"函数库"组中的"自动求和"按钮的下拉箭头，选择"最大值"，按 Enter 键；选择 B11 单元格，将鼠标指针移到要复制公式的单元格右下角的填充柄处，按住鼠标左键不放拖动到 D11 单元格；选择 B12 单元格，在"公式"选项卡中单击"函数库"组中的"自动求和"按钮的下拉箭头，选择"最小值"，函数参数范围为 B4 到 B10 单元格，按 Enter 键；选择 B12 单元格，将鼠标指针移到要复制公式的单元格右下角的填充柄处，按住鼠标左键不放拖动到 D12 单元格；

③选择 A1 到 F1 单元格区域，在"开始"选项卡中找到"字体"组，在"字体"中设置"黑体"，"字号"中设置"24"，单击右键，在弹出的快捷菜单中选择"设置单元格格式"命令，在打开的"设置单元格格式"对话框中选择"对齐"选项卡，在"水平对齐"中选择"跨列居中"，单击"确定"按钮；

④选择 B4 到 D10 单元格，在"开始"选项卡中单击"样式"组"条件格式"中的"突出显示单元格规则"中的"其他规则"，弹出"新建格式规则"对话框，"单元格值"中选择"小于""60"，单击"格式"按钮，在弹出的"设置单元格格式"对话框中选择"字体"选项卡，在"字形"中选择"加粗"，设置"颜色"为"标准色蓝色"；

⑤选择 A3 到 C8 单元格，单击"插入"选项卡，在"图表"组中单击"对话框启动器"按钮；弹出"插入图表"对话框，在图表类型列表框中，选择"簇状柱形图"，单击"确定"按钮；把鼠标指针定位在图表标题文字后面，单击图表标题，选中图表标题后，删除文字，输入新的图表标题"学生成绩表"；选择图表，调整图表大小，将图表左上角放置到 B16 单元格中，将图表右下角放置到 H29 单元格中；

⑥双击 Sheet1 工作表标签，输入工作表名称"成绩表"，然后按 Enter 键即可；

⑦单击快速访问工具栏中的"保存"按钮，对工作簿进行保存操作，关闭文件。

知识点：

①数据输入；

②函数的使用；

③单元格格式设置；

④条件格式；

⑤创建图表；

⑥设置图表标题；

⑦移动图表；

⑧工作表重命名。

注意事项：

①日期输入可以使用快捷键完成；

②计算总分和平均分时可以先计算出 E4 和 F4 单元格的内容，然后通过填充柄完成公式的复制；

③计算最高分和最低分是一样的；求最低分时，注意选择单元格的范围；

④跨列居中属于对齐方式中的一种；

⑤图表建立后一定要注意放置的位置，四个角一定要在各单元格中；

⑥工作表的重命名如果忘记会导致整个表格中的数据无法评分。

例题 5-25

（操作视频请扫旁边二维码）

打开考生文件夹中的"Excel 素材 10.xlsx"文件，完成下列操作。

例题 5-25

1）在数据表的最左侧插入一列，输入标题"学号"，并依序输入"001、002、……030"。

2）为数值区域 C2 到 E31 设置数据有效性规则：介于 0 到 100 之间的整数。出错警告标题为"出错了"，错误信息为"成绩必须在 0 到 100 之间"。

3）在数据表最后一列增加一个"总分"字段，并利用函数计算每名同学的总成绩。

4）在总分后增加一个"平均分"字段，并利用函数计算每名同学的平均成绩，保留 2 位小数。

5）将平均分不及格的成绩以条件格式的方式，用标准色蓝色、粗体的格式标注出来。

6）为数据表绘制标准色红色双线的外边框，内边框使用默认自动黑色的单实线。

7）利用高级筛选，筛选出需要补考的学生名单，结果置于以 A38 单元格为起始的单元格内（提示：只要有一门课程不及格，则需要补考）。

8）保存工作簿。

操作方法：

①双击考生文件夹中的"Excel 素材 10.xlsx"文件，打开本文件；在工作簿中，单击 Sheet1 工作表标签，选择该工作表；选择 A 列，单击右键在弹出的快捷菜单中选择"插入"；在 A1 单元格中输入"学号"，在 A2 单元格中输入"'001"，选择 A2 单元格，将鼠标指针移到要复制公式的单元格右下角的填充柄处，按住鼠标左键不放拖动到 A31 单元格；

②选择 C2 到 E31 的单元格区域，单击"数据"选项卡，在"数据工具"组中单击"数据有效性"按钮，弹出"数据有效性"对话框；在"设置"选项卡"允许"中选择"整数"，"最大值"输入"100"，"最小值"输入"0"；单击"出错警告"选项卡，在"标题"中输入"出错了"，"错误信息"中输入"成绩必须在 0 到 100 之间"；

③选择 F1 单元格，输入"总分"；选择 F2 单元格，在"公式"选项卡中单击"函数库"组中的"自动求和"按钮的下拉箭头，选择"求和"，按 Enter 键；选择 F2 单元格，将鼠标指针移到要复制公式的单元格右下角的填充柄处，按住鼠标左键不放拖动到 F31 单元格；

④选择 G1 单元格，输入"平均分"；选择 G2 单元格，在"公式"选项卡中单击"函数库"组中的"自动求和"按钮的下拉箭头，选择"平均值"，按 Enter 键；单击右键弹出快捷菜单，选择"设置单元格格式"，弹出"设置单元格格式"对话框，在"数字"选项卡中选择"数值"，"小数位数"选择"2"；选择 G2 单元格，将鼠标指针移到要复制公式的单元格右下角的填充柄处，按住鼠标左键不放拖动到 G31 单元格；

⑤选择 G2 到 G31 单元格，在"开始"选项卡中单击"样式"组"条件格式"中的"突出显示单元格规则"中的"其他规则"，弹出"新建格式规则"对话框，在"单元格值"中选择"小于""60"，单击"格式"按钮，在弹出的"设置单元格格式"对话框中选择"字体"选项卡，在"字形"中选择"加粗"，设置"颜色"为"标准色蓝色"；

⑥选择 A1 到 G31 单元格，单击右键，在弹出的快捷菜单中选择"设置单元格格式"命令，在打开的"设置单元格格式"对话框中选择"边框"选项卡，在"样式"中选择"双线"，"颜色"中选择"标准色红色"，单击"外边框"，单击"确定"按钮；在"样式"中选择"单线"，"颜色"中选择"标准色黑色"，单击"内部"，单击"确定"按钮；

⑦在 I6 单元格中输入"数学"，在 J6 单元格中输入"英语"，在 K6 单元格中输入"计算机"，在 I7 单元格中输入"<60"，在 J8 单元格中输入"<60"，在 K9 单元格中输入"<60"；单击 A1 到 G31 区域的任意单元格，再单击"数据"选项卡中"排序和筛选"组中的"高级"按钮；弹出"高级筛选"对话框，在"条件区域"中选择 I6 到 K9 单元格区域；

⑧单击快速访问工具栏中的"保存"按钮，对工作簿进行保存操作，关闭文件。

知识点：

①数据输入；

②数据有效性；

③函数；

④条件格式；

⑤单元格的格式设置；

⑥高级筛选。

注意事项：

①输入以 0 开头的数据时，需要先输入""，再输入后面的数据，也可以将单元格设置为"文本"格式，这样就可以直接输入数字；

②数据有效性设置之前必须将需要设置有效性的单元格选中；

③高级筛选中本题使用的是"或"关系，条件之间是或者关系，不在同一行。

例题 5-26

（操作视频请扫旁边二维码）

打开考生文件夹中的"素材.xlsx"文件，完成下列操作。

例题 5-26

1）在 Sheet1 工作表中，将 A1:E1 单元格区域数据合并居中，并设置字体格式为楷体、14 磅、加粗。

2）将 A2:E2 和 A3:A7 区域的单元格对齐方式设置为"分散对齐（缩进）"，并设置该区域内文字的字形为"倾斜"。

3）使用函数计算各项的"平均消费"。

4）在所有工作表之前建立 Sheet1 工作表的副本，并重命名为"副本"。

5）在"副本"工作表中，删除第 5 行；设置 B6:E6 单元格为数值，保留小数点后 2 位；设置第 6 行的行高为 20。

6）冻结"副本"工作表的第 1 行，并设置保护工作表的密码为"111"。

7）在"副本"工作表普通模式中插入居中页脚文字"2011"，并设置缩放比例为 120%。

8）保存工作簿。

操作方法：

①双击考生文件夹中的"素材.xlsx"文件，打开本文件；在工作簿中，单击 Sheet1 工作表标签，选择该工作表；选择 A1 到 E1 单元格，选择"开始"选项卡的"对齐方式"组，单击"合并后居中"按钮；选择 A1 单元格，在"开始"选项卡的"字体"组中设置"字体"为"楷体"、"字号"为"14"，单击"加粗"按钮；

②选择 A2 到 E2、A3 到 A7 的单元格区域，单击右键弹出快捷菜单，选择"设置单元格格式"，弹出"设置单元格格式"对话框，在"对齐"选项卡中的"水平对齐"中设置"分散对齐（缩进）"，在"字体"选项卡的"字形"中设置"倾斜"；

③选择 B7 单元格，在"公式"选项卡中单击"函数库"组中的"自动求和"按钮的下拉箭头，选择"平均值"，按 Enter 键；选择 B7 单元格，将鼠标指针移到要复制公式的单元格右下角的填充柄处，按住鼠标左键不放拖动到 E7 单元格；

④在工作簿中，单击 Sheet1 工作表标签，选择该工作表；使用鼠标右键单击该工作表，在弹出的快捷菜单中选择"移动或复制工作表"，在"下列选定工作表之前"区域中选择"Sheet1"，选择"建立副本"，单击"确定"按钮；单击右键在弹出的快捷菜单中选择"重命名"，输入"副本"；

⑤在工作簿中，单击"副本"工作表标签，选择该工作表；选择第 5 行，单击右键在弹出的快捷菜单中选择"删除"；选择 B6 到 E6 单元格，单击右键弹出快捷菜单，选择"设置单元格格式"，弹出"设置单元格格式"对话框，在"数字"选项卡中选择"数值"，"小数位数"选择"2"；选择第 6 行，单击右键弹出快捷菜单，选择"行高"，在弹出的"行高"对话框中输入"20"；

⑥在工作簿中，单击"副本"工作表标签，选择该工作表；单击"视图"选项卡，在"窗口"组中单击"冻结窗口"的下拉箭头按钮，在打开的下拉菜单单击"冻结首行"命令；

⑦在工作簿中，单击"副本"工作表标签，选择该工作表；选择"插入"选项卡，在"文本"组中单击"页眉和页脚"，在打开的"页眉页脚工具|设计"选项卡中单击"转至页脚"，在"页脚"处输入文字"2011"；选择工作表任意单元格，单击"视图"选项卡，在"工作簿视图"组中单击"普通"；单击"显示比例"组的"显示比例"按钮，打开"显示比例"对话框，在"自定义"中输入"120%"；单击快速访问工具栏中的"保存"按钮，对工作簿进行保存操作，关闭文件。

知识点：

①设置单元格格式；

②函数的使用；

③工作表的复制；

④行的删除和行高设置；

⑤冻结工作表；

⑥保护工作表；

⑦工作表的页眉页脚设置；

⑧工作表的视图设置。

综合练习

1. 打开考生文件夹中的"excel 素材 1.xlsx"文件,完成下列操作。

(1)将 Sheet1 工作表改名为 2005。

(2)将 A1:F1 区域的单元格合并,使单元格的文本居中。

(3)将"总计"行的数据通过公式计算出来。

(4)通过 IF 函数计算达标行的数据,如果总计超过任务,显示"完成",否则显示"未完成"。

(5)设置 B17:F17 单元格的对齐方式为右对齐。

(6)选择工作表中的"名称""总计"行的数据建立"簇状柱形图",并将该图表插入到"2005"工作表中。

(7)设置图表标题为"销售收入",数据标签显示类别名称和值。

(8)保存工作簿。

2. 打开考生文件夹中的"excel 素材 3.xlsx"文件,完成下列操作。

(1)对 A1 到 G16 单元格,设置内外边框为细线。

(2)通过函数计算工作表中"合计"行的值。

(3)设置 B15:F15 单元格的条件格式为大于 1,000,000 的以字体颜色为标准色红色、字形加粗格式显示。

(4)利用公式计算"比例"行的值(比例=各品牌的合计/总计的合计)。

(5)设置 B16:F16 单元格的值以百分比格式显示,小数点后位数为 2。

(6)选择工作表中的"名称""合计"行的数据(A2:F2 和 A15:F15)建立"分离型饼图",并将图表插入到当前工作表。

(7)设置图表的图例显示在底部,数据标签显示百分比。

(8)保存工作簿。

3. 打开考生文件夹中的"Excel 素材 4.xlsx"文件,完成下列操作。

(1)用公式计算该产品每年的销售利润(利润=收入-成本-费用-税金)。

(2)将 B6 到 F6 区域的格式设为货币类型,符号为$,小数位数为 1 位。

(3)在 F8 单元格中,用函数计算近五年平均的销售利润。

(4)将数据表区域 A1:F6 自动套用格式"表样式深色 2"(表包含标题)。

(5)为数据表区域 B2 到 F5 设置有效性规则:不允许输入负数(注意:该区域能够输入小数)。

（6）以年份和销售利润的数据，创建带数据标记的折线图。标题为"利润走向图"，图表置于原数据表中，并放到 A10 到 G20 区域，效果如样张所示。

（7）保存工作簿。

单元小结

本单元共由三个任务组成，通过本单元的学习使读者能够了解 Excel 2010 相关知识和操作方法。

第一个任务由八个部分组成，分别介绍了 Excel 2010 的启动退出方法、界面、基本概念、工作簿的使用、工作表的使用、单元格的使用、数据的输入、表格的格式化。

第二个任务由六个部分组成。通过学习，能了解并掌握公式和函数的使用；数据排序；数据筛选；分类汇总；数据有效性；数据透视表。

第三个任务由三个部分组成。通过学习，能了解图表的组成和类型；掌握图表的创建和设计。

- 目的、要求

（1）电子表格的概念与基本功能。工作簿、工作表的默认名和单元格地址。

（2）工作簿：窗口、编辑栏、工具栏、菜单栏的基本概念和常用快捷键。

（3）单元格：数据的格式、输入、编辑和区域设置。

（4）工作表：工作表的插入、更名、删除、复制和移动。

（5）公式与函数：运算符、求和、求平均值、常用函数。

（6）数据管理的基本操作：排序、筛选、分类汇总和图表。

- 重点、难点

重点：工作表的建立、编辑、格式化；

难点：表格的数据处理、图表的使用。

单元 6　PowerPoint 2010 幻灯片制作软件

任务 1　PowerPoint 2010 基本操作

任务描述

PowerPoint 2010 的基本操作包括 PPT 的建立、打开、保存；各种基本制作；调整幻灯片的顺序、删除和复制幻灯片等。PowerPoint 2010 和前面介绍的 Word 2010 和 Excel 2010 的启动和退出操作基本相同。

任务实施

1.　PowerPoint 2010 的启动和退出

PowerPoint 2010 也属于 Office 2010 中的一个应用程序，启动和退出方法和 Office 2010 中其他软件基本一致。

（1）PowerPoint 2010 启动

在"开始"菜单中依次单击"开始"按钮，选择"所有程序"，找到"Microsoft Office"，在弹出的级联菜单中选中"Microsoft PowerPoint 2010"后单击或回车即可启动 PowerPoint 2010 程序，如图 6-1 所示。

图 6-1　PowerPoint 2010 启动

（2）PowerPoint 2010 退出

1）在打开的 PowerPoint 2010 窗口中，单击窗口右上角的  按钮。

2）如果对文件进行过任何更改（无论多么细微的更改）后单击关闭按钮，则会出现类似于图 6-2 的消息框。

图 6-2　PowerPoint 2010 退出

若要保存更改，请单击"保存"；若要退出而不保存更改，请单击"不保存"；如果错误地单击了按钮，请单击"取消"。

2．PowerPoint 2010 的界面

PowerPoint 2010 启动成功后，出现如图 6-3 所示的界面。

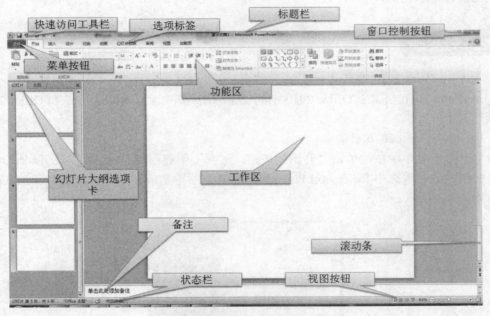

图 6-3　PowerPoint 2010 的界面

下面来介绍 PowerPoint 2010 窗口环境主要组成部分。

（1）功能区

功能区位于标题栏下方，主要包括"开始""插入""设计""切换""动画""幻灯片放映""审阅""视图""加载项"九个选项卡。不同选项卡包含不同类别的命令按钮组。单击某选项卡，将在功能区出现与该选项卡类别对应的多组操作命令供选择。例如，单击"文件"选项卡，可以在出现的菜单中选择"新建""保存""打印""打开"演示文稿等操作命令。

有的选项卡平时不出现，在某种特定条件下会自动显示，提供该情况下需要的命令按钮。这种选项卡称为"上下文选项卡"。例如，只有在幻灯片插入某一图片，然后选择该图片的情

况下才会显示"图片工具|格式"选项卡。

（2）标题栏

标题栏显示当前演示文稿文件名，右端有"最小化"按钮、"最大化/还原"按钮和"关闭"按钮，最左端有控制菜单图标，单击控制菜单图标可以打开控制菜单。控制菜单图标的右侧是快速访问工具栏。

（3）"文件"选项卡

基本命令位于此处，如"新建""打开""关闭""另存为"和"打印"。

（4）快速访问工具栏

快速访问工具栏位于标题栏左端，常用的几个命令按钮放在此处，便于快速访问。通常有"保存""撤消"和"恢复"等按钮，需要时用户可以增加或更改。

（5）演示文稿编辑区

功能区下方的演示文稿编辑区分为三个部分：左侧的幻灯片大纲浏览窗格、右侧上方的幻灯片窗格和右侧下方的备注窗格。拖动窗格之间的分界线可以调整各窗格的大小，以便满足编辑需要。幻灯片窗格显示当前幻灯片，用户可以在此编辑幻灯片的内容。备注窗格中可以添加与幻灯片有关的注释内容。

1）幻灯片窗格

幻灯片窗格显示幻灯片的内容，包括文本、图片、表格等各种对象，可以直接在该窗格中输入和编辑幻灯片内容。

2）备注窗格

对幻灯片的解释、说明等备注信息在此窗格中输入与编辑，供演讲者参考。

3）幻灯片/大纲浏览窗格

幻灯片/大纲浏览窗格上方有"幻灯片"和"大纲"两个选项卡。单击窗格的"幻灯片"选项卡，可以显示各幻灯片缩略图，如图6-3所示，在"幻灯片"选项卡下，显示了4张幻灯片的缩略图，当前幻灯片是第四张幻灯片。单击某幻灯片缩略图，将立即在幻灯片窗格中显示该幻灯片。在这里还可以轻松地重新排列、添加或删除幻灯片。在"大纲"选项卡中，可以显示各幻灯片的标题与正文信息。在幻灯片中编辑标题或正文信息时，大纲窗格也同步变化。

在"普通"视图下，这三个窗格同时显示在演示文稿编辑区，可以同时看到三个窗格的显示内容，有利于从不同角度编排演示文稿。

（6）滚动条

可以更改正在编辑的演示文稿的显示位置。

（7）状态栏

状态栏位于窗口底部左侧，在"普通"视图中，主要显示当前幻灯片的序号、当前演示文稿幻灯片的总数、采用的幻灯片主题和输入法等信息。在"幻灯片浏览"视图中，只显示当前视图、幻灯片主题和输入法。

（8）视图按钮

视图是当前演示文稿的不同显示方式。有"普通"视图、"幻灯片浏览"视图、"幻灯片放映"视图、"阅读"视图、"备注页"视图和"母版"视图等六种。例如"普通"视图下可以同时显示幻灯片窗格、幻灯片/大纲浏览窗格和备注窗格，而"幻灯片放映"视图下可以放映当前演示文稿。为了方便地切换各种不同视图，可以使用"视图"选项卡中的命令，也可以利用窗口底部右侧的视图按钮。视图按钮共有"普通视图""幻灯片浏览""阅读视图"和"幻灯片放映"等四个，单击某个按钮就可以方便地切换到相应视图。

3．PowerPoint 2010 的基本概念

演示文稿是由若干张幻灯片组成，幻灯片是演示文稿的基本组成单位。

（1）演示文稿

PowerPoint 文件一般称为演示文稿，其扩展名为.pptx。演示文稿由一张张既独立又相互关联的幻灯片组成。

（2）幻灯片

幻灯片是演示文稿的基本组成元素，是演示文稿的表现形式。幻灯片的内容可以是文字、图像、表格、图表、视频和声音等。

（3）幻灯片对象

幻灯片对象是构成幻灯片的基本元素，是幻灯片的组成部分，包括文字、图像、表格、图表、视频和声音等。

（4）幻灯片版式

版式是指幻灯片中对象的布局方式，它包括对象的种类以及对象和对象之间的相对位置。

（5）幻灯片模板

模板是指演示文稿整体上的外观风格，它包含预定的文字格式、颜色、背景图案等。系统提供了若干模板供用户选用，用户也可以自建模板，或者上网下载模板。

4．演示文稿的创建和保存

（1）创建空白演示文稿

创建空白演示文稿有两种方法，第一种是启动 PowerPoint 时自动创建一个空白演示文稿；第二种方法是在 PowerPoint 已经启动的情况下，单击"文件"选项卡，在出现的菜单中选择"新建"命令，在右侧"可用的模板和主题"中选择"空白演示文稿"，单击右侧的"创建"按钮即可，如图 6-4 所示；也可以直接双击"可用的模板和主题"中的"空白演示文稿"创建。

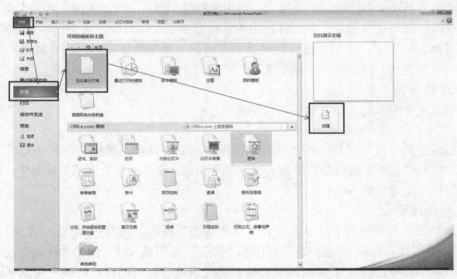

图 6-4　创建空白演示文稿

（2）用主题创建演示文稿

主题规定了演示文稿的母版、配色、文字格式和效果等设置。使用主题方式，可以简化演示文稿风格设计的大量工作，快速创建所选主题的演示文稿。

单击"文件"选项卡，在出现的菜单中选择"新建"命令，在右侧"可用的模板和主题"中选择"主题"，在随后出现的主题列表中选择一个主题，并单击右侧的"创建"按钮即可，如图 6-5 所示。也可以直接双击主题列表中的某主题。

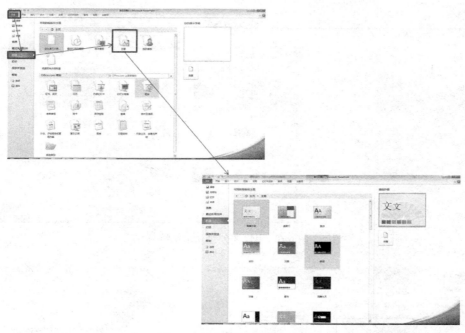

图 6-5　用主题创建演示文稿

（3）用模板创建演示文稿

模板是预先设计好的演示文稿样本，包括多张幻灯片，用来表达特定内容，而所有幻灯片主题相同，以保证整个演示文稿外观一致。使用模板方式，可以在系统提供的各式各样的模板中，根据自己需要选用其中一种内容最接近自己需求的模板。由于演示文稿外观效果已经确定，所以只需修改幻灯片内容即可快速创建专业水平的演示文稿。这样可以不必自己设计演示文稿的样式，既省时省力，又提高工作效率。

单击"文件"选项卡，在出现的菜单中选择"新建"命令，在右侧"可用的模板和主题"中选择"样本模板"，在随后出现的模板列表中选择一个模板，并单击右侧的"创建"按钮即可。也可以直接双击模板列表中所选模板，如图 6-6 所示。

利用模板创建演示文稿时，也可以选择在"Office.com"上下载模板。若使用"Office.com"下载，选择好某个模板后可以单击界面右下角的"下载"按钮，如图 6-7 所示。

（4）用现有演示文稿创建演示文稿

如果希望新演示文稿与现有的演示文稿类似，则不必重新设计演示文稿的外观和内容，直接在现有演示文稿的基础上进行修改从而生成新演示文稿。用现有演示文稿创建新演示文稿的方法如下：

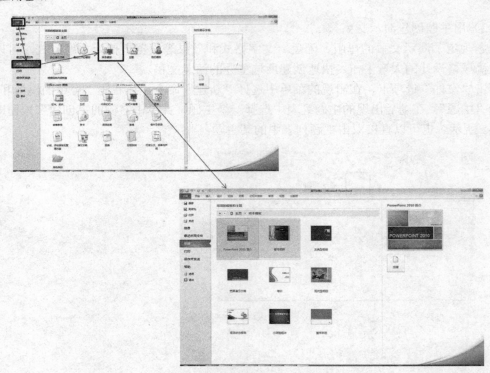

图 6-6　用模板创建演示文稿

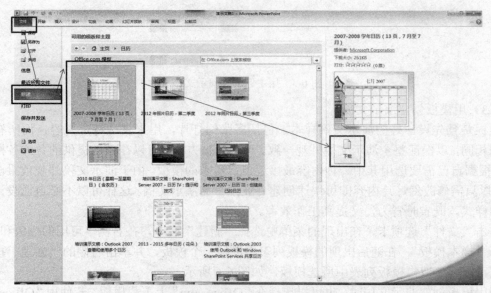

图 6-7　使用 Office.com 下载模板

　　单击"文件"选项卡，在出现的菜单中选择"新建"命令，在右侧"可用的模板和主题"中选择"根据现有内容新建"，在出现的"根据现有演示文稿新建"对话框中选择目标演示文稿文件，并单击"新建"按钮。系统将创建一个与目标演示文稿样式和内容完全一致的新演示文稿，只要根据需要适当修改并保存即可，如图 6-8 所示。

图 6-8　用现有演示文稿创建演示文稿

（5）演示文稿的保存

演示文稿编辑完成后，可以对其进行保存，然后退出演示文稿，具体操作步骤如下：单击"文件"选项卡，在选项列表中选择"保存"命令，弹出"另存为"对话框，在该对话框中的左半部分选择需要保存的位置；在"文件名"框中输入演示文稿的名称；在"保存类型"下拉列表中选择文件的保存类型；单击"保存"按钮，即可保存演示文稿。其保存方法和 Office 2010 其他软件基本一致。

5.　演示文稿的视图

视图是用户查看幻灯片的方式，在不同视图下观察幻灯片的效果有所不同。PowerPoint 能够以不同的视图方式来显示演示文稿的内容。PowerPoint 提供的显示演示文稿的方式，分别是"普通"视图、"幻灯片浏览"视图、"备注页"视图、"阅读"视图和"幻灯片放映"视图。

（1）"普通"视图

"普通"视图包含三个区：大纲区、幻灯片区和备注区，如图 6-9 所示。

大纲区：可组织和开发演示文稿中的内容，可键入演示文稿中的所有文本，然后重新排列项目符号、段落和幻灯片。

幻灯片区：只显示一张幻灯片，可以查看单张幻灯片中的文本外观，也可以在单张幻灯片中添加图形、图像、动画、影片和声音等，并能创建超链接。

备注区：使用户可以添加与观众共享的演说者备注或信息。可在每张幻灯片下面的备注栏内输入文字，而它们不会出现在幻灯片上，但可以打印出来，作为讲演者的讲稿使用。

在"普通"视图下，主要区域用于显示单张幻灯片，可对幻灯片上的对象（文本、图片、表格等）进行编辑。

一般地，"普通"视图下"幻灯片"窗格面积较大，但显示的三个窗格大小是可以调节的，方法是拖动两部分之间的分界线。若将"幻灯片"窗格尽量调大，此时幻灯片上的细节一览无余，最适合编辑幻灯片，如插入对象、修改文本等。

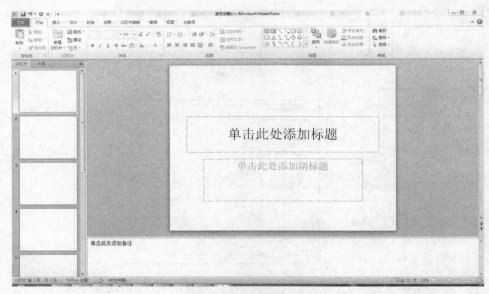

图 6-9　"普通"视图

（2）"幻灯片浏览"视图

可以同时显示多张幻灯片的缩略图，便于进行重排幻灯片的顺序，移动、复制、插入和删除多张幻灯片等操作。

在"视图"选项卡"演示文稿视图"组单击"幻灯片浏览"按钮或者单击右下角的"幻灯片浏览"按钮，可切换到"幻灯片浏览"视图，以缩略图的形式显示演示文稿中所有的幻灯片。在该视图模式中，可以使用鼠标拖动方式调整幻灯片的次序，也可以对幻灯片进行插入、复制、移动和删除等操作，但不能对幻灯片内容进行编辑，如图 6-10 所示。

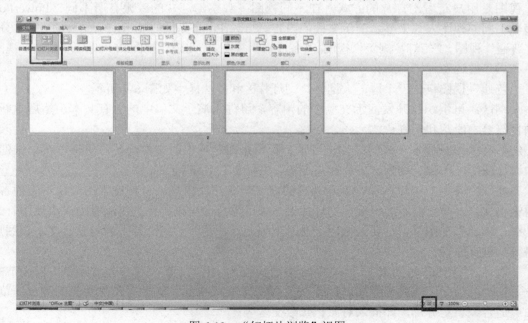

图 6-10　"幻灯片浏览"视图

（3）"备注页"视图

在"视图"选项卡中单击"演示文稿视图"组的"备注页"按钮，进入"备注页"视图。在此视图下显示一张幻灯片及其下方的备注页，用户可以输入或编辑备注页的内容，如图6-11所示。

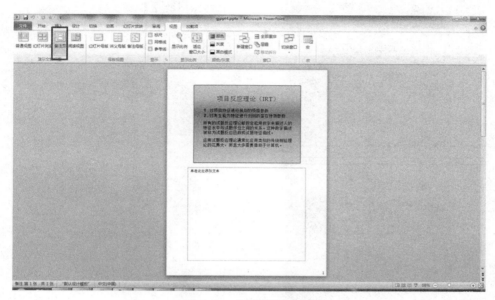

图6-11　"备注页"视图

（4）"阅读"视图

在"视图"选项卡中单击"演示文稿视图"组的"阅读视图"按钮，切换到"阅读"视图。在"阅读"视图下，只保留幻灯片窗格、标题栏和状态栏，其他编辑功能被屏蔽，目的是在幻灯片制作完成后简单放映浏览。通常是从当前幻灯片开始放映，单击可以切换到下一张幻灯片，直到放映最后一张幻灯片后退出"阅读"视图。放映过程中随时可以按Esc键退出"阅读"视图，也可以单击状态栏右侧的其他视图按钮，退出"阅读"视图并切换到相应视图。

（5）幻灯片放映视图

在"幻灯片放映"视图下不能对幻灯片进行编辑，若不满意幻灯片效果，必须切换到"普通"视图等其他视图下进行编辑修改。

在"幻灯片放映"选项卡中单击"开始放映幻灯片"组的"从头开始"按钮，就可以从演示文稿的第一张幻灯片开始放映，也可以选择"从当前幻灯片开始"命令，从当前幻灯片开始放映。另外，单击窗口底部的"幻灯片放映"按钮，也可以从当前幻灯片开始放映。

6. 幻灯片的基本操作

（1）插入幻灯片

常用插入幻灯片的方法有两个：

● 在"普通"视图的"幻灯片"窗格或者在"幻灯片浏览"视图中，先选定插入幻灯片的位置，然后在"开始"选项卡"幻灯片"组单击"新建幻灯片"按钮，在弹出的下拉列表中选择所需的幻灯片版式，如图6-12所示，新添加的幻灯片出现在当前幻灯片之后。

- 如果需要在当前幻灯片之前插入一张幻灯片，可以将鼠标指针置于两张幻灯片之间，单击鼠标左键，这样光标插入点定位在两张幻灯片之间，如图 6-12 所示。然后单击鼠标右键，在弹出的快捷菜单中选择"新建幻灯片"命令，即可插入一张新幻灯片。

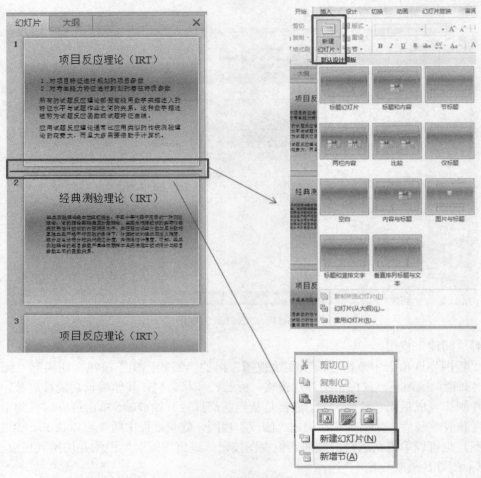

图 6-12　插入幻灯片

注意事项：在插入幻灯片时必须使用鼠标选择放置的位置，千万不要选择幻灯片本身，而是要选择幻灯片之间的空隙。

（2）选择幻灯片

选择幻灯片有如下几种方法：在大纲编辑区或幻灯片列表区中，单击底部的幻灯片浏览视图按钮进入"幻灯片浏览"视图，此时可以执行以下操作方法来选择幻灯片：

- 选定单张幻灯片：在"普通"视图的"幻灯片"窗格或者在"幻灯片浏览"视图中，单击该幻灯片即可。
- 选定多张连续的幻灯片：在"普通"视图的"幻灯片"窗格或者在"幻灯片浏览"视图中，先单击选中第一张幻灯片的缩略图，该幻灯片周围会出现黄色的边框，然后按住 Shift 键，再单击最后一张幻灯片的缩略图即可。
- 选定多张不连续的幻灯片：在"普通"视图的"幻灯片"窗格或者在"幻灯片浏览"

视图中，先单击选中第一张幻灯片的缩略图，然后按住 Ctrl 键，分别单击要选定的幻灯片的缩略图即可。

● 选择所有幻灯片：在"普通"视图的"幻灯片"窗格或者在"幻灯片浏览"视图中，按 Ctrl+A 组合键，或者在"开始"选项卡"编辑"组中单击"选择"按钮，在弹出的下拉菜单中选择"全选"即可。

> **注意事项：**
> 在大纲编辑区中，无法选择不连续的幻灯片。

（3）复制幻灯片

● 在"普通"视图的"幻灯片"窗格或者在"幻灯片浏览"视图中，选定待复制的幻灯片，然后在"开始"选项卡"剪贴板"组单击"复制"按钮，或者单击右键在弹出的快捷菜单中选择"复制"命令。将光标定位到目标位置，在"开始"选项卡"剪贴板"组单击"粘贴"按钮，或者单击右键在弹出的快捷菜单中选择"粘贴"命令即可。

● 在"普通"视图的"幻灯片"窗格或者在"幻灯片浏览"视图中，选中待复制的一张或者多张幻灯片，按住 Ctrl 键的同时再按住鼠标左键拖动鼠标至目标位置。松开鼠标左键，所选中的幻灯片即被复制到目标位置。

（4）移动幻灯片

● 在"普通"视图的"幻灯片"窗格或者在"幻灯片浏览"视图中，选中待移动的幻灯片后按住鼠标左键直接拖动至目标位置即可。

● 利用"剪切"和"粘贴"命令实现幻灯片的移动，操作方法与复制类似。

（5）删除幻灯片

要删除幻灯片，可以按照前面讲解的方法，先选中要删除的幻灯片，然后执行下面的操作：

● 按 Delete 或 BackSpace 键。

● 在选中的幻灯片上右击，在弹出的快捷菜单中执行"删除幻灯片"命令。

（6）隐藏幻灯片

当暂时不希望放映某些幻灯片，但又不想将其删除时，可以将其隐藏起来。此时，用户可以在幻灯片列表区或"幻灯片浏览"视图下，选中要隐藏的幻灯片，然后右击，在弹出的快捷菜单中执行"隐藏幻灯片"命令即可。重复执行上述操作即可取消对幻灯片的隐藏设置。

（7）缩放幻灯片缩略图

在"幻灯片浏览"视图下，幻灯片通常以 66%的比例显示，所以称为幻灯片缩略图。根据需要可以调节显示比例，如希望一屏显示更多幻灯片缩略图，则可以缩小显示比例。要确定幻灯片缩略图显示比例，在"幻灯片浏览"视图下单击"视图"选项卡"显示比例"组的"显示比例"命令，出现"显示比例"对话框，如图 6-13 所示。在"显示比例"对话框中选择合适的显示比例（如33%或50%等）。也可以自己定义显示比例，方法是在"百分比"栏中直接输入比例或单击上下箭头选取合适的比例。

（8）重排幻灯片的顺序

演示文稿中的幻灯片有时要调整位置按新的顺序排列，因此需要向前或向后移动幻灯片。

移动幻灯片的方法如下：在"幻灯片浏览"视图下选择需要移动位置的幻灯片缩略图（一张或多张幻灯片缩略图），按鼠标左键拖动幻灯片缩略图到目标位置，当目标位置出现一条竖线时，松开左键，所选幻灯片缩略图就移到该位置。

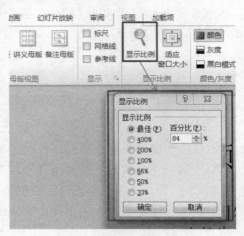

图 6-13　显示比例

　　移动时出现的竖线表示当前位置。移动幻灯片的另一种方法是采用剪切/粘贴方式：选择需要移动位置的幻灯片缩略图，单击"开始"选项卡"剪贴板"组的"剪切"命令。

　　例题 6-1

　　（操作视频请扫旁边二维码）

　　打开考生文件夹中的"GJPPT5.pptx"文件，完成下列操作。

　　1）将第三张幻灯片和第一张幻灯片的位置互换。

　　2）在文档的最后插入考生文件夹下"IN5.pptx"中所有幻灯片。

　　3）保存演示文稿。

例题 6-1

　　操作方法：

　　①双击考生文件夹中的"GJPPT5.pptx"文件，打开本文件；拖动第三张幻灯片到文稿的第一张幻灯片之前，然后拖动第二张幻灯片移动到文稿的第三张幻灯片之后；

　　②打开文档"IN5.pptx"，选中所有的幻灯片并复制，选中文档"GJPPT5.pptx"中的最后一张幻灯片，右击鼠标，选择"粘贴"项，复制操作完成；

　　③单击快速访问工具栏中的"保存"按钮，对演示文稿进行保存操作，关闭文件。

知识点：

　　①重排幻灯片的顺序；

　　②复制幻灯片；

　　③插入幻灯片。

注意事项：

　　幻灯片的位置互换采用的是移动或剪切完成，并没有哪种操作可以一蹴而就。

---

7. 幻灯片的版式

可以在新建幻灯片时选用合适的版式，也可以重新设置幻灯片的版式，操作方法如下：

- 在"普通"视图的"幻灯片"窗格或者在"幻灯片浏览"视图中，选中需要设置版式或改变版式的幻灯片。
- 在"开始"选项卡"幻灯片"组单击"版式"按钮，打开版式列表，选择所需的版式即可，如图 6-14 所示。

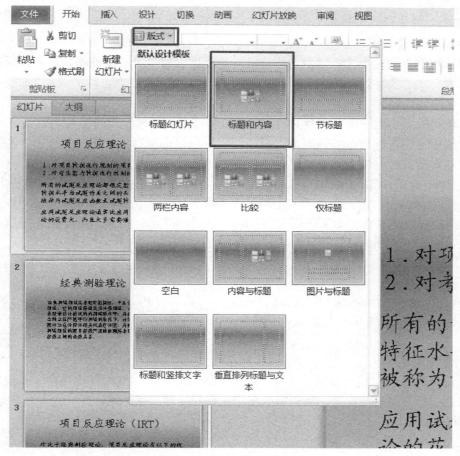

图 6-14 设置幻灯片的版式

例题 6-2

（操作视频请扫旁边二维码）

打开考生文件夹中的"GJPPT24.pptx"文件，完成下列操作。

1）将第一张幻灯片的版式修改为"标题幻灯片"。

2）将第二张幻灯片的版式修改为"垂直排列标题与文本"。

3）保存演示文稿。

例题 6-2

操作方法：

①双击考生文件夹中的"GJPPT24.pptx"文件，打开本文件；选中第一张幻灯片，单击展开"幻灯片"组的"版式"下拉列表，选择"标题幻灯片"版式并单击，幻灯片版式修改完成；

②选中第二张幻灯片，单击展开"幻灯片"组的"版式"下拉列表，选择"垂直排列标题与文本"版式并单击，幻灯片版式修改完成；

③单击快速访问工具栏中的"保存"按钮，对演示文稿进行保存操作，关闭文件。

> **知识点：**
> 设置幻灯片版式。

8. 在幻灯片中输入与编辑文字

（1）在幻灯片编辑区中输入文本

在幻灯片中看到的虚线框就是占位符框，虚线框内的"单击此处添加标题"或"单击此处添加文本"等提示为文本占位符。单击文本占位符，提示文字会自动消失，此时便可在虚线框内输入相应的内容。

当占位符的大小无法满足内容的输入时，可通过以下两种方式调整其大小：

- 选中占位符框后，其四周会出现控制点，将鼠标指针停放在控制点上，当指针变成双向箭头时，按下鼠标左键并任意拖动，即可对其调整大小。
- 选中占位符框后切换到"格式"选项卡，然后通过"大小"组的按钮调整大小。

另外，可以单击"插入"选项卡中的"文本框"按钮，在弹出的下拉列表中执行"横排文本框"或"竖排文本框"命令，在幻灯片编辑区中拖动绘制一个文本框，然后在其中输入文本即可。

> **注意事项：**
> PowerPoint 中的文本框，与 Word 中的文本框基本相同，我们可以像在 Word 中一样，调整其大小，或设置其填充与边框色等属性。

1）制作标题幻灯片

标题幻灯片常用于演示文稿的首页，即第一张幻灯片。标题幻灯片含两个占位符，其中的文字提示用户先单击占位符，然后键入演示文稿的标题和副标题。

2）建立普通幻灯片

普通幻灯片的版式中一般有一个"单击此处添加标题"占位符，还有一个或多个"单击此处添加文本"占位符。

例题 6-3

（操作视频请扫旁边二维码）

打开考生文件夹中的"GJPPT4.pptx"文件，完成下列操作。

1）在第一张幻灯片前插入一张新幻灯片，版式为"标题幻灯片"。

2）在新幻灯片的主标题中输入"项目测试"，副标题中输入"理论学习"。

例题 6-3

3）保存演示文稿。

操作方法：

①双击考生文件夹中的"GJPPT4.pptx"文件，打开本文件；单击"开始"选项卡中"幻

灯片"组的"新建幻灯片"按钮，在展开的列表中选中要设置的版式"标题幻灯片"，作为第一张幻灯片，新建幻灯片完成；

②在第一张幻灯片主标题处输入文字"项目测试"，在副标题处输入文字"理论学习"；

③单击快速访问工具栏中的"保存"按钮，对演示文稿进行保存操作，关闭文件。

> **知识点：**
>
> 设置幻灯片版式。

（2）移动和复制幻灯片中的文本

移动和复制幻灯片中的文本与在 Word 中移动和复制文本基本相似，只是需要区分移动和复制的文本是整个文本框还是其中的一部分。如果要移动或复制整个文本框，在选择时要单击文本框的边框，选中整个文本框，否则需要在文本框内选择文本，这与 Word 中在正文区选择文本的操作相同。在大纲区的文本编辑操作与 Word 的大纲视图下的操作相同。

（3）设置字体格式

字体、字体大小、字体样式和字体颜色可以通过"开始"选项卡"字体"组的相关命令设置。选择文本后单击"开始"选项卡"字体"组的"字体"下拉按钮，在出现的下拉列表中选择中意的字体（如：黑体）。单击"字号"下拉按钮，在出现的下拉列表中选择中意的字号（如：44 磅）。单击"字体样式"按钮，可以设置相应的字体样式（如："加粗""倾斜"等）。关于字体颜色的设置，可以单击"字体颜色"下拉按钮，在"颜色"下拉列表中选择所需颜色（如：红色）如对颜色列表中的颜色不满意，也可以自定义颜色，如图6-15 所示。

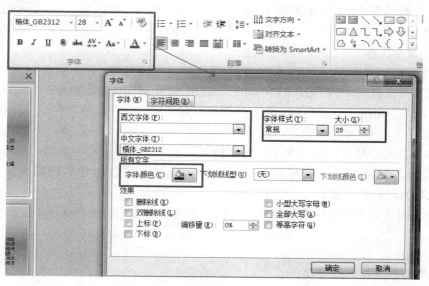

图 6-15　设置字体格式

（4）设置文本的段落格式

单击"开始"选项卡"段落"组的相应命令，同样也可以单击"段落"组右下角的"对话框启动器"按钮，在出现的"段落"对话框中精细地设置段落格式，如图 6-16 所示。

（5）使用项目符号和编号

在幻灯片区中选择文本或文本占位符，单击"开始"选项卡"段落"组的"项目符号"和"编号"按钮，选择要使用的项目符号或编号的外观。

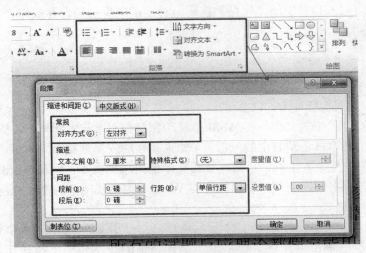

图 6-16　设置文本的段落格式

例题 6-4

（操作视频请扫旁边二维码）

例题 6-4

打开考生文件夹中的"GJPPT10.pptx"文件，完成下列操作。

1）设置第二张幻灯片文本部分的行距为 0.8 行。

2）设置第二张幻灯片文本部分项目符号为"➢"，颜色为 RGB(50,50,150)。

3）保存演示文稿。

操作方法：

①双击考生文件夹中的"GJPPT10.pptx"文件，打开本文件；选中第二张幻灯片的部分文字，单击"段落"组的"对话框启动器"按钮打开对话框，在"行距"下拉列表中选择"多倍行距"，设置值为 0.8，单击"确定"按钮保存设置；

②选中第二张幻灯片的部分文字，在"段落"组单击"项目符号和编号"按钮打开"项目符号和编号"对话框，选择相应的项目符号；选择"项目符号"选项卡，设置颜色为 RGB(50,50,150)，单击"确定"按钮保存设置；

③单击快速访问工具栏中的"保存"按钮，对演示文稿进行保存操作，关闭文件。

> **知识点：**
> ①文本的段落格式的行距；
> ②设置项目符号。

> **注意事项：**
> PowerPoint 中设置段落和项目符号和 Word 类似，只是在功能区选择的位置不同而已。

（6）幻灯片页面设置

1）在幻灯片中添加和更改幻灯片编号、日期、时间或页脚文本

在"插入"选项卡中单击"文本"组的"页眉和页脚"按钮，弹出"页眉和页脚"对话框，选择"幻灯片"选项卡，选中"日期和时间"复选框，同时要在"自动更新"和"固定"之间任选其一；在选择固定日期时，还需要在文本框中输入固定的日期，这样页脚上就会显示选择的日期和时间；选中"幻灯片编号"复选框，幻灯片的页脚将显示幻灯片的编号；选中"页脚"复选框，将在页脚显示"页脚"复选框下面文本框中输入的文本；选中"标题幻灯片中不显示"复选框，则标题幻灯片不显示页眉和页脚，如图 6-17 所示。

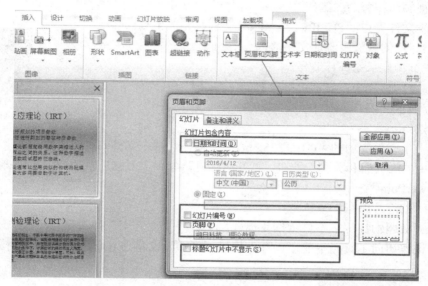

图 6-17　在幻灯片中添加和更改幻灯片编号、日期、时间或页脚文本

例题 6-5

（操作视频请扫旁边二维码）

打开考生文件夹中的"PPT37.pptx"文件，完成下列操作。

1）为演示文稿添加页脚文字"PowerPoint"。

2）在页脚中显示自动更新的日期（日期格式为系统默认）。

3）演示文稿显示幻灯片编号。

4）保存演示文稿。

例题 6-5

操作方法：

①双击考生文件夹中的"PPT37.pptx"文件，打开本文件；单击"插入"选项卡"文本"组的"页眉和页脚"按钮，勾选"页脚"复选框，在"页脚"文本框内输入文字"PowerPoint"，勾选"幻灯片编号"复选框，单击"全部应用"按钮；

②单击"插入"选项卡中"文本"组的"页眉和页脚"，选中"时间和日期"复选框，选中"自动更新"单选按钮，单击"全部应用"按钮；

③单击"插入"选项卡中"文本"组"页眉和页脚"，勾选"幻灯片编号"复选框，单击"全部应用"按钮；

④单击快速访问工具栏中的"保存"按钮，对演示文稿进行保存操作，关闭文件。

知识点：

①幻灯片编号设置；

②幻灯片日期和时间设置；

③页脚文字设置。

例题 6-6

（操作视频请扫旁边二维码）

打开考生文件夹中的"GJPPT25.pptx"文件，完成下列操作。

1）在幻灯片的页脚中添加文字"PowerPoint"。

2）设置页脚显示幻灯片编号。

3）在标题幻灯片中不显示页脚设置。

4）保存演示文稿。

例题 6-6

操作方法：

①双击考生文件夹中的"GJPPT25.pptx"文件，打开本文件；打开"插入"选项卡，单击"文本"组中的"页眉和页脚"按钮，打开对话框，勾中"页脚"复选框，在页脚文本框内输入文字"PowerPoint"。

②勾选"幻灯片编号"复选框；

③勾选"标题幻灯片中不显示"复选框，单击"全部应用"按钮保存设置；

④单击快速访问工具栏中的"保存"按钮，对演示文稿进行保存操作，关闭文件。

知识点：

①幻灯片编号设置；

②幻灯片页脚设置。

2）更改幻灯片的起始编号和大小、方向

在"设计"选项卡的"页面设置"组中单击"页面设置"按钮，弹出"页面设置"对话框，在"幻灯片编号起始值"数值框中指定一个数值，即可改变幻灯片的起始编号。另外，通过该对话框，还可以设置幻灯片的大小和方向，如图 6-18 所示。

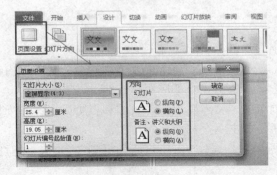

图 6-18　更改幻灯片的起始编号和大小、方向

例题 6-7

（操作视频请扫旁边二维码）

打开考生文件夹中的"GJPPT39.pptx"文件，完成下列操作。

1）设置幻灯片的大小为"35 毫米幻灯片"，幻灯片编号起始值为2。

2）设置备注、讲义和大纲的方向为"横向"。

3）保存演示文稿。

操作方法：

例题 6-7

①双击考生文件夹中的"GJPPT39.pptx"文件，打开本文件；打开"设计"选项卡，单击"页面设置"按钮打开对话框，在"幻灯片大小"下拉列表框中选择"35 毫米幻灯片"，将"幻灯片编号起始值"设置为"2"；

②接着上一步操作，在"备注、讲义和大纲"栏选择"横向"单选按钮，单击"确定"按钮保存设置；

③单击快速访问工具栏中的"保存"按钮，对演示文稿进行保存操作，关闭文件。

> 知识点：
> ①幻灯片大小；
> ②幻灯片编号；
> ③幻灯片方向。

1．打开考生文件夹中的"GJPPT37.pptx"文件，完成下列操作。

（1）删除第八张幻灯片。

（2）将第二张幻灯片和第三张幻灯片的位置互换。

（3）保存演示文稿。

2．打开考生文件夹中的"PPT9.pptx"文件，完成下列操作。

（1）将第一张幻灯片的标题文字设置为黑体、44 磅、倾斜。

（2）将第一张幻灯片文本部分的文字设置为隶书、36 磅、加粗，颜色为自定义的RGB(160,0,0)。

（3）设置第二张、第三张幻灯片的标题文字格式与第一张相同。

3．打开考生文件夹中的"GJPPT11.pptx"文件，完成下列操作。

（1）设置第二张幻灯片文本部分的段前间距为 4 磅，段后间距为 4 磅。

（2）为第二张幻灯片文本部分添加编号，格式如样张所示。

（3）保存演示文稿。

4．打开考生文件夹中的"PPT6.pptx"文件，完成下列操作。

（1）将第一张幻灯片的版式改为"标题和竖排文字"。

（2）插入一张版式为"比较"的新幻灯片作为演示文稿的第三张幻灯片。

（3）保存演示文稿。

5．打开考生文件夹中的"GJPPT40.pptx"文件，完成下列操作。

（1）设置备注、讲义和大纲页面的方向为"横向"。

（2）为幻灯片添加日期，并设置为自动更新（日期格式为系统默认）。

（3）保存演示文稿。

任务 2 幻灯片的修饰

幻灯片的背景对幻灯片放映的效果起着重要作用，为此，可以对幻灯片背景的颜色、图案和纹理等进行调整。有时用特定图片作为幻灯片背景能达到意想不到的效果。如果对幻灯片背景不满意，可以重新设置幻灯片的背景，主要通过改变主题背景样式和设置背景格式（纯色、颜色渐变、纹理、图案或图片）等方法来美化幻灯片的背景，也可以通过设置幻灯片的母版来更改版式。

1．幻灯片的背景设置

PowerPoint 2010 专门提供了对背景格式的设置方法。我们可以通过更改幻灯片的颜色、阴影、图案或者纹理，改变幻灯片的背景格式。当然也可以通过使用图片作为幻灯片的背景，不过在幻灯片或者母版上只能使用一种背景类型。

要改变幻灯片的背景，可以在"设计"选项卡中单击"背景样式"按钮，在弹出的下拉列表中选择一种背景的样式，如图 6-19 所示。

图 6-19 幻灯片的背景设置

若在下拉列表中执行"设置背景格式"命令，在弹出的对话框中将可以设置更多的背景填充方式。

例题 6-8

（操作视频请扫旁边二维码）

打开考生文件夹中的"GJPPT17.pptx"文件，完成下列操作。

1）设置第一张幻灯片的背景颜色为 RGB(161,189,105)。

2）设置第二张幻灯片的背景填充为预设的"茵茵绿原"。

3）保存演示文稿。

例题 6-8

操作方法：

①双击考生文件夹中的"GJPPT17.pptx"文件，打开本文件；选中第一张幻灯片右击，单击快捷菜单中的"设置背景格式"，打开对话框，选择"填充"选项卡，设置"纯色填充"，填充色为 RGB(161,189,105)，单击"确定"按钮保存设置；

②选中第二张幻灯片，右击幻灯片选中"设置背景格式"，选择"填充"选项卡下的"渐变填充"，在"预设颜色"下拉列表中选择"茵茵绿原"，单击"关闭"按钮保存设置；

③单击快速访问工具栏中的"保存"按钮，对演示文稿进行保存操作，关闭掉文件。

知识点：

幻灯片背景设置。

注意事项：

在设置某张幻灯片背景格式时，只需在打开的"设置背景格式"对话框中选择相应的背景颜色或者图案，设置完成单击"关闭"即可，如果选择"全部应用"则会在打开的演示文稿中将所有幻灯片全部应用该种设置。

---

2. 幻灯片母版设置

母版用于设置文稿中每张幻灯片的预设格式，这些格式包括每张幻灯片标题及正文文字的位置和大小、项目符号的样式、背景图案等。在 PowerPoint 中，母版有幻灯片母版、标题母版、备注母版和讲义母版四种类型。母版实际上是某一类幻灯片（如标题幻灯片等）的样式，如果用户更改了演示文稿中的幻灯片母版，则会影响所有基于该母版的演示文稿中的幻灯片的格式。

（1）幻灯片母版

最常用的母版就是幻灯片母版，因为幻灯片母版控制的是除标题幻灯片以外的所有幻灯片的格式。幻灯片母版用于控制幻灯片的文本、字号、颜色、背景色以及项目符号样式等属性。

在"视图"选项卡中单击"母版视图"组中的"幻灯片母版"按钮，进入"幻灯片母版"视图，如图 6-20 所示。幻灯片母版上有五个"占位符"，分别用来更改文本格式，设置页眉、页脚、日期及幻灯片编号，向母版插入对象以确定幻灯片母版的版式。

幻灯片母版含有标题及文本的版面配置区，它会影响幻灯片中文字的格式设定。也可以结合其他格式化文字、图形或图片等功能，对母版进行美化处理，完成后，单击"幻灯片母版"选项卡最右端的"关闭母版视图"按钮退出即可。

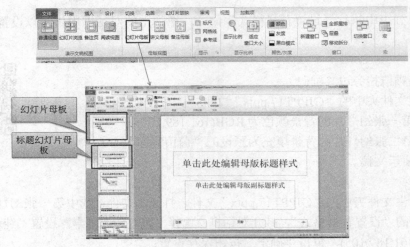

图 6-20　幻灯片母版

例题 6-9

（操作视频请扫旁边二维码）

打开考生文件夹中的"GJPPT20.pptx"文件，完成下列操作。

1）设置幻灯片母版中标题文字的字号为 44，颜色为 RGB(255,204,0)。

2）为幻灯片添加日期，并设置日期为自动更新（日期格式为系统默认）。

例题 6-9

3）保存演示文稿。

操作方法：

①双击考生文件夹中的"GJPPT20.pptx"文件，打开本文件；单在"视图"选项卡中"母版视图"组中的"幻灯片母版"按钮，进入"幻灯片母版"视图，选中第一个母版样式，选中标题文字，打开"开始"选项卡，在"字体"组中设置"字号"为"44"，"颜色"选择"其他颜色"，输入 RGB 为(255,204,0)，打开"幻灯片母版"选项卡，单击"关闭母版视图"按钮进行保存；

②选中任意一张幻灯片，单击"插入"选项卡，单击"文本"组的"页眉和页脚"按钮，选中"幻灯片编号"复选框，选中"日期和时间"复选框，选择"自动更新"单选按钮，单击"全部应用"按钮；

③单击快速访问工具栏中的"保存"按钮，对演示文稿进行保存操作，关闭文件。

知识点：

①幻灯片母版；

②字体设置；

③幻灯片页面设置。

注意事项：

在设置幻灯片母版时，需要注意到母版是打开的哪一个，本题需要的是哪种，在打开的母版视图中选择正确的母版。

标题幻灯片母版控制的是演示文稿的第一张幻灯片，它必须是"新幻灯片"对话框中的第一种"标题幻灯片"版式建立的。

例题 6-10

（操作视频请扫旁边二维码）

打开考生文件夹中的"GJPPT22.pptx"文件，完成下列操作。

1）设置标题母版中标题文字的字号为48，字形加粗。

2）在标题母版的页脚区中插入文字"PowerPoint"，设置字号为18。

3）保存演示文稿。

例题 6-10

操作方法：

①双击考生文件夹中的"GJPPT22.pptx"文件，打开本文件；在"视图"选项卡中单击"母版视图"组中的"幻灯片母版"按钮，进入"幻灯片母版"视图，选中第二个母版样式，选中标题文字，打开"开始"选项卡，在"字体"组中设置"字号"为"48"，在"字形"中选中"加粗"；

②在页脚区输入文字"PowerPoint"，打开"开始"选项卡，在"字体"组中设置"字号"为"18"，单击"关闭母版视图"按钮进行保存；

③单击快速访问工具栏中的"保存"按钮，对演示文稿进行保存操作，关闭文件。

> **知识点：**
> ①标题幻灯片母版；
> ②字体设置。

> **注意事项：**
> 在设置幻灯片母版时，需要注意到母版是打开的哪一个，本题需要的是哪种，在打开的母版视图中选择正确的母版。

（2）讲义母版

讲义母版用到的不多，主要用于控制幻灯片以讲义形式打印。

（3）备注母版

主要是供演讲者备注使用的空间以及设置备注幻灯片的格式。

3. 插入图片、形状和艺术字

PowerPoint 演示文稿中不仅包含文本，还可以插入剪贴画、图片，通过多种手段美化图片，帮助演讲者展示自己的观点。有时希望使用自己设计的图形，以配合表达演示文稿的内容，系统提供了线条、基本形状、流程图、标注等形状供选择。可以用系统提供的各种"艺术字"样式使文本具有特殊艺术效果，改变艺术字的形状、大小、颜色和变形幅度，还可以旋转、缩放艺术字等。

（1）插入剪贴画、图片

图形是特殊的视觉语言，能加深对事物的理解和记忆，避免对单调文字和乏味的数据产生厌烦心理，在幻灯片中使用图片可以使演示效果变得更加生动。将图形和文字有机地结合在一起，可以获得极好的展示效果。可以插入的图片主要有两类，第一类是剪贴画，在 Office

中有大量剪贴画，并分门别类存放，方便用户使用；第二类是以文件形式存在的图片，用户可以在平时收集到的图片文件中选择精美图片以美化幻灯片。

插入剪贴画、图片有两种方式，一种是采用功能区命令，另一种是单击幻灯片内容区占位符中剪贴画或图片的图标。

以剪贴画为例说明占位符插入方式。插入新幻灯片并选择"标题和内容"版式（或其他具有内容区占位符的版式），如图 6-21 所示。单击内容区"剪贴画"图标，右侧出现"剪贴画"窗格，搜索剪贴画并插入即可。

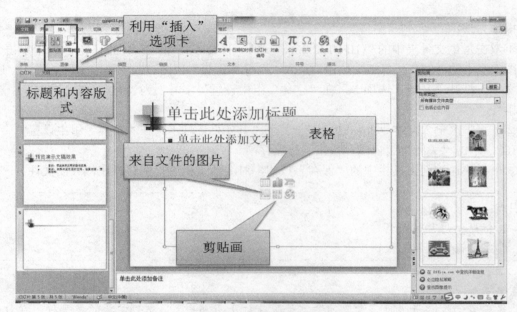

图 6-21　插入剪贴画、图片

1）插入剪贴画

①单击"插入"选项卡"图像"组的"剪贴画"按钮，右侧出现"剪贴画"窗格，如图6-21 所示。

②在"剪贴画"窗格中单击"搜索"按钮，下方出现各种剪贴画，从中选择合适的剪贴画。也可以在"搜索文字"框输入搜索关键字，再单击"搜索"按钮，则只搜索与关键字相匹配的剪贴画供选择。为减少搜索范围，可以在"结果类型"下拉列表指定搜索类型（如插图、照片等），下方显示搜索到的该类剪贴画，如图 6-21 所示。

③单击选中的剪贴画（或单击剪贴画右侧下拉按钮或右击选中的剪贴画，在出现的快捷菜单中选择"插入"命令），则该剪贴画插入到幻灯片中，调整剪贴画的大小和位置即可。

2）插入以文件形式存在的图片

若想插入的不是剪贴画，而是平时搜集的精美图片文件，可以用如下方法插入图片：

①单击"插入"选项卡"图像"组的"图片"按钮，出现"插入图片"对话框。

②在对话框左侧选择存放目标图片文件的文件夹，在右侧该文件夹中选择满意的图片文件，然后单击"插入"按钮，该图片就插入到当前幻灯片中。

图片的设置已经在 Word 2010 中介绍过了，在此就不再重复了。

（2）插入形状

插入图片有助于更好地表达思想和观点，然而并非时时均有合适的图片可用，这就需要自己设计图形来表达想法。学会使用形状，有助于建立高水平演示文稿。可用的形状包括：线条、基本几何形状、箭头、公式形状、流程图、星、旗帜和标注、动作按钮等。

动作按钮是演示文稿独有的形状，其他形状的用法与 Word 类似，不再赘述。插入形状有两个途径：在"插入"选项卡"插图"组单击"形状"按钮或者在"开始"选项卡"绘图"组单击"形状"列表右下角"其他"按钮，就会出现各类形状的列表，如图 6-22 所示。

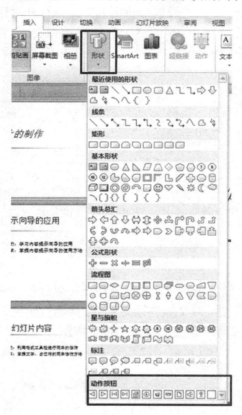

图 6-22　插入形状

形状的操作有：绘制形状、在形状中添加文字、移动复制形状、旋转形状、组合形状、格式化形状等，其操作方法与 Word 2010 中形状的操作一致，就不再赘述。

例题 6-11

（操作视频请扫旁边二维码）

打开考生文件夹中的"GJPPT33.pptx"文件，完成下列操作。

1）在最后一张幻灯片的右下角插入动作按钮"第一张"，并将动作按钮超链接到"第一张幻灯片"。

例题 6-11

2）设置最后一张幻灯片动作按钮的高和宽均为 2 厘米。

3）设置最后一张幻灯片动作按钮填充颜色为"青绿色"RGB(0,255,255)。

4）保存演示文稿。

操作方法：

①双击考生文件夹中的"GJPPT33.pptx"文件，打开本文件；选中最后一张幻灯片，打开"插入"选项卡，在"插图"组中找到"形状"按钮，单击展开"形状"下拉列表，选择"动作按钮"区域的"第一张"按钮，拖动鼠标拉出动作按钮，操作完成会立即打开"动作设置"对话框，选择超链接到"第一张幻灯片"，单击"确定"按钮保存设置；

②选中动作按钮，选择"绘图工具|格式"选项卡，在"大小"组中设置"高度"为"2厘米"，"宽度"为"2厘米"；

③选中动作按钮并右击，单击"设置形状格式"命令打开对话框，在"填充方式"中选择"纯色填充"，填充颜色设置为 RGB(0,255,255)，单击"确定"按钮保存设置；

④单击快速访问工具栏中的"保存"按钮，对演示文稿进行保存操作，关闭文件。

知识点：
　①插入形状；
　②形状大小设置；
　③形状填充颜色设置。

注意事项：
　在设置形状的大小和颜色时，既可以使用右键快捷菜单方法，也可以在"绘图工具|格式"选项卡中进行。

（3）插入艺术字

文本除了字体、字形、颜色等格式化方法外，还可以进行艺术化处理，使其具有特殊的艺术效果，例如，可以拉伸标题、对文本进行变形、使文本适应预设形状，或应用渐变填充等。艺术字具有美观有趣、突出显示、醒目张扬等特性，特别适合重要的、需要突出显示、特别强调等文字表现场合。在幻灯片中既可以创建艺术字，也可以将现有文本转换成艺术字。

创建艺术字的步骤如下：

①选中要插入艺术字的幻灯片；

②单击"插入"选项卡"文本"组中的"艺术字"按钮，出现艺术字样式列表；

③在艺术字样式列表中选择一种艺术字样式，出现指定样式的艺术字编辑框，其中内容为"请在此放置您的文字"，在艺术字编辑框中删除原有文本并输入艺术字文本；和普通文本一样，艺术字也可以改变字体和字号。

艺术字在创建好后也可以对其进行修饰，方法和 Word 2010 中艺术字的操作一致。

4．插入文本框

在编辑文本时，除了使用创建幻灯片时自带的文本框以外，还可以通过"插入"文本框作添加新的文本框。

单击"插入"选项卡"文本"组中的"文本框"按钮，在弹出的下拉列表中执行"横排文本框"或"垂直文本框"命令，在幻灯片编辑区中拖动绘制一个文本框，然后在其中输入文本即可，如图 6-23 所示。

图 6-23　插入文本框

例题 6-12

（操作视频请扫旁边二维码）

打开考生文件夹中的"PPT39.pptx"文件，完成下列操作。

1）在最后一张幻灯片的右下角插入一个横排文本框。

2）在最后一张幻灯片的文本框中输入文字"返回"。

例题 6-12

3）在最后一张幻灯片的"返回"二字上插入超链接，链接到本文档中的"第一张幻灯片"。

4）保存演示文稿。

操作方法：

①双击考生文件夹中的"PPT39.pptx"文件，打开本文件；选中最后一张幻灯片，单击"插入"选项卡"文本"组中的"文本框"按钮，在弹出的下拉列表中选择"横排文本框"，拖动鼠标拉取文本框；

②选中文本框并右击，单击"编辑文字"命令，在文本框内输入文字"返回"；

③选中文字"返回"并右击，单击"超链接"命令打开对话框，设置超链接到"第一张幻灯片"，单击"确定"按钮保存设置；

④单击快速访问工具栏中的"保存"按钮，对演示文稿进行保存操作，关闭文件。

知识点：

①插入文本框；

②输入文字；

③设置超链接。

---

5. 插入表格

在 PowerPoint 2010 中，可以直接向幻灯片中插入表格，而且可以像在 Word 2010 中一样对其进行各种属性的设置。

创建表格的方法有使用功能区命令创建和利用内容区占位符创建两种。和插入剪贴画与图片一样，在内容区占位符中也有"插入表格"图标，单击"插入表格"图标（见图 6-21），出现"插入表格"对话框，输入表格的行数和列数后即可创建指定行列的表格。

利用功能区命令创建表格的方法如下：

①打开演示文稿，并切换到要插入表格的幻灯片。

②单击"插入"选项卡"表格"组的"表格"按钮，在弹出的下拉列表中单击"插入表格"命令，出现"插入表格"对话框，输入要插入表格的行数和列数，如图 6-24 所示。

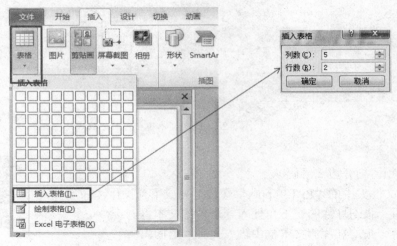

图 6-24　插入表格

例题 6-13

（操作视频请扫旁边二维码）

打开考生文件夹中的"GJPPT15.pptx"文件，完成下列操作。

1）在第一张幻灯片中插入一个 4 行 2 列的表格。

2）在表格中输入如样张所示的内容。

3）保存演示文稿。

例题 6-13

操作方法：

①双击考生文件夹中的"GJPPT15.pptx"文件，打开本文件；选中第一张幻灯片，单击"插入"选项卡"表格"组的"表格"按钮，在弹出的下拉列表中单击"插入表格"命令，在打开的对话框中设置 4 行 2 列，单击"确定"按钮进行表格的插入；

②在表格中输入如样张所示的内容；

③单击快速访问工具栏中的"保存"按钮，对演示文稿进行保存操作，关闭文件。

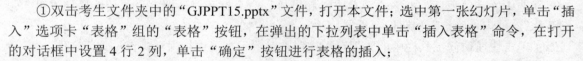

知识点：

①插入表格；

②输入文字。

注意事项：

该题输入文字后不需要对表格设置任何属性。

课后练习

1．打开考生文件夹中的"GJPPT12.pptx"文件，完成下列操作。

（1）在第一张幻灯片的右上角插入形状"太阳形"。

（2）设置该形状的填充颜色为淡紫色 RGB(204,153,255)，宽和高均为 3.8 厘米。

（3）保存演示文稿。

2．打开考生文件夹中的"PPT17.pptx"文件，完成下列操作。

（1）在第一张幻灯片的表格部分，插入一个1行2列的表格。

（2）在第一张幻灯片左边的单元格中输入"意大利"，右边的单元格中输入"法国"。

（3）将第一张幻灯片所有单元格的文字设置为：黑体、80磅，并居中对齐。

（4）保存演示文稿。

3．打开考生文件夹中的"GJPPT23.pptx"文件，完成下列操作。

（1）删除标题母版的"页脚区"。

（2）设置标题母版的标题文字格式为黑体，48号，颜色为RGB(0,0,255)。

（3）保存演示文稿。

4．打开考生文件夹中的"PPT33.pptx"文件，完成下列操作。

（1）在标题母版中设置主标题文字为黑体，60磅。

（2）在标题母版中设置副标题文字为隶书，48磅。

（3）删除标题母版中的日期区。

（4）保存演示文稿。

任务3　幻灯片的放映

目前，在计算机屏幕上直接演示幻灯片已经取代了传统的35mm幻灯片，若观众较多，可使用计算机投影仪在大屏幕上放映幻灯片。计算机幻灯片放映的显著优点是可以设计动画效果、加入视频和音乐、设计美妙动人的切换方式和适合各种场合的放映方式等。

用户创建演示文稿，其目的是向观众放映和演示。要想获得满意的效果，除了精心策划、细致制作演示文稿外，更为重要的是设计出引人入胜的演示过程。为此，可以从如下几个方面入手：设置幻灯片中对象的动画效果和声音；变换幻灯片的切换效果和选择适当的放映方式等。首先，讨论放映演示文稿的方法，然后从动画设计、幻灯片切换效果、幻灯片放映方式、排练计时放映和交互式放映等方面讨论如何提高演示文稿的放映效果。

1．放映幻灯片的方法

为了满足不同的放映需求，可以在放映前对其放映参数进行设置。要设置放映方式，可以在"幻灯片放映"选项卡中单击"设置放映方式"按钮，将弹出如图6-25所示的对话框。

（1）放映类型

在此区域中，包括了三种放映类型的设置：

● 　演讲者放映：该单选按钮是默认选项。它是一种便于演讲者自行浏览的放映方式，向用户提供既正式又灵活的放映方式。放映是在全屏幕上实现的，鼠标指针在屏幕上出现，放映过程中允许激活控制菜单，能进行勾画、漫游等操作。

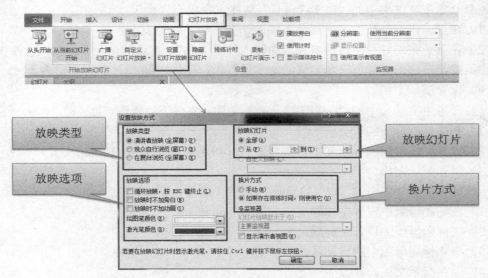

图 6-25　放映幻灯片的方法

- 观众自行浏览：该方式是提供观众使用窗口自行观看幻灯片来进行放映的。利用此种方式提供的菜单可进行翻页、打印和浏览。此时不能单击鼠标进行放映，只能自动放映或利用滚动条进行放映。
- 在展台浏览：在三种放映方式中此方式最为简单。在放映过程中，除了保留鼠标指针用于选择屏幕对象进行放映外，其他的功能将全部失效，终止放映只能使用 ESC 键。

（2）放映幻灯片

在此区域中，可以设置要放映的幻灯片范围。

- 全部：所有幻灯片都参加放映。
- 从___到___：在中间的数字框内输入开始和结束幻灯片的编号，在其间的所有幻灯片都将参加放映。
- 自定义放映：允许用户从所有幻灯片中自行挑选需要参与放映的内容。当然此选项必须在已经定义了自定义放映方式的情况下才有效。

（3）放映选项

在此区域中，可以设置幻灯片放映时的一些选项。

- 循环放映，按 ESC 键终止：选择此选项时，幻灯片将循环播放，直至按 ESC 键为止。若未选中此选项，则放映至最后一张幻灯片后自动停止。
- 放映时不加旁白：对于加入了旁白的幻灯片，选中此选项后将不放映旁白内容。
- 放映时不加动画：选择此选项后，将不会播放幻灯片中的动画。
- 绘图笔颜色：在此可以设置在幻灯片上涂抹以添加标记时的标记颜色。
- 激光笔颜色：在此可以设置用于指示的激光笔颜色。

（4）换片方式

换片方式即指在幻灯片放映过程中，各个幻灯片之间的切换方式。

- 手动：指在放映时需要使用鼠标或键盘切换。
- 如果存在排练时间，则使用它：指首先排练放映，在排练放映时，人工控制确定每张幻灯片的播放时间及换片时间，由计算机自动记录，之后用它来控制播放。

2. 为幻灯片设置切换效果

这种动画效果专用于幻灯片的切换。用户可以在"切换"选项卡中设置与之相关的参数，如图 6-26 所示。选择要设置切换方式的一个或多个幻灯片，然后在"切换到此幻灯片"组中单击一个切换方式即可，若单击其右下方的"对话框启动器"按钮，将可以显示更多的切换方式。

图 6-26　为幻灯片设置切换效果

选择一种切换方式后，还可以在"切换"选项卡中执行以下操作对其进行设置：

- 预览：单击此按钮，可以预览所选切换方式的效果。当选择一个切换方式后，会自动预览一次。
- 效果选项：选择不同的切换方式时，在此下拉列表中可以改变其切换的方向或效果。
- 声音：在此下拉列表中可以设置幻灯片切换时的声音。
- 持续时间：在此可以设置切换效果所用的时间。其单位为"秒"，通常默认值为 01.00，即 1 秒时间，用户可以根据需要进行修改。
- 全部应用：单击此按钮，可以依据当前幻灯片的切换效果，将其应用于演示文稿中其他的幻灯片上。
- 换片方式：在此可以设置幻灯片切换的触发条件。选择"单击鼠标时"，即在幻灯片上单击鼠标左键时会进行切换；选择"设置自动换片时间"选项并在后面设置一个时间，则自动按照所设置的时间间隔进行切换。

例题 6-14

（操作视频请扫旁边二维码）

打开考生文件夹中的"GJPPT31.pptx"文件，完成下列操作。

1）设置第三张幻灯片的切换效果为"自右侧擦除"，每隔 3 秒自动换片，不使用单击鼠标换片。

例题 6-14

2）设置第四张幻灯片的切换效果为"溶解"，每隔 2 秒换片和单击鼠标换片。

3）保存演示文稿。

操作方法：

①双击考生文件夹中的"GJPPT31.pptx"文件，打开本文件；选中第三张幻灯片，单击"切

换"选项卡，单击"切换到此幻灯片"组切换列表按钮打开"切换方式"下拉列表，选择"擦除"方式，在"效果选项"下拉列表中选择"向左"，在"换片方式"区域，勾去"单击鼠标时"前的复选框，勾取"设置自动换片时间"前的复选框，并设置时间为3秒；

②选中第四张幻灯片，单击"切换"选项卡，单击"切换到此幻灯片"组切换列表按钮打开"切换方式"下拉列表，选择"溶解"方式，在"换片方式"区域，勾取"单击鼠标时"前的复选框，勾取"设置自动换片时间"前的复选框，并设置时间为2秒；

③单击快速访问工具栏中的"保存"按钮，对演示文稿进行保存操作，关闭文件。

知识点：
    幻灯片的切换效果。

例题 6-15

（操作视频请扫旁边二维码）

打开考生文件夹中的"PPT28.pptx"文件，完成下列操作。

1）设置放映方式，播放幻灯片的第1页至第7页。

2）循环播放幻灯片，按 ESC 键终止。

3）设置全部幻灯片的切换效果为"自底部推进"。

4）保存演示文稿。

例题 6-15

操作方法：

①双击考生文件夹中的"PPT28.pptx"文件，打开本文件；打开"幻灯片放映"选项卡，单击"设置幻灯片放映"按钮打开对话框，在"放映幻灯片"区域选择"从__到__"单选按钮，并设置第一个框的内容为1，第二个框的内容为7；

②接着第一步操作，在"放映选项"区域选择"循环放映，按 ESC 键终止"单选按钮，单击"确定"按钮保存设置；

③选中任意一张幻灯片，打开"切换"选项卡，单击"切换到此幻灯片"组切换列表按钮打开"切换方式"下拉列表，选择"推进"方式，在"效果选项"下拉列表中选择"自底部"，选择"单击鼠标时"单选按钮，单击"全部应用"按钮保存设置；

④单击快速访问工具栏中的"保存"按钮，对演示文稿进行保存操作，关闭文件。

知识点：
    ①幻灯片的切换效果；
    ②放映幻灯片的方法。

3．自定义放映

通过自定义放映的设置，可以指定在当前演示文稿中用于放映的幻灯片，即仅将指定的幻灯片放映出来。

要自定义放映可以在"幻灯片放映"选项卡中单击"自定义幻灯片放映"按钮，在弹出的下拉列表中执行"自定义放映"命令，此时将弹出如图 6-27 所示的对话框。

● 新建：单击此按钮，在弹出的对话框中可以输入自定义放映的名称；在左侧的列表中，可以选中多个幻灯片，然后单击"添加"按钮，将其加入到自定义放映的范围中。

- 编辑：在选中一个自定义放映项目后，单击此按钮，可以在弹出的对话框中重新设置要播放的幻灯片及其顺序等。

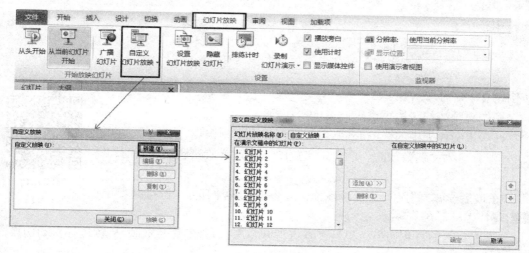

图 6-27　自定义放映

- 删除：删除选中的自定义放映项目。
- 复制：直接创建一个选中的自定义放映项目的副本。
- 放映：在选中一个自定义放映项目后，单击"放映"按钮即可对其中定义好的幻灯片进行放映。

例题 6-16

（操作视频请扫旁边二维码）

打开考生文件夹中的"P2.pptx"文件，完成下列操作。

1）设置所有幻灯片放映方式为"在展台浏览"。

2）建立"自定义放映 1"，要求放映第一、三、四、五张幻灯片。

3）保存演示文稿。

例题 6-16

操作方法：

①双击考生文件夹中的"P2.pptx"文件，打开本文件；单击"幻灯片放映"选项卡"设置"组的"设置幻灯片放映"按钮，在新打开的对话框中，放映类型区域选中"在展台浏览（全屏幕）"单选按钮，单击"确定"按钮保存设置，放映类型设置完成；

②单击"幻灯片放映"选项卡"设置"组的"自定义幻灯片放映"按钮，选择"自定义放映"项，在打开的对话框中单击"新建"按钮，在"幻灯片放映名称"文本框中输入放映名称"自定义放映 1"，在左侧的列表框中选中第一张幻灯片，单击"添加"按钮移动到右侧列表框中，使用上述方法，一次将第三张、第四张、第五张幻灯片移动到右侧文本框中，单击"确定"按钮，再单击"关闭"按钮，自定义放映设置完成；

③单击快速访问工具栏中的"保存"按钮，对演示文稿进行保存操作，关闭文件。

例题 6-17

(操作视频请扫旁边二维码)

打开考生文件夹中的"P14.pptx"文件,完成下列操作。

1)建立名为"偶数放映"的自定义放映,并设置放映偶数页码的幻灯片。

例题 6-17

2)在最后一张幻灯片上插入剪贴画,剪贴画如样张所示,链接到"第一张幻灯片"。

3)设置每张幻灯片切换效果为"垂直百叶窗",每张幻灯片放映 5 秒进行自动切换,切换时有"打字机"声。

4)保存演示文稿。

操作方法:

①双击考生文件夹中的"P14.pptx"文件,打开本文件;单击"幻灯片放映"选项卡中的"自定义幻灯片放映"按钮,选择"自定义放映"项,在打开的对话框中单击"新建"按钮,在"幻灯片放映名称"文本框中输入放映名称"偶数放映",在左侧的列表框中选中第二张幻灯片,单击"添加"按钮移动到右侧列表框中,使用上述方法,依次将其他偶数编号的幻灯片移动到右侧列表框中,单击"关闭"按钮,再单击"放映"按钮,自定义放映设置完成;

②选中最后一张幻灯片,单击"插入"选项卡下的"剪贴画"按钮,在右侧"剪贴画"窗格中找到样张所示的剪贴画,双击插入幻灯片中;选中新插入的剪贴画并右击,选择"超链接"项,在左侧"链接到"中选择"本文档中的位置",在右侧选中要链接的第一张幻灯片,单击"确定"按钮完成超链接的添加;

③选中任意一张幻灯片,单击"切换"选项卡,找到"百叶窗"效果并单击选中,在"效果选项"下拉列表中选择"垂直",在换片方式中选中"设置自动换片时间"复选框,调整换片时间为 5 秒,在"声音"下拉列表中选择"打字机"声,然后单击"全部应用"按钮;

④单击快速访问工具栏中的"保存"按钮,对演示文稿进行保存操作,关闭文件。

4. 排练计时

在设置无人工干涉的幻灯片时，幻灯片的放映速度会极大地影响观者的反应，速度太快，则观者还没有看完，下一张已经自动播放了，而速度太慢，则可能让观者逐渐失去耐心，因此，建议在正式播放演示文稿之前，对幻灯片放映进行排练以掌握最理想的放映速度。

排练幻灯片可分为自动与人工定时两种方法。

要自动进行排练，可在"幻灯片放映"选项卡中单击"排列计时"按钮，此时将进入幻灯片放映状态，并显示"录制"工具栏，如图6-28所示。此时，可以像观者一样，去阅读幻灯片中的内容，当阅读完毕后，单击下一项按钮即可，如果放映时间不够，可以单击重复按钮重复放映，直至幻灯片放映完毕为止。

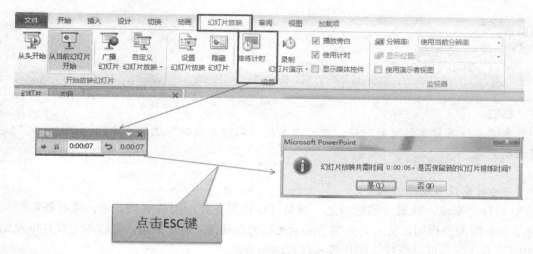

图 6-28　自动进行排练

在每次单击下一项按钮切换至下一张幻灯片时，PowerPoint 2010 都会自动记录下时间，当放映完毕后，按 Esc 键退出预演模式，单击"是"按钮，即可将刚刚所做预演的时间保存至幻灯片中。

而所谓的人工定时，即在"切换"选项卡中，选中"设置自动换片时间"选项，并在其后面的输入框中设置切换的时间即可，如图6-29所示。

图 6-29　人工定时

例题 6-18

（操作视频请扫旁边二维码）

打开考生文件夹中的"GJPPT32.pptx"文件，完成下列操作。

1）设置所有幻灯片的切换效果为"分割-中央向左右展开"。

2）使用排练计时功能设置幻灯片的放映时间：第一张放映 1 秒，第二张放映 2 秒，第三张放映 3 秒。

例题 6-18

操作方法：

①双击考生文件夹中的"GJPPT32.pptx"文件，打开本文件；选中任意一张幻灯片，打开"切换"选项卡，单击动画切换方式下拉按钮打开"切换方式"下拉列表，选择"分割"方式，在"效果选项"下拉列表中选择"中央向左右扩展"，单击"全部应用"按钮保存设置；

②选择第一张幻灯片，单击"切换"选项卡，选择"计时"组，在"设置自动换片时间"中输入"1 秒"；选择第二张幻灯片，单击"切换"选项卡，选择"计时"组，在"设置自动换片时间"中输入"2 秒"；选择第三张幻灯片，单击"切换"选项卡，选择"计时"组，在"设置自动换片时间"中输入"3 秒"；

③单击快速访问工具栏中的"保存"按钮，对演示文稿进行保存操作，关闭文件。

知识点：
　①幻灯片的切换；
　②排练计时。

注意事项：
　　本题在设置排练计时的时候，也可以采用"幻灯片放映"选项卡中的"排练计时"通过录制完成。

---

5. 为对象设置动画效果

对幻灯片来说，其最大的魅力之一就是可以设置各种不同的动画效果，从而既起到突出主题、丰富版面的作用，又大大提高了演示文稿的趣味性。简单来说，可以为幻灯片以及幻灯片中的元素（文本框、形状、图片等）设置动画效果。

（1）使用预设的动画方案

在 PowerPoint 2010 中，提供了大量的预设动画效果供使用，其特点就是自动针对幻灯片及幻灯片中的元素应用动画效果，从而大大简化了动画设置的工作。

在"动画"选项卡中，可以设置与动画相关的参数，在"动画"组中，单击一个预设的动画方案即可将其应用于选中的对象，如图 6-30 所示。另外，单击"添加动画"按钮，在弹出的下拉列表中还可以设置相应的参数。

添加动画后，可以单击"动画"选项卡中的"动画窗格"按钮，在弹出的"动画窗格"中查看当前幻灯片所应用的动画，并可以对其进行适当的编辑。

注意事项：若单击某个动画效果而没有反应，则说明当前的动画效果并不能应用于所选对象，可尝试选择其他的动画效果。

（2）自定义动画

自定义动画功能主要应用于幻灯片的元素，即文本、图形、图像及图表等，其中还可以定义动画的具体参数，以满足个性化的动画效果需求。

要自定义动画效果，可以在"动画"选项卡中单击"添加动画"按钮，以显示可添加的动画项目，如图 6-31 所示。

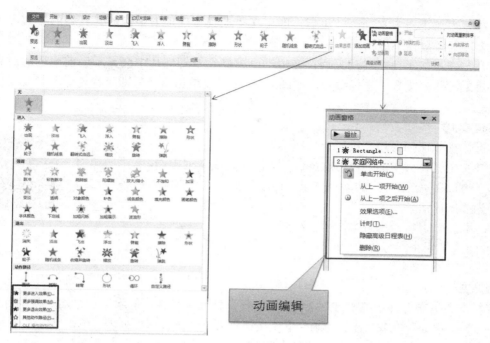

图 6-30　为对象设置动画效果

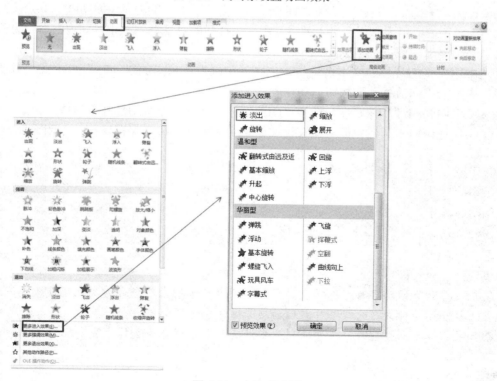

图 6-31　自定义动画

若在下拉列表中选择底部的几个命令，可以设置更多各分类的动画，分别是"进入""强调""退出"及"动作路径"四类动画的更多动画设置对话框。

　　为对象添加了自定义动画效果后，即可在"动画"选项卡中修改其具体的参数，不同的动画效果，其参数也不尽相同。

　　另外，在添加了自定义动画后，在"动画窗格"及幻灯片中会显示当前应用的所有自定义动画效果，并按照数字进行编号，如图 6-30 所示，单击该序号即可快速进入自定义动画编辑状态。

　　例题 6-19

　　（操作视频请扫旁边二维码）

　　打开考生文件夹中的"PPT32.pptx"文件，完成下列操作。

　　1）设置第二张幻灯片的动画效果，标题部分为"垂直随机线条"，文本部分为"向内溶解"。

例题 6-19

　　2）第二张幻灯片动画顺序为先文本后标题。

　　3）隐藏第四张幻灯片。

　　4）保存演示文稿。

　　操作方法：

　　①双击考生文件夹中的"PPT32.pptx"文件，打开本文件；选中第二张幻灯片的标题，打开"动画"选项卡，单击"添加动画"下拉按钮打开"动画"下拉列表，单击"更多进入效果"命令，在打开的对话框中选中"随机线条"方式，效果选项设置为"垂直"，标题自定义动画添加完成；选中第二张幻灯片的文本，打开"动画"选项卡，单击"添加动画"下拉按钮打开"动画"下拉列表，单击"更多进入效果"项，在打开的对话框中选中"向内溶解"方式，文本自定义动画添加完成；

　　②选中第二张幻灯片的文本占位符，选择"动画"选项卡的"计时"组，在"对动画重新排序"中单击"向前移动"按钮，动作顺序调整完成；

　　③选中第四张幻灯片并右击，选中"隐藏幻灯片"项，隐藏幻灯片设置成功；

　　④单击快速访问工具栏中的"保存"按钮，对演示文稿进行保存操作，关闭文件。

　　知识点：

　　①添加动画；

　　②动画顺序；

　　③幻灯片的隐藏。

　　注意事项：

　　①在设置对象的动画时，选择"动画"选项卡，如果出现全部为灰色不能选择，原因是没有选择任意的对象，选择了对象后动画选项才能选择；

　　②如果选择动画类型时，在普通列表中没有找到，则需要选择"更多**效果"。

　**课后练习**

　　1. 打开考生文件夹中的"PPT22.pptx"文件，完成下列操作。

（1）将第二张幻灯片标题的动画效果设置为"棋盘-跨越"。

（2）将第三张幻灯片文本的动画效果设置为"自底部飞入"。

（3）将全部幻灯片的切换效果设置为"随机垂直线条"。

（4）保存演示文稿。

2．打开考生文件夹中的"PPT24.pptx"文件，完成下列操作。

（1）设置第一张幻灯片中图片的动画效果为"自底部切入"。

（2）在第一张幻灯片标题中输入文字"黑客帝国"，并设置动画效果为"自顶部飞入"。

（3）设置第一张幻灯片动画顺序为先标题后图片。

（4）保存演示文稿。

3．打开考生文件夹中的"P3.pptx"文件，完成下列操作。

（1）设置幻灯片放映方式为"在展台浏览"，创建自定义放映"放映偶数页"，要求仅放映编号为偶数的幻灯片。

（2）设定所有幻灯片的切换效果为"揭开"，且每隔2秒自动进行切换。

（3）保存演示文稿。

4．打开考生文件夹中的"PPT25.pptx"文件，完成下列操作。

（1）使用排练计时放映幻灯片。

（2）设置每张幻灯片的播放时间均为2秒。

（3）设置所有的幻灯片切换效果为"水平百叶窗"。

（4）保存演示文稿。

综合例题

例题 6-20

（操作视频请扫旁边二维码）

打开考生文件夹中的"Esea.pptx"文件，完成下列操作。

1）将背景设置为浅蓝色 RGB(51,102,255)，应用到所有幻灯片上。

2）在第一张幻灯片前添加一张新的幻灯片，选定其版式为"标题和内容"，在标题栏中键入"海岸风光"，并设为隶书，60磅，左对齐，在文本框中输入"1、月光；2、椰树；3、日出"。

例题 6-20

3）在最后一张幻灯片的右上角插入考生文件夹中的音频文件 Egq.mid。

4）设置所有幻灯片的切换效果为"擦除"，换片方式为"单击鼠标时"以及设置自动换片时间为5秒。

5）设置自定义放映，要求顺序为：第一张→第三张→第二张→第四张，幻灯片放映名称为：风光。

6）保存演示文稿。

操作方法：

①双击考生文件夹中的"Esea.pptx"文件，打开本文件；单击"视图"选项卡，在"演示文稿视图"组中单击"普通视图"；选中任意一张幻灯片，右击幻灯片选中"设置背景格式"命令，选择"填充"选项卡下的"纯色填充"，在"颜色"下拉列表框中选择其他颜色中 RGB

值为(51,102,255)的颜色，单击右下角"全部应用"按钮，关闭对话框；

②选中第一张幻灯片前空白，选择"开始"选项卡的"幻灯片"组，单击"新建幻灯片"按钮，选择"标题和内容"版式；在标题栏中键入"海岸风光"，选中标题文字并设置字体字号，左对齐，在文本框中键入文字"1、月光；2、椰树；3、日出"。

③选中第四张幻灯片，单击"插入"选项卡的"媒体"组下的"音频"按钮，打开"插入"对话框，找到考生文件夹中的音乐文件 Egq.mid，双击插入幻灯片中；

④选中任意一张幻灯片，单击"切换"选项卡，选中"擦除"效果，在换片方式中选中"单击鼠标时"复选框和"设置自动换片时间"复选框，调整换片时间为 5 秒，然后单击"全部应用"按钮；

⑤单击"幻灯片放映"选项卡，在"开始放映幻灯片"组中单击"自定义幻灯片放映"按钮，选择"自定义放映"项，在打开的对话框中单击"新建"按钮，在"幻灯片放映名称"文本框中输入放映名称"风光"，在左侧的列表框中选中第一张幻灯片"海岸风光"，单击"添加"按钮移动到右侧列表框中，使用上述方法，一次将第三张、第二张、第四张幻灯片移动到右侧列表框中，单击"确定"按钮，再单击"关闭"按钮，自定义放映设置完成；

⑥单击快速访问工具栏中的"保存"按钮，对工作簿进行保存操作，关闭文件。

知识点：

①幻灯片的背景设置；

②插入幻灯片；

③文字输入；

④插入音频文件；

⑤幻灯片的切换；

⑥自定义放映。

注意事项：

①素材文件打开时，使用的"幻灯片浏览"视图，必须切换到"普通"视图才能编辑；

②设置幻灯片的背景时需要注意应用的范围；

③插入音频时，需要注意声卡驱动的安装，如果安装的是板载的驱动则需要插入耳机或者音箱才能做此操作。

例题 6-21

（操作视频请扫旁边二维码）

在考生文件夹中，完成下列操作。

1）新建立演示文稿，插入一张版式为"标题和内容"的幻灯片作为第一张幻灯片。

2）应用考生文件夹中的"Blends.potx"设计主题修饰该演示文稿。

例题 6-21

3）在新插入的幻灯片的标题处键入文字"计算机组成"，文本部分键入：

运算器

控制器

输入输出设备

4）在第一张幻灯片后插入一张新幻灯片作为第二张幻灯片，使用"空白"版式。

5）在第二张幻灯片中插入一个横排文本框，并在这个文本框内键入"计算机的发展阶段"。

6）将第二张幻灯片文本框的动画设置为"盒状放大"。

7）设置所有幻灯片放映方式为"在展台浏览（全屏幕）"。

8）以"PPT45.pptx"为文件名在考生文件夹下保存该演示文稿。

操作方法：

①单击"文件"选项卡，在出现的菜单中选择"新建"命令，在右侧"可用的模板和主题"中选择"空白演示文稿"，单击右侧的"创建"按钮；选择第一张幻灯片，在"开始"选项卡的"幻灯片"组中单击"版式"按钮，选中"标题和内容"版式；

②单击"设计"选项卡，展开主题下拉列表，选中"浏览主题"项，在新打开的对话框中找到考生文件夹中的"Blends.potx"模板，双击该模板完成模板修饰演示文稿操作；

③在第一张幻灯片的标题处键入文字"计算机组成"，文本部分键入文字"运算器、控制器、输入输出设备"；

④在"开始"选项卡的"幻灯片"组中单击"新建幻灯片"按钮，选中要添加的"空白"版式，插入新的幻灯片完成；

⑤选中第二张幻灯片，单击"插入"选项卡"文本"组中的"文本框"按钮，在弹出的下拉列表中选择"横排文本框"，拖动鼠标拉出文本框；在文本框内键入"计算机的发展阶段"；

⑥选中第二张幻灯片的文本框，打开"动画"选项卡，单击"添加动画"下拉按钮打开"动画"下拉列表，单击"更多进入效果"项，在打开的对话框中选中"盒状"方式，效果选项设置为"放大"，标题自定义动画添加完成；

⑦任意选择一张幻灯片，单击"幻灯片放映"选项卡，单击"设置幻灯片放映"按钮，在新打开的对话框中，放映类型区域选中"在展台浏览（全屏幕）"单选按钮，单击"确定"按钮保存设置，放映类型设置完成；

⑧单击快速访问工具栏中的"保存"按钮，对工作簿进行保存操作，保存在考生文件夹中，文件名为"PPT45.pptx"，关闭文件。

知识点：

①新建演示文稿；

②使用主题修饰演示文稿；

③文字输入；

④插入幻灯片；

⑤插入文本框；

⑥幻灯片动画设置；

⑦幻灯片放映。

注意事项：
　　①本题考生文件夹中无演示文稿文件，在操作时一定要注意本题是新建演示文稿；
　　②插入幻灯片需要选择幻灯片前的空白位置，然后再选择"新建幻灯片"。

例题 6-22

（操作视频请扫旁边二维码）

在考生文件夹下完成如下操作。

1）根据"样本模板"新建名为"培训"的演示文稿。

2）使用考生文件夹中的"blends.potx"主题修饰演示文稿。

例题 6-22

3）将第一张幻灯片的版式修改为"仅标题"，把标题中文字改为"Pearl"，并设置文字格式为黑体，60 磅，加粗。

4）在第二张幻灯片的左边插入竖卷形形状，设置自选图形的高为 4 厘米，宽为 3 厘米，填充颜色为 RGB(255,0,255)，线条颜色为 RGB(0,255,255)，并在自选图形中添加文字"舒适与豪华"。

5）在幻灯片母版中插入考生文件夹下的图片"汽车.jpg"，设置图片高为 3 厘米，宽为 5 厘米，放置在幻灯片母版的左下角。

6）为第二张幻灯片设置自定义动画，标题部分进入效果为"轮子"；文本部分进入效果为"棋盘"，方向为"跨越"。

7）设置所有幻灯片的切换效果为"自底部擦除"，声音为"疾驰"。

8）保存文件在考生文件夹下，名称为"TK_PPT.pptx"。

操作方法：

①单击"文件"选项卡，在出现的菜单中选择"新建"命令，在右侧"样本模板"中选择"培训"，单击"创建"按钮；

②单击"设计"选项卡，展开主题下拉列表，选中"浏览主题"项，在新打开的对话框中找到考生文件夹中的"Blends.potx"模板，双击该模板完成模板修饰演示文稿操作；

③选择第一张幻灯片，在"开始"选项卡的"幻灯片"组中单击"版式"按钮，选中"仅标题"版式；在标题处键入文字"Pearl"，选择"开始"选项卡"字体"组，设置"字体"为"黑体"，"字号"为"60"，"字形"为"加粗"；

④选中第二张幻灯片，打开"插入"选项卡，在"插图"组中找到"形状"按钮，单击展开"形状"下拉列表，单击"竖卷形"按钮，拖动鼠标拉出动作按钮；选中形状，选择"绘图工具|格式"选项卡，在"大小"组中设置"高度"为"3 厘米"，"宽度"为"5 厘米"；选中形状并右击，单击"设置形状格式"项打开对话框，在"填充方式"中选择"纯色填充"，填充颜色设置为 RGB(255,0,255)，在"线条颜色"中选择颜色 RGB(0,255,255)，右击形状，选择"编辑文字"命令，输入文字"舒适与豪华"，单击"确定"按钮保存设置；

⑤在"视图"选项卡中单击"母版视图"组中的"幻灯片母版"按钮，进入"幻灯片母版"视图，选中第一个母版样式，选择"插入"选项卡，单击"图像"组的"图片"按钮，找到考生文件夹下的图片"汽车.jpg"，双击该图片进行插入；选择图片，选择"绘图工具|格式"选项卡，在"大小"组中打开"设置图片格式"对话框，在"大小"选项卡中选择"取消纵横

比"，设置"高度"为"3厘米"，"宽度"为"5厘米"；

⑥选中第二张幻灯片的标题，打开"动画"选项卡，单击"添加动画"下拉按钮打开"动画"下拉列表，单击"轮子"，标题自定义动画添加完成；选中第二张幻灯片的文本，单击打开"动画"选项卡，单击"添加动画"按钮打开"动画"下拉列表，单击"更多进入效果"项，在打开的对话框中选中"棋盘"方式，效果选项设置为"跨越"，文本自定义动画添加完成；

⑦选中任意一张幻灯片，单击"切换"选项卡，选中"擦除"效果，"效果选项"中选择"自底部"，"声音"中选择"疾驰"，然后单击"全部应用"按钮；

⑧单击快速访问工具栏中的"保存"按钮，对工作簿进行保存操作，保存在考生文件夹中，文件名为"TK_PPT.pptx"，关闭文件。

知识点：
① 新建演示文稿；
② 使用主题修饰演示文稿；
③ 幻灯片版式修改；
④ 字体设置；
⑤ 插入形状；
⑥ 形状设置；
⑦ 插入图片；
⑧ 图片格式设置；
⑨ 幻灯片动画；
⑩ 幻灯片切换。

注意事项：
① 本题考生文件夹中无演示文稿文件，在操作时一定要注意本题是新建演示文稿，并且是使用模板建立；
② 修改图片格式时，注意在修改图片大小时必须先"取消纵横比"。

综合练习

1．在考生文件夹中，完成下列操作。
（1）建立空演示文稿，插入一张版式为"垂直排列标题与文本"的幻灯片。
（2）在新幻灯片标题处输入文字"计算机基础知识"。
（3）在新幻灯片的文本部分输入文字：
硬件知识
软件知识
（4）设置新幻灯片的文本进入动画为"自左侧擦除"。

（5）设置新幻灯片的标题文字居中，行距为 1.5 倍。

（6）新幻灯片中所有文字的颜色设置为标准色红色。

（7）将新幻灯片的切换效果设置为"缩放放大"。

（8）以"PPT46.pptx"为文件名在考生文件夹下保存该演示文稿。

2．打开考生文件夹中的"ppt040.pptx"文件，完成下列操作。

（1）将演示文稿中的第 2 张幻灯片移动到第 3 张幻灯片之后。

（2）将移动后的第 2 张幻灯片中图片的进入动画设置为"自右侧切入"，文本部分设置为"自左侧飞入"；动画顺序先文本后图片。

（3）将所有幻灯片的切换效果设置为"自左侧擦除"。

（4）将第 1 张幻灯片的背景填充效果设置为预设颜色"雨后初晴"，方向为"线性向下"。

（5）隐藏第 1 张幻灯片。

（6）设置所有幻灯片显示自动更新日期（日期格式为系统默认）和幻灯片编号。

（7）保存演示文稿。

3．打开考生文件夹下的"ppt02.pptx"文件，完成下列操作。

（1）利用母版在整套 PPT 的右下部添加"www.cuit.edu.cn"（字体 Arial，20 磅，"黑色，文字 1"）。

（2）给第 2 张幻灯片加上"从全黑中淡出"的切换效果。

（3）在第 5 张幻灯片上设置动画效果：文字采用飞入的进入动画效果，图片采用向内溶解的进入动画效果。

（4）给第 7 张幻灯片的文本设置飞入的进入动画效果（自底部）；且每次鼠标单击只出现一段文字。

（5）将第 13 张幻灯片的两张小图片修改为与大图片一样的图片样式，实线线条，线条颜色为 RGB(255,255,255)，线型宽度为 7 磅。

（6）在最后一张幻灯片添加一个动作按钮"第一张"，超链接到第一张幻灯片，在按钮上添加文字"回首页"。保存演示文稿。

单元小结

本单元共由三个任务组成，通过本单元的学习使读者能够了解 PowerPoint 2010 相关知识和操作方法。

第一个任务由八个部分组成，分别介绍了 PowerPoint 2010 的启动退出方法、界面、基本概念、演示文稿的创建和保存、演示文稿的视图、幻灯片的基本操作、幻灯片的版式、编辑文字。

第二个任务由五个部分组成。通过学习，能了解并掌握幻灯片的背景设置；幻灯片母版设置；插入图片、形状和艺术字；插入文本框；插入表格。

第三个任务由五个部分组成。通过学习，能了解放映幻灯片的方法；切换效果的设置、自定义放映、排练计时、对象动画设置。

● 目的、要求

（1）PowerPoint 2010 电子文稿演示系统的启动、退出、打开和保存。

（2）建立演示文稿，视图、版式、设计模板。

（3）演示文稿的游览与编辑：插入动画、超链接、声音，放映。

● 重点、难点

重点：制作幻灯片的基本操作；

难点：动画和切换效果。